#개념원리
#개념완전정복

개념
해결의 법칙

Chunjae
Makes
Chunjae

[개념 해결의 법칙] 초등 수학 1-1

기획총괄 김안나
편집개발 이근우, 서진호, 김현주, 김정민
디자인총괄 김희정
표지디자인 윤순미, 여화경
내지디자인 박희춘, 이혜미
제작 황성진, 조규영

발행일 2023년 9월 1일 개정초판 2023년 9월 1일 1쇄
발행인 (주)천재교육
주소 서울시 금천구 가산로9길 54
신고번호 제2001-000018호
고객센터 1577-0902

※ 정답 분실 시에는 천재교육 교재 홈페이지에서 내려받으세요.
※ KC 마크는 이 제품이 공통안전기준에 적합하였음을 의미합니다.
※ 주의
책 모서리에 다칠 수 있으니 주의하시기 바랍니다.
부주의로 인한 사고의 경우 책임지지 않습니다.
8세 미만의 어린이는 부모님의 관리가 필요합니다.

모든 개념을 다 보는 해결의 법칙

수학 1·1

스케줄표

1-1

일차	날짜	내용	쪽
1일차	월 일	1. 9까지의 수	8쪽 ~ 11쪽
2일차	월 일	1. 9까지의 수	12쪽 ~ 15쪽
3일차	월 일	1. 9까지의 수	16쪽 ~ 19쪽
4일차	월 일	1. 9까지의 수	20쪽 ~ 23쪽
5일차	월 일	1. 9까지의 수	24쪽 ~ 26쪽
6일차	월 일	1. 9까지의 수	27쪽 ~ 29쪽
7일차	월 일	2. 여러 가지 모양	32쪽 ~ 35쪽
8일차	월 일	2. 여러 가지 모양	36쪽 ~ 39쪽
9일차	월 일	2. 여러 가지 모양	40쪽 ~ 43쪽
10일차	월 일	2. 여러 가지 모양	44쪽 ~ 46쪽
11일차	월 일	2. 여러 가지 모양	47쪽 ~ 49쪽
12일차	월 일	3. 덧셈과 뺄셈	52쪽 ~ 55쪽
13일차	월 일	3. 덧셈과 뺄셈	56쪽 ~ 59쪽
14일차	월 일	3. 덧셈과 뺄셈	60쪽 ~ 63쪽
15일차	월 일	3. 덧셈과 뺄셈	64쪽 ~ 67쪽
16일차	월 일	3. 덧셈과 뺄셈	68쪽 ~ 71쪽
17일차	월 일	3. 덧셈과 뺄셈	72쪽 ~ 75쪽
18일차	월 일	3. 덧셈과 뺄셈	76쪽 ~ 79쪽
19일차	월 일	3. 덧셈과 뺄셈	80쪽 ~ 82쪽
20일차	월 일	3. 덧셈과 뺄셈	83쪽 ~ 85쪽
21일차	월 일	4. 비교하기	88쪽 ~ 91쪽
22일차	월 일	4. 비교하기	92쪽 ~ 95쪽
23일차	월 일	4. 비교하기	96쪽 ~ 99쪽
24일차	월 일	4. 비교하기	100쪽 ~ 103쪽
25일차	월 일	5. 50까지의 수	106쪽 ~ 109쪽
26일차	월 일	5. 50까지의 수	110쪽 ~ 113쪽
27일차	월 일	5. 50까지의 수	114쪽 ~ 117쪽
28일차	월 일	5. 50까지의 수	118쪽 ~ 121쪽
29일차	월 일	5. 50까지의 수	122쪽 ~ 125쪽
30일차	월 일	5. 50까지의 수	126쪽 ~ 131쪽

스케줄표 활용법

1 먼저 스케줄표에 공부할 날짜를 적습니다.
2 날짜에 따라 스케줄표에 제시한 부분을 공부합니다.
3 채점을 한 후 확인란에 부모님이나 선생님께 확인을 받습니다.

예

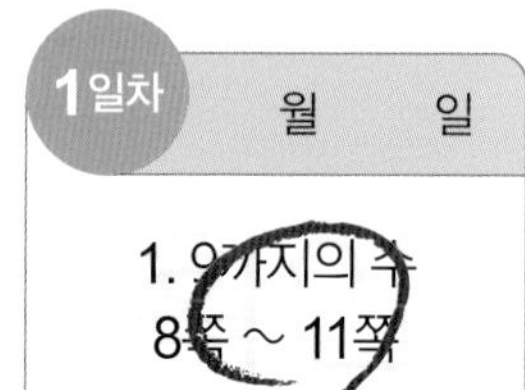

모든 개념을 다 보는 해결의 법칙

개념 받아쓰기 와 개념 받아쓰기 문제 를 풀면서
개념을 내 것으로 만들자!

1 STEP

개념 파헤치기

교과서 개념원리를 꼼꼼하게 익히고, 기본 문제를 풀면서 개념을 제대로 이해했는지 확인할 수 있어요.

개념 동영상 강의 제공

개념을 정리하고 받아쓰기 연습도 같이 할 수 있어요.

2 STEP

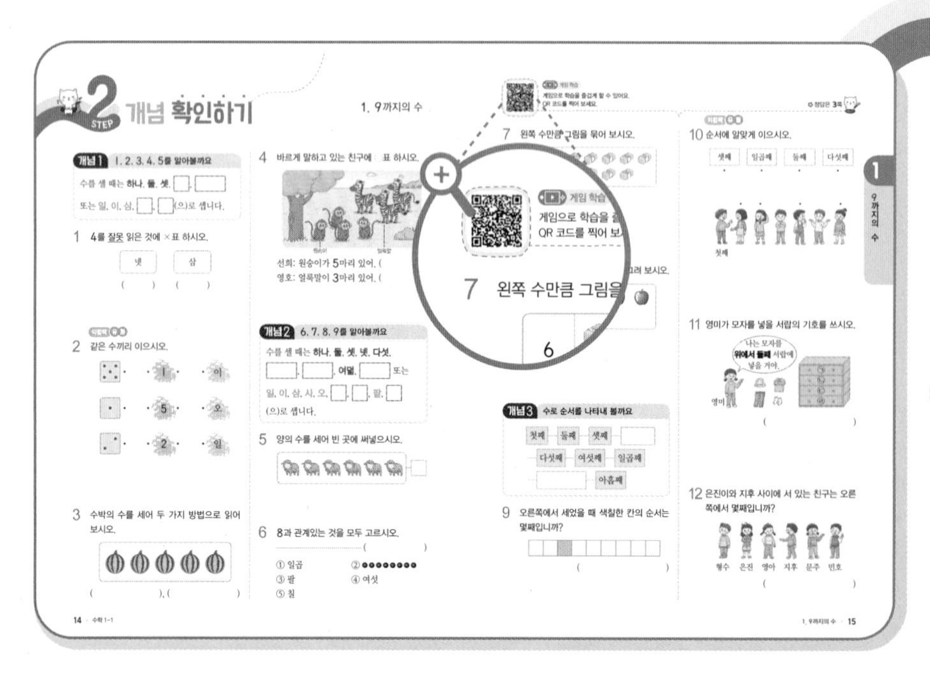

개념 확인하기

다양한 교과서, 익힘책 문제를 풀면서 앞에서 배운 개념을 완전히 내 것으로 만들어 보세요.

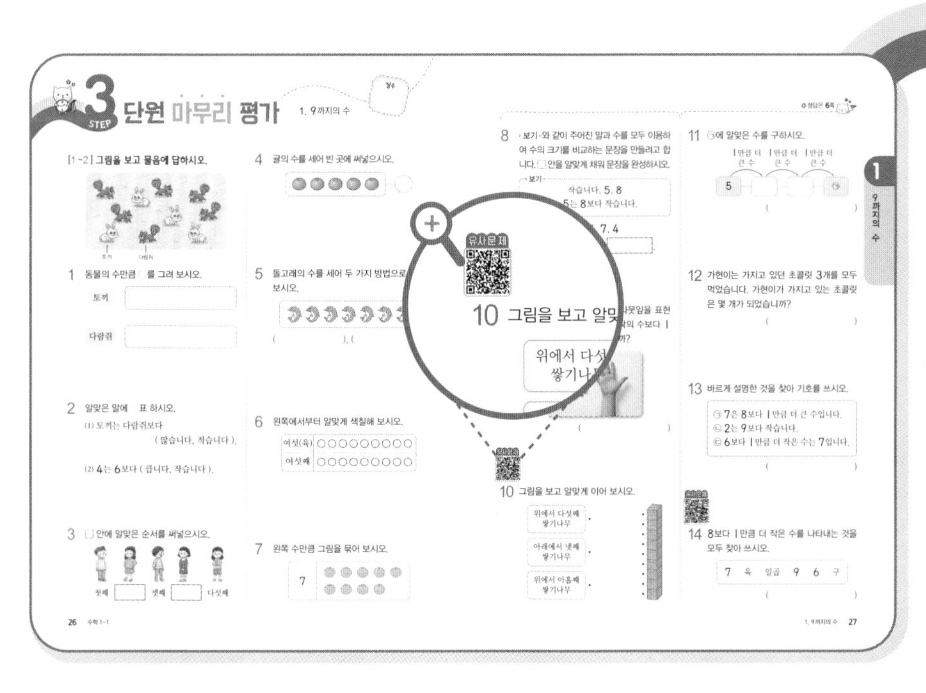

3 STEP

단원 마무리 평가

단원 마무리 평가를 풀면서 앞에서 공부한 내용을 정리해 보세요.

유사 문제 제공

게임 학습

마무리 개념완성

문제를 풀면서 단원에서 배운 개념을 완성하여 내 것으로 만들어 보세요.

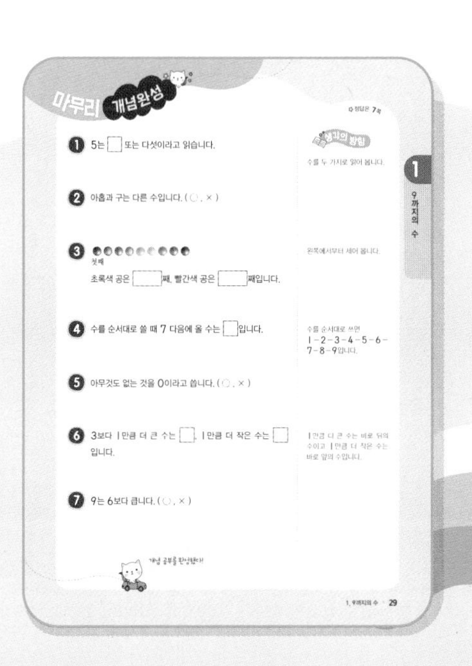

개념 해결의 법칙 「QR 활용법」

개념 동영상 강의 제공

개념에 대해 선생님의 더 자세한 설명을 듣고 싶을 때 찍어 보세요. 교재 내 QR 코드를 통해 개념 동영상 강의를 무료로 제공하고 있어요.

유사 문제 제공

3단계에서 비슷한 유형의 문제를 더 풀어 보고 싶다면 QR 코드를 찍어 보세요. 추가로 제공되는 유사 문제를 풀면서 앞에서 공부한 내용을 정리할 수 있어요.

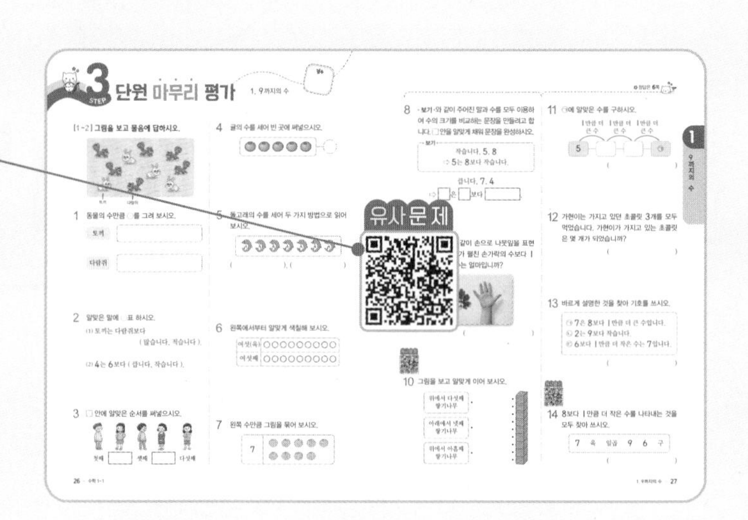

게임 학습

2단계의 시작 부분과 3단계의 끝 부분에 있는 QR 코드를 찍어 보세요. 게임을 하면서 개념을 정리할 수 있어요.

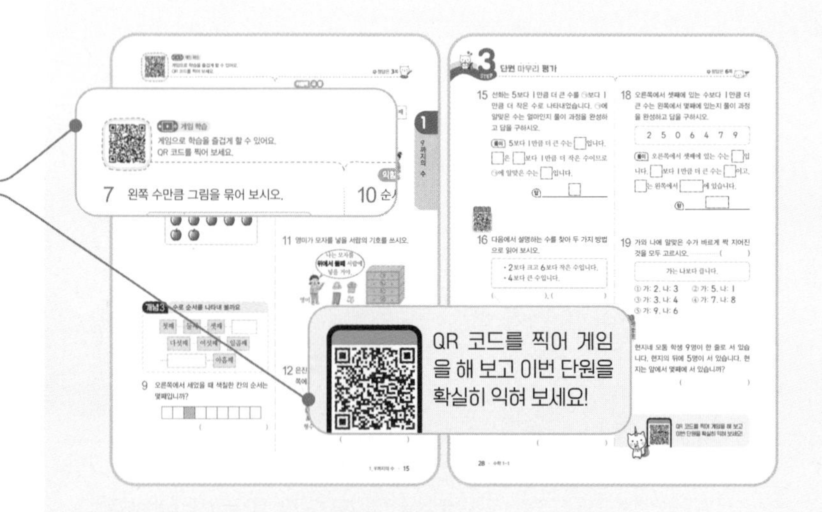

1-1

1 9까지의 수

제1화 초보 마술사 몽이 등장!

●	1	하나, 일	●●●●● ●	6	여섯, 육
●●	2	둘, 이	●●●●● ●●	7	일곱, 칠
●●●	3	셋, 삼	●●●●● ●●●	8	여덟, 팔
●●●●	4	넷, 사	●●●●● ●●●●	9	아홉, 구
●●●●●	5	다섯, 오			

이전에 배운 내용	이번에 배울 내용	앞으로 배울 내용
[5세 누리과정] • 생활 속에서 사용되는 수의 여러 가지 의미 알아보기 • 스무 개 가량의 구체물을 세어 보기	• 9까지의 수 알아보기 • 9까지의 수의 순서 알아보기 • 1만큼 더 큰 수와 1만큼 더 작은 수 알아보기 • 9까지의 수의 크기 비교하기	[1-1 덧셈과 뺄셈] • 두 수를 모으기 • 두 수로 가르기 [1-1 50까지의 수] • 10, 십몇 알아보기

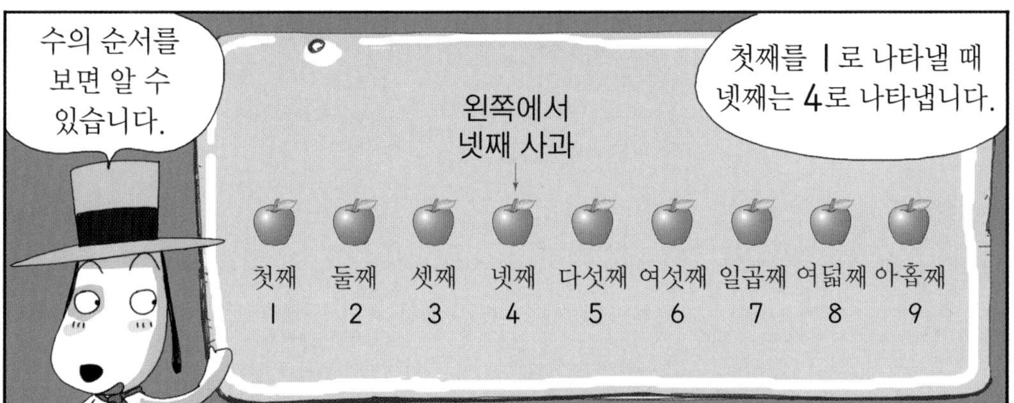

개념 파헤치기

개념 1 | 1, 2, 3, 4, 5를 알아볼까요

개념 동영상

수는 수가 읽혀지는 상황에 따라 알맞은 방법으로 읽어야 합니다.

(가방 1개)	1	1	하나	일
(익힘책 2권)	2	2	둘	이
(모자 3개)	3	3	셋	삼
(풀 4개)	4	4	넷	사
(연필 5자루)	5	5	다섯	오

빈칸에 글자나 수를 따라 쓰세요.

1. 수를 나타낼 때는 1, 2, 3, 4, 5로 나타냅니다.
2. 수를 셀 때는 하나, 둘, 셋, 넷, 다섯 또는 일, 이, 삼, 사, 오로 셉니다.

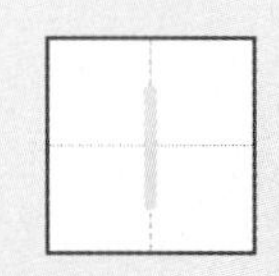
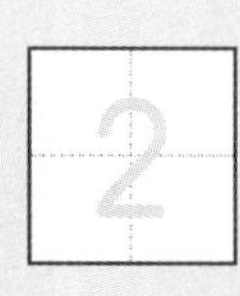
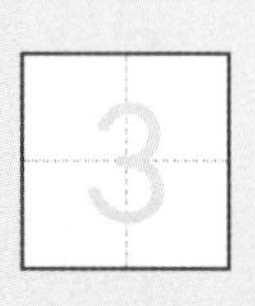
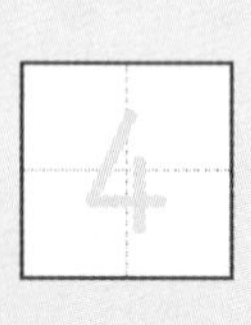
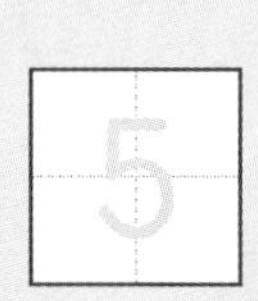

1 수를 쓰는 순서에 맞게 수를 써 보시오.

(1) 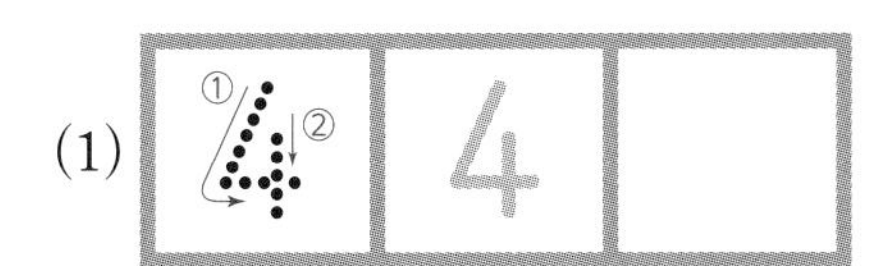

(2) 

2 3을 바르게 읽은 것에 ○표 하시오.

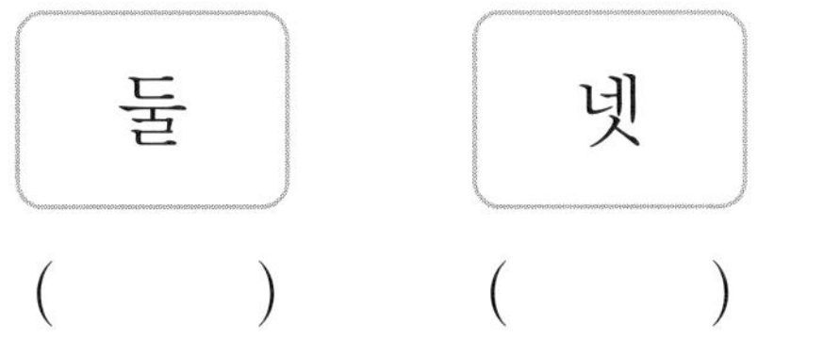

둘	넷	삼
( )	( )	( )

3 수를 세어 알맞은 수에 ○표 하시오.

(1) 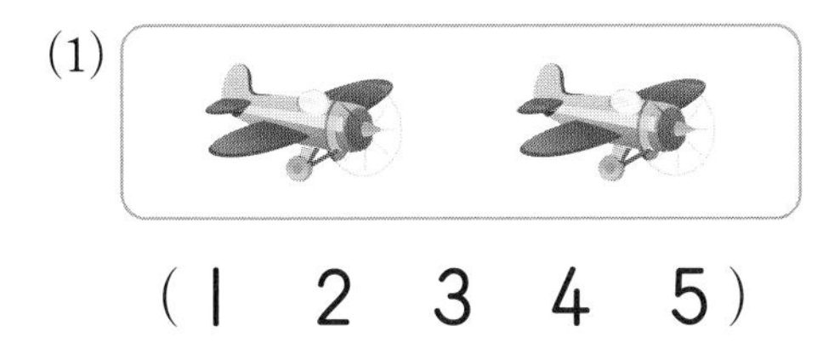

(1 2 3 4 5)

(2) 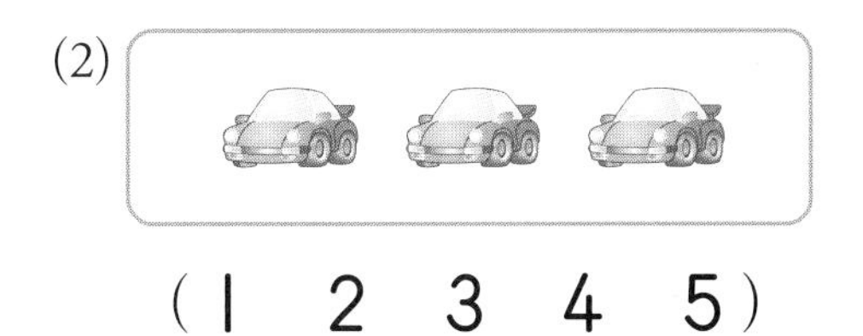

(1 2 3 4 5)

빈칸에 알맞은 글자나 수를 써 보세요.

• 수를 나타낼 때는 1, 2, ☐, 4, ☐로 나타냅니다.

• 수를 셀 때는 하나, 둘, 셋, 넷, ☐☐ 또는 일, 이, 삼, 사, ☐로 셉니다.

개념 파헤치기

개념 2 6, 7, 8, 9를 알아볼까요

물건의 수를 셀 때는 하나, 둘, 셋, ...의 순서로 세어 마지막에 센 수가 그 물건의 수입니다.

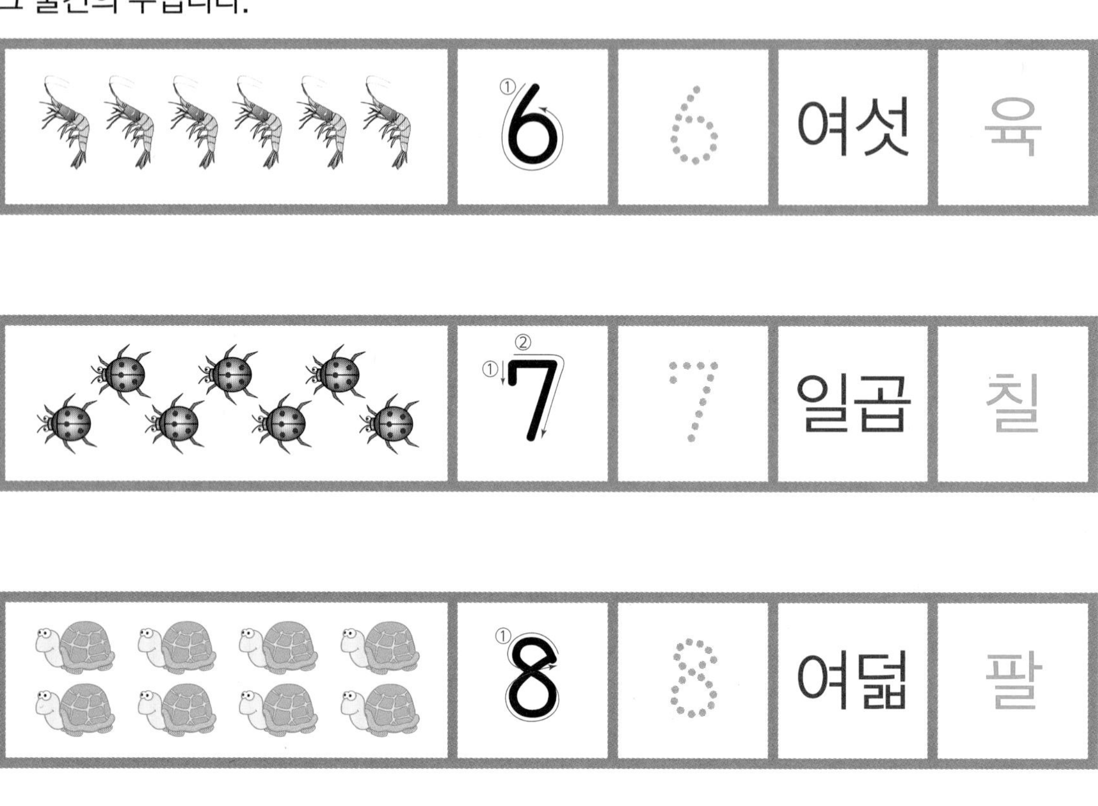

(새우 6마리)	6	6	여섯	육
(무당벌레 7마리)	7	7	일곱	칠
(거북 8마리)	8	8	여덟	팔
(달팽이 9마리)	9	9	아홉	구

1 수를 셀 때는 하나, 둘, 셋, 넷, 다섯, 여섯, 일곱, 여덟, 아홉 또는 일, 이, 삼, 사, 오, 육, 칠, 팔, 구로 셉니다.

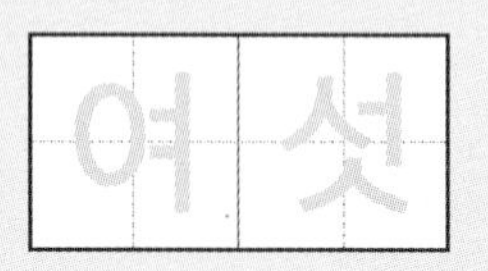

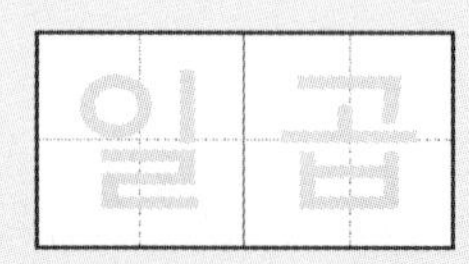

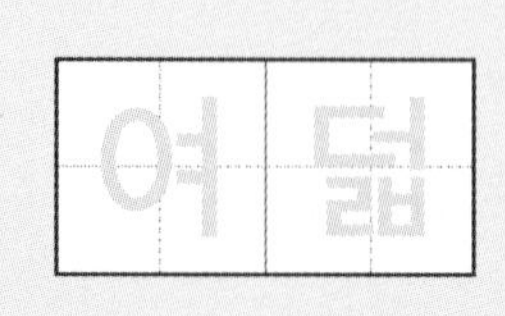

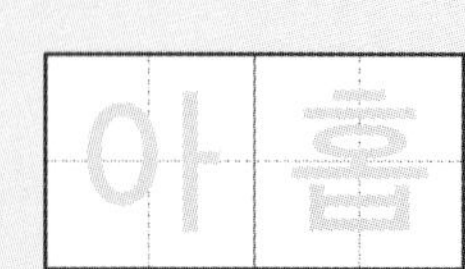

기본 문제

1 수를 쓰는 순서에 맞게 수를 써 보시오.

(1) 

(2) 

2 수를 두 가지 방법으로 읽어 보시오.

(1) 6

( ), ( )

(2) 9

( ), ( )

3 강아지의 수를 세어 알맞은 수에 ○표 하시오.

(6 7 8 9)

- 수를 셀 때는 하나, 둘, 셋, 넷, 다섯, 여섯, ☐, 여덟, ☐ 또는 일, 이, 삼, 사, 오, ☐, 칠, ☐, 구로 셉니다.

개념 파헤치기

개념 3 수로 순서를 나타내 볼까요

아래 그림에서 기준은 왼쪽입니다.

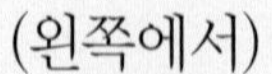

아래 그림에서 기준은 오른쪽입니다.

(오른쪽에서)

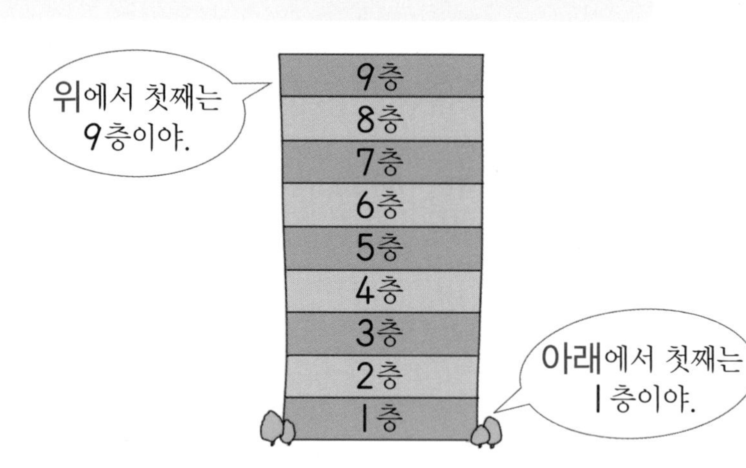

개념 받아쓰기

1. 순서는 **첫째**, **둘째**, **셋째**, **넷째**, **다섯째**, **여섯째**, **일곱째**, **여덟째**, **아홉째**라고 합니다.
2. 기준에 따라 맨 앞에 있는 것의 **순서**를 말할 때는 하나째라고 하지 않고 **첫째**라고 합니다.

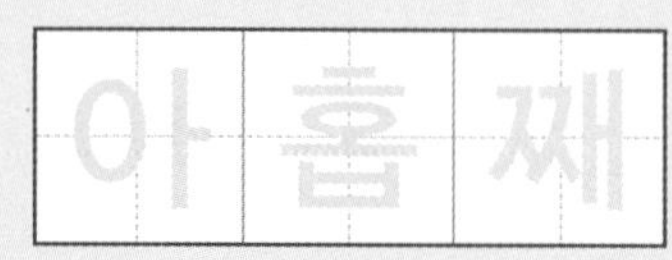

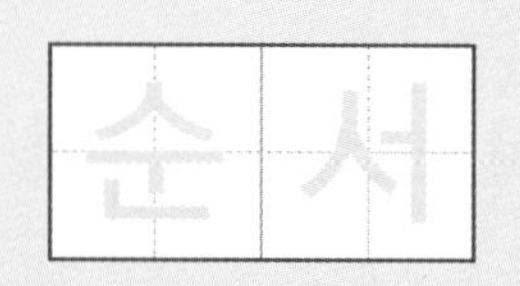

1 왼쪽에서부터 알맞게 색칠해 보시오.

(1)

셋(삼)	○○○○○○○○○
셋째	○○○○○○○○○

(2)

여덟(팔)	○○○○○○○○○
여덟째	○○○○○○○○○

2 왼쪽에서 세었을 때 색칠한 칸의 순서는 몇째입니까?

					■			

( )

3 오른쪽에서 여섯째에 서 있는 친구의 이름에 ○표 하시오.

안나 민호 현애 정희 홍관 윤석 성수

• 순서는 [ ], 둘째, 셋째, 넷째, 다섯째, [ ], 일곱째, 여덟째, [ ]라고 합니다.

2 STEP 개념 확인하기

개념 1 1, 2, 3, 4, 5를 알아볼까요

수를 셀 때는 하나, 둘, 셋, ☐, ☐

또는 일, 이, 삼, ☐, ☐(으)로 셉니다.

1 4를 잘못 읽은 것에 ×표 하시오.

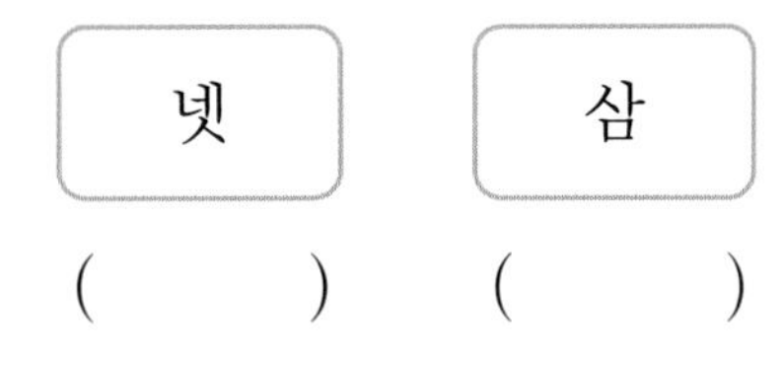

넷	삼
(　　)	(　　)

익힘책 유형

2 같은 수끼리 이으시오.

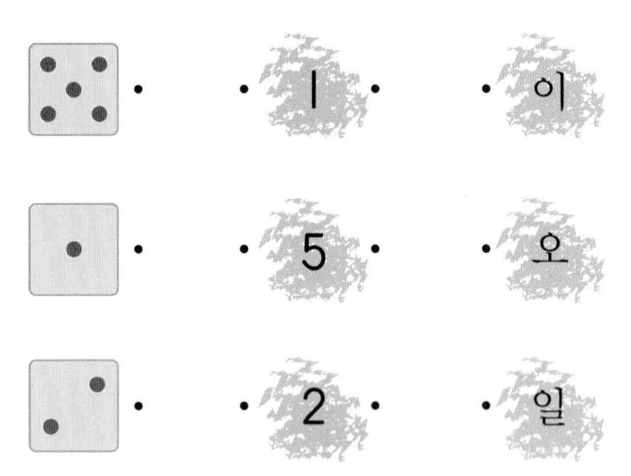

3 수박의 수를 세어 두 가지 방법으로 읽어 보시오.

(　　　　　　), (　　　　　　)

4 바르게 말하고 있는 친구에 ○표 하시오.

선희: 원숭이가 5마리 있어. (　　　　)

영호: 얼룩말이 3마리 있어. (　　　　)

개념 2 6, 7, 8, 9를 알아볼까요

수를 셀 때는 하나, 둘, 셋, 넷, 다섯,

☐, ☐, 여덟, ☐ 또는

일, 이, 삼, 사, 오, ☐, ☐, 팔, ☐

(으)로 셉니다.

5 양의 수를 세어 빈 곳에 써넣으시오.

6 8과 관계있는 것을 모두 고르시오. .... (　　　　　　)

① 일곱　　② ●●●●●●●●

③ 팔　　④ 여섯

⑤ 칠

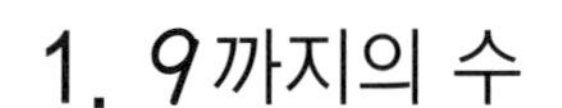

7 왼쪽 수만큼 그림을 묶어 보시오.

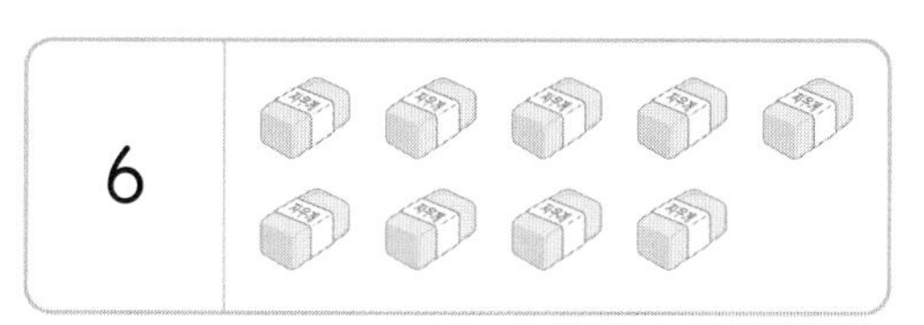

8 사과의 수가 9가 되도록 ○를 그려 보시오.

개념 3 수로 순서를 나타내 볼까요

9 오른쪽에서 세었을 때 색칠한 칸의 순서는 몇째입니까?

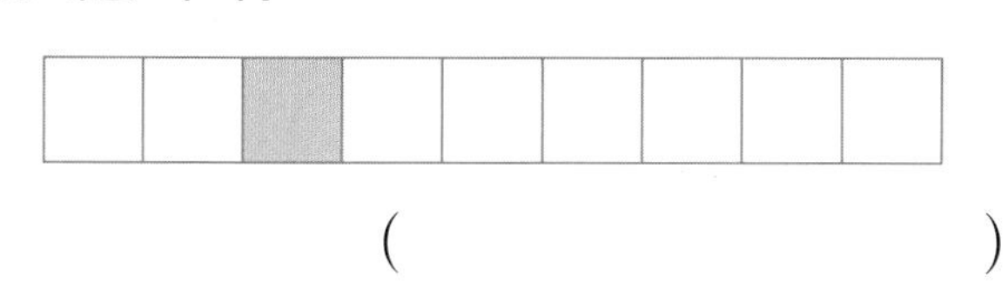

(　　　　　　　)

익힘책 유형

10 순서에 알맞게 이으시오.

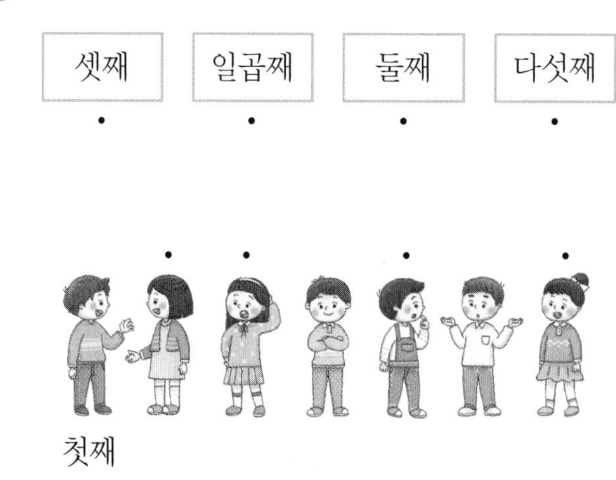

11 영미가 모자를 넣을 서랍의 기호를 쓰시오.

(　　　　　　　)

12 은진이와 지후 사이에 서 있는 친구는 오른쪽에서 몇째입니까?

(　　　　　　　)

개념 파헤치기

개념 4 수의 순서를 알아볼까요

- 수를 순서대로 쓰면
  1, 2, 3, 4, 5, 6, 7, 8, 9입니다.
- 순서를 거꾸로 하여 수를 쓰면
  9, 8, 7, 6, 5, 4, 3, 2, 1입니다.

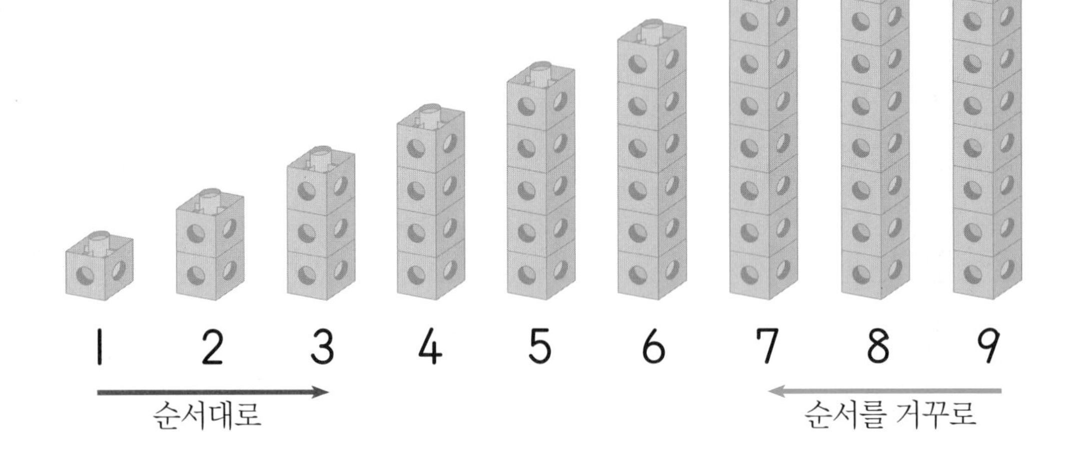

1 2 3 4 5 6 7 8 9

순서대로 / 순서를 거꾸로

수를 순서대로 쓸 때와 순서를 거꾸로 하여 수를 쓸 때를 헷갈리지 않도록 주의합니다.

내가 1등이야!

내가 꼴등이야?

1 2 3 4 5 6 7 8 9

빈칸에 글자나 수를 따라 쓰세요.

❶ 수를 순서대로 쓰면 1, 2, 3, 4, 5, 6, 7, 8, 9입니다.

❷ 순서를 거꾸로 하여 수를 쓰면 9, 8, 7, 6, 5, 4, 3, 2, 1입니다.

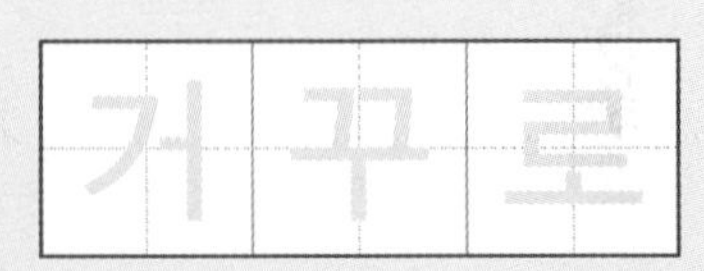

정답은 **4**쪽

기본 문제

1 수를 순서대로 바르게 쓴 것에 ○표 하시오.

1 2 3 4 6 5	1 2 3 4 5 6
( )	( )

2 수를 순서에 알맞게 쓰려고 합니다. □ 안에 알맞은 수를 써넣으시오.

(1) 1, □, 3, 4, 5, □, 7, 8, 9

(2) 9, 8, □, 6, 5, 4, 3, 2, □

3 수의 순서대로 이어서 그림을 완성하시오.

(1) 1 2 3 4 5 6 7 8 9

(2)

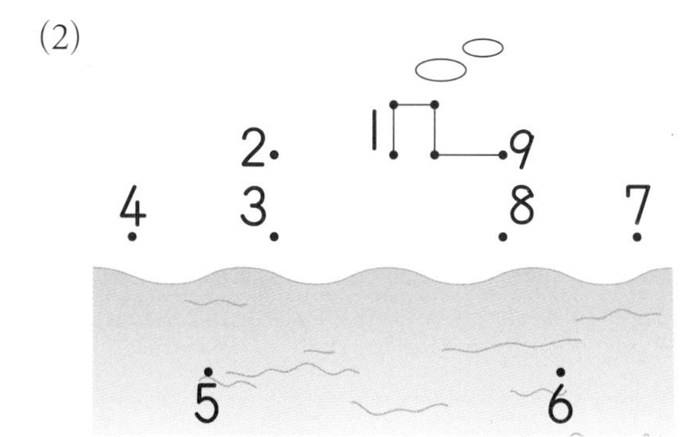

빈칸에 알맞은 글자나 수를 써 보세요.

• 수를 순서대로 쓰면 1, 2, 3, 4, □, 6, 7, 8, □입니다.

• 순서를 거꾸로 하여 수를 쓰면 9, 8, □, 6, 5, 4, 3, 2, □입니다.

개념 파헤치기

개념 5 1만큼 더 큰 수와 1만큼 더 작은 수를 알아볼까요

1만큼 더 큰 수는 바로 앞의 수이고
1만큼 더 작은 수는 바로 뒤의 수입니다.

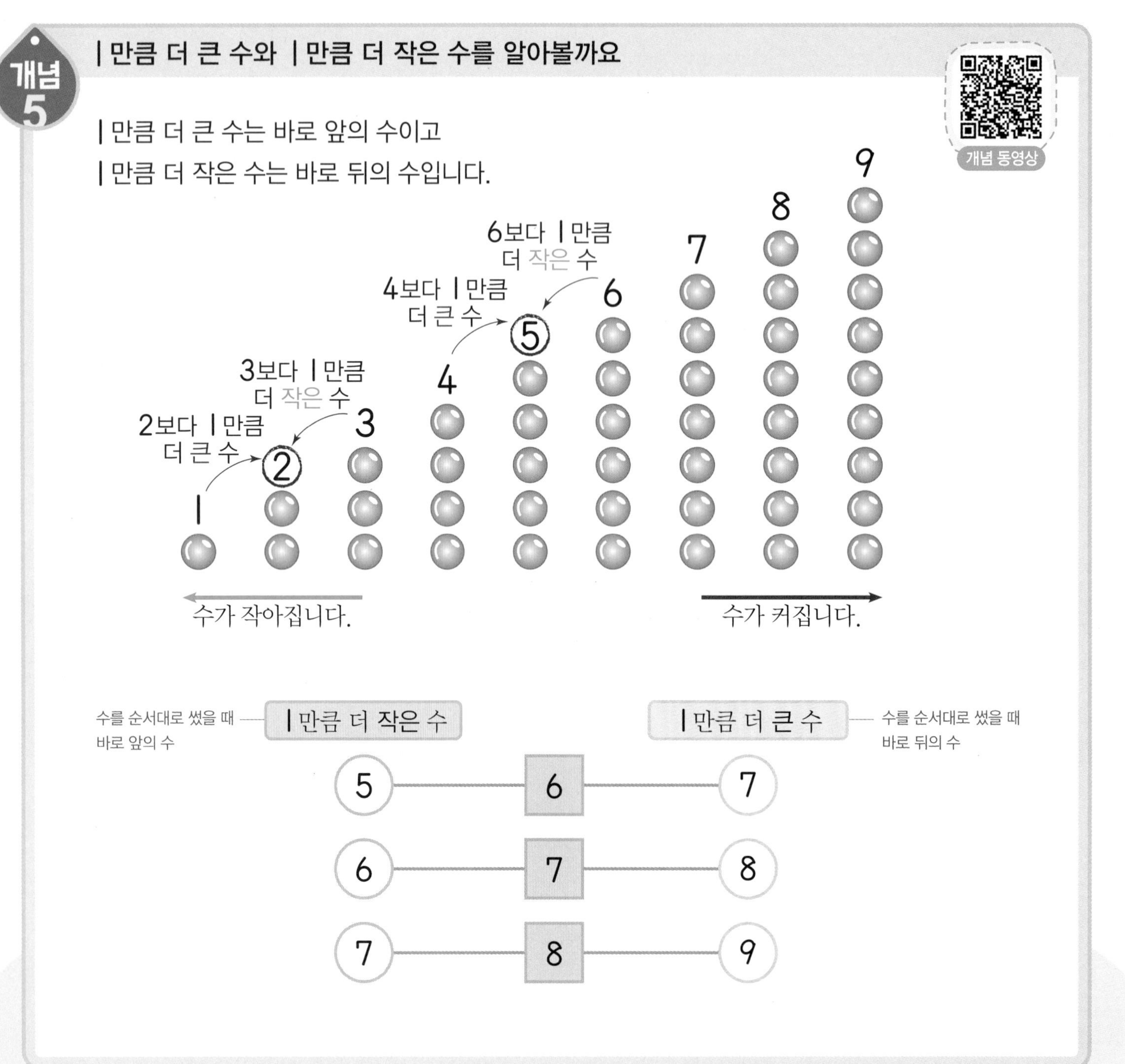

1 수를 순서대로 썼을 때 1만큼 더 [작은] 수는 바로 앞의 수입니다.

2 수를 순서대로 썼을 때 1만큼 더 [큰] 수는 바로 뒤의 수입니다.

1 □ 안에 사과 수를 쓰고 ○ 안에 1만큼 더 작은 수, ○ 안에 1만큼 더 큰 수를 쓰시오.

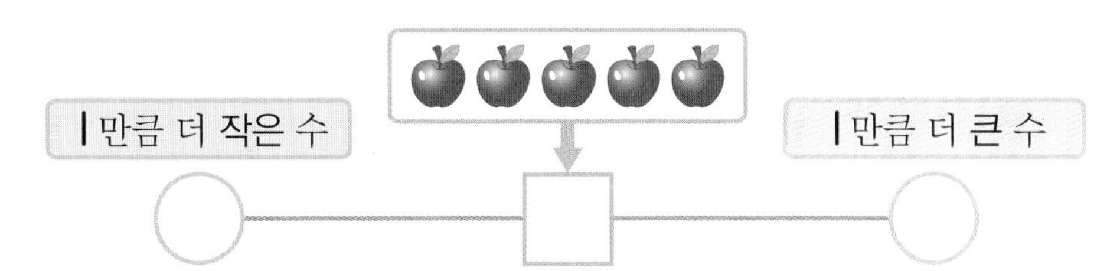

2 빈 곳에 주어진 수보다 1만큼 더 큰 수를 쓰고 알맞은 말에 ○표 하시오.

(1) 3 — ○ 3보다 1만큼 더 (큰 , 작은) 수는 4입니다.

(2) 8 — ○ 8보다 1만큼 더 (큰 , 작은) 수는 9입니다.

3 빈 곳에 주어진 수보다 1만큼 더 작은 수를 쓰고 알맞은 말에 ○표 하시오.

(1) ○ — 4 4보다 1만큼 더 (큰 , 작은) 수는 3입니다.

(2) ○ — 7 7보다 1만큼 더 (큰 , 작은) 수는 6입니다.

- 수를 순서대로 썼을 때 1만큼 더 □□ 수는 바로 앞의 수입니다.
- 수를 순서대로 썼을 때 1만큼 더 □ 수는 바로 뒤의 수입니다.

개념 파헤치기

개념 6 0을 알아볼까요

개념 동영상

생선 1마리

생선 0마리

아무것도 없는 것을 0이라 쓰고 영이라고 읽습니다.

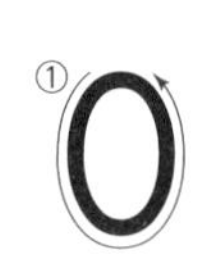

0	0	0	영

난 1보다 1만큼 더 작은 수야.

0

1보다 1만큼 더 작은 수는 0이 됩니다.
0보다 1만큼 더 큰 수는 1이 됩니다.

1만큼 더 작은 수　1만큼 더 큰 수

0 — 1 — 2

개념 받아쓰기

❶ 아무것도 없는 것을 [0]이라 쓰고 [영]이라고 읽습니다.

❷ 1보다 1만큼 더 [작은] 수는 0입니다.

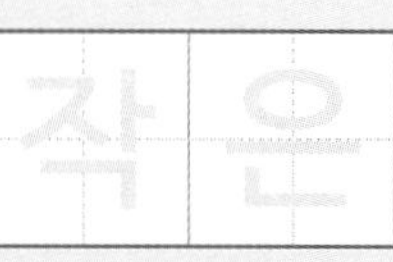

1 접시 위에 담겨 있는 만두의 수를 세어 □ 안에 써넣으시오.

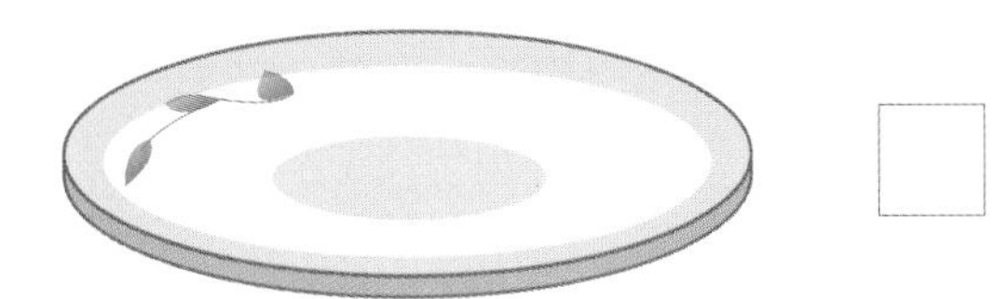

2 달팽이의 수를 세어 □ 안에 써넣으시오.

3 꽃의 수를 세어 □ 안에 써넣으시오.

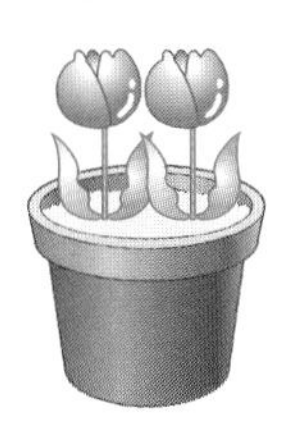

- 아무것도 없는 것을  이라 쓰고 □ 이라고 읽습니다.
- 1보다 1만큼 더 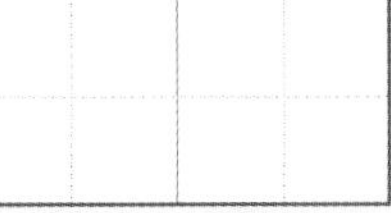 수는 0입니다.

개념 파헤치기

수의 크기를 비교해 볼까요

개념 동영상

• 7과 2의 크기 비교

7은 2보다 뒤에 있으므로 **7**은 2보다 큽니다.
2는 7보다 앞에 있으므로 **2**는 7보다 작습니다.

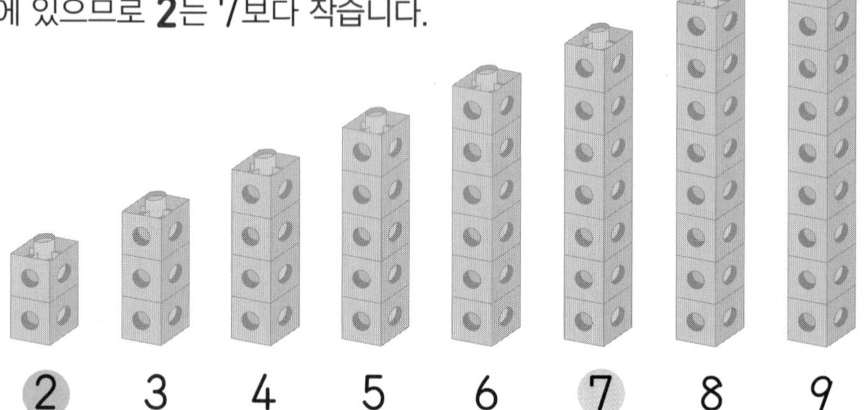

수를 순서대로 썼을 때
뒤에 있는 수가 앞에 있는 수보다 큽니다. 또는
앞에 있는 수가 뒤에 있는 수보다 작습니다.

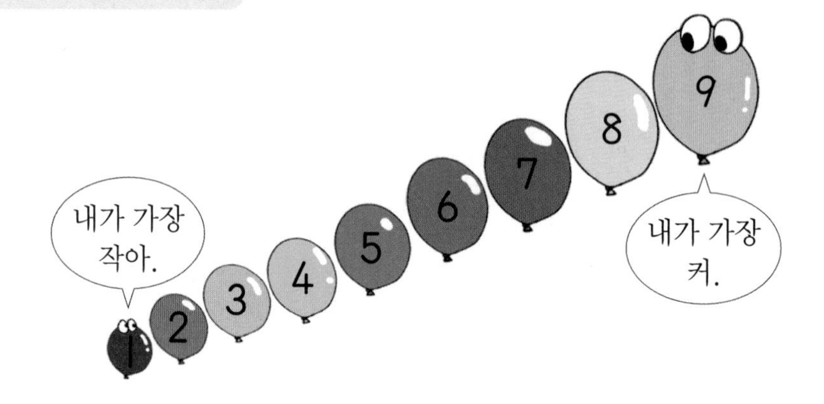

❶ 수를 순서대로 썼을 때 **뒤에 있는 수**가 앞에 있는 수보다 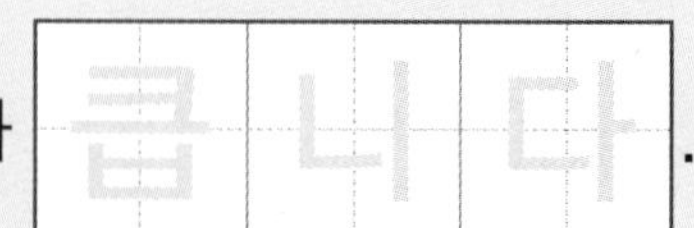.

❷ 수를 순서대로 썼을 때 **앞에 있는 수**가 뒤에 있는 수보다 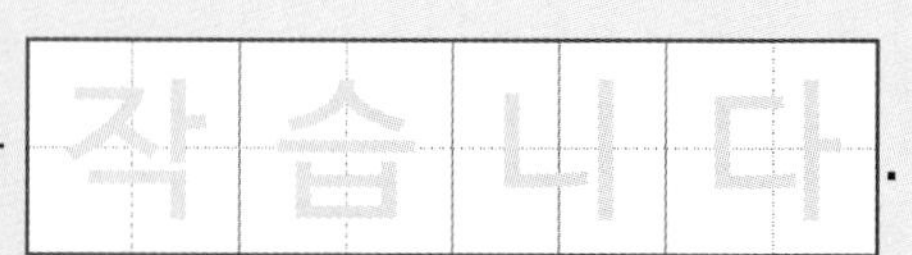.

✿ 정답은 5쪽

기본 문제

1 수를 순서대로 쓴 것을 보고 알맞은 말에 ○표 하시오.

1	2	3	4	5	6	7	8	9

(1) 6과 8을 보면 6은 8보다 (앞 , 뒤)에 있습니다.

(2) 6은 8보다 (큽니다 , 작습니다).

2 큰 수에 ○표 하시오.

(1) 9 ( ) 5 ( )

(2) 8 ( ) 7 ( )

3 작은 수에 △표 하시오.

(1) 7 ( ) 3 ( )

(2) 1 ( ) 4 ( )

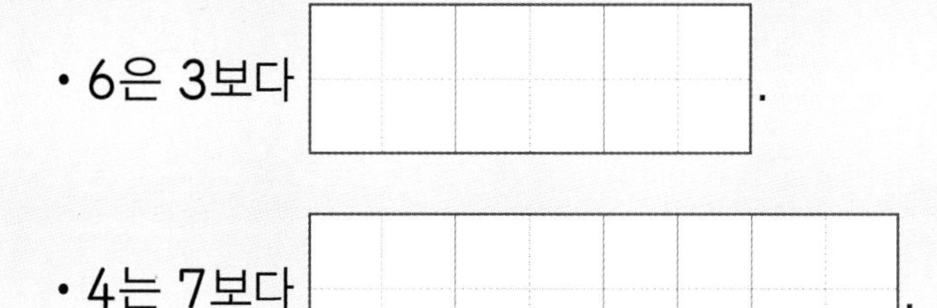

• 6은 3보다 ☐☐☐.

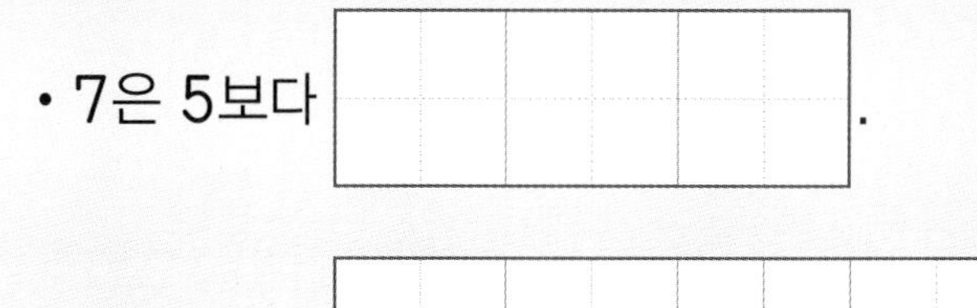

• 7은 5보다 ☐☐☐.

• 4는 7보다 ☐☐☐☐.

• 5는 8보다 ☐☐☐☐.

개념4 수의 순서를 알아볼까요

1 − 2 − 3 − □ − 5 − 6 − 7 − □ − 9

교과서 유형

1 수를 순서대로 쓰려고 합니다. 빈 곳에 알맞은 수를 써넣으시오.

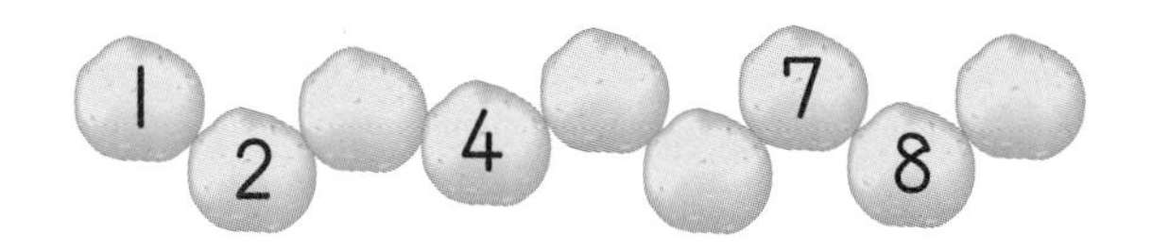

2 순서를 거꾸로 하여 수를 쓰려고 합니다. 빈 곳에 알맞은 수를 써넣으시오.

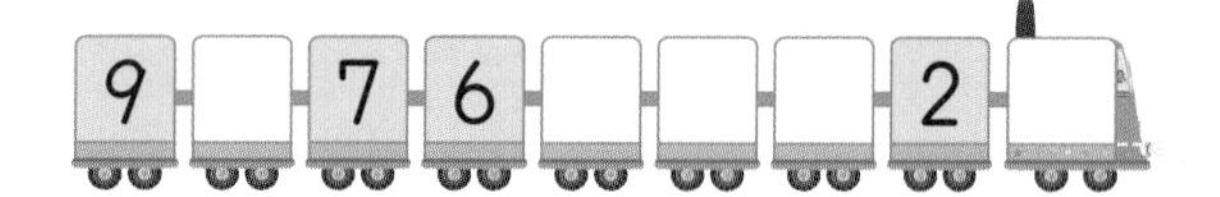

3 동물들이 순서대로 줄을 섰습니다. □ 안에 알맞은 수를 써넣으시오.

개념5 1만큼 더 큰 수와 1만큼 더 작은 수를 알아볼까요

5보다 1만큼 더 작은 수는 □입니다.

5보다 1만큼 더 큰 수는 □입니다.

4 빈 곳에 알맞은 수를 써넣으시오.

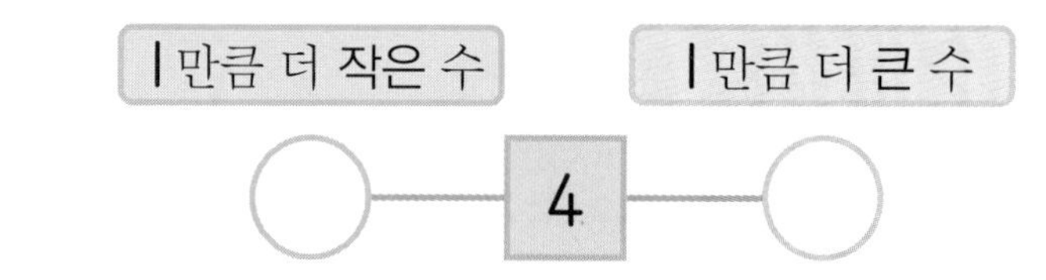

익힘책 유형

5 2보다 1만큼 더 작은 수를 나타내는 것에 ○표 하시오.

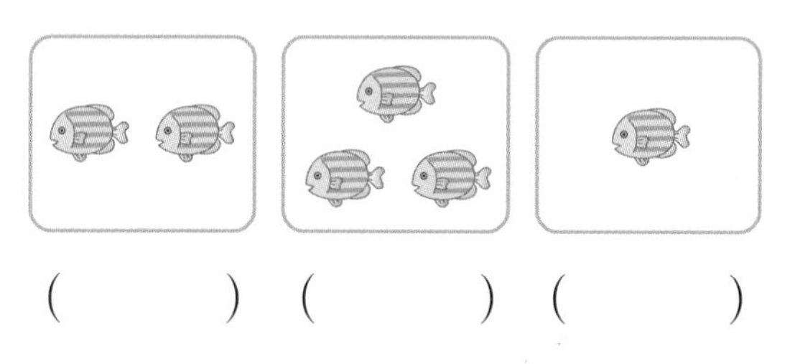

(　　　) (　　　) (　　　)

6 작은 수에는 1만큼 더 작은 수를 쓰고 큰 수에는 1만큼 더 큰 수를 써 보시오.

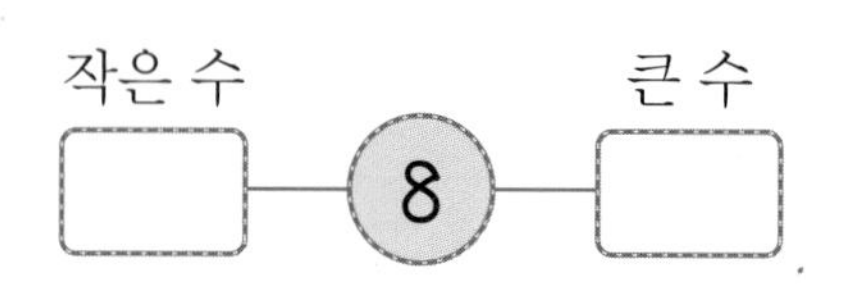

게임 학습

게임으로 학습을 즐겁게 할 수 있어요.
QR 코드를 찍어 보세요.

정답은 5쪽

7 현철이는 성룡이가 말한 수보다 1만큼 더 큰 수를 말했습니다. 현철이가 말한 수는 얼마입니까?

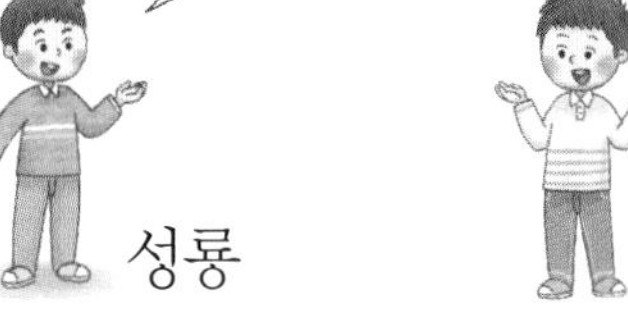

(　　　　　　　　)

개념 6 0을 알아볼까요

아무것도 없는 것을 □이라 쓰고 □이라고 읽습니다.

8 알맞은 말에 ○표 하시오.

1보다 1만큼 더 (큰 , 작은) 수는 0입니다.

9 어항에 있는 금붕어 수와 관계있는 것을 모두 찾아 기호를 쓰시오.

㉠ 0　㉡ 셋
㉢ 5　㉣ 영

(　　　　　　　　)

개념 7 수의 크기를 비교해 볼까요

수를 순서대로 썼을 때 앞에 있는 수가 □에 있는 수보다 작습니다.

수를 순서대로 썼을 때 뒤에 있는 수가 □에 있는 수보다 큽니다.

10 □ 안에 알맞은 말을 보기에서 골라 써넣으시오.

보기
큽니다　　작습니다

(1) 8은 3보다 □.

(2) 6은 7보다 □.

11 수를 순서대로 쓴 것입니다. 6보다 작은 수를 모두 찾아 쓰시오.

1　2　3　4　5　6　7　8　9

(　　　　　　　　)

익힘책 유형

12 4보다 큰 수를 모두 찾아 쓰시오.

2　3　5　6　1　7

(　　　　　　　　)

1
9까지의 수

STEP 3 단원 마무리 평가

1. 9까지의 수

점수

[1 ~ 2] 그림을 보고 물음에 답하시오.

1 동물의 수만큼 ○를 그려 보시오.

토끼

다람쥐

2 알맞은 말에 ○표 하시오.

(1) 토끼는 다람쥐보다 (많습니다, 적습니다).

(2) 4는 6보다 (큽니다, 작습니다).

3 □ 안에 알맞은 순서를 써넣으시오.

첫째 □ 셋째 □ 다섯째

4 귤의 수를 세어 빈 곳에 써넣으시오.

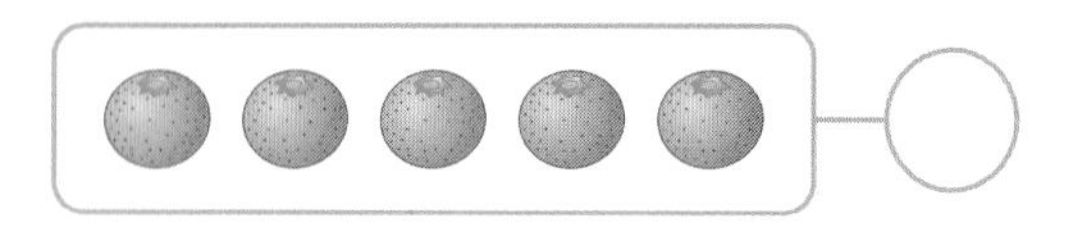

5 돌고래의 수를 세어 두 가지 방법으로 읽어 보시오.

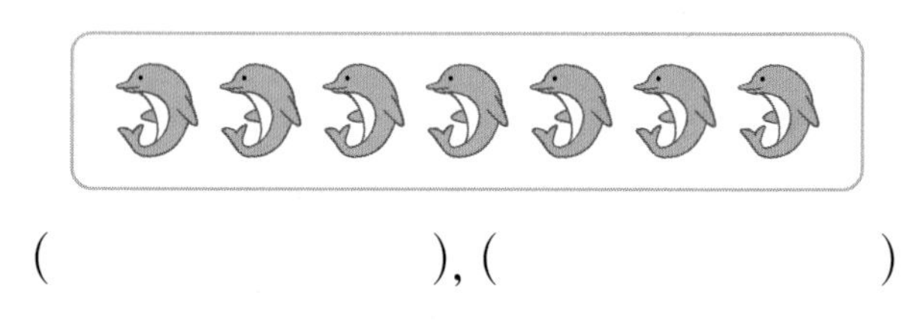

( ), ( )

6 왼쪽에서부터 알맞게 색칠해 보시오.

여섯(육)	○○○○○○○○○
여섯째	○○○○○○○○○

7 왼쪽 수만큼 그림을 묶어 보시오.

7	(그림 9개)

8 보기 와 같이 주어진 말과 수를 모두 이용하여 수의 크기를 비교하는 문장을 만들려고 합니다. □ 안을 알맞게 채워 문장을 완성하시오.

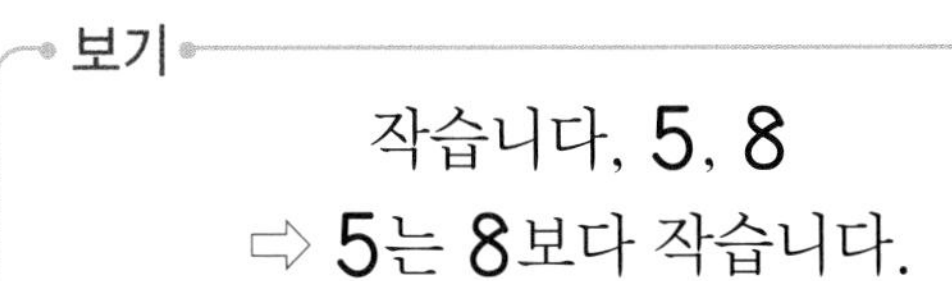
보기
작습니다, 5, 8
⇨ 5는 8보다 작습니다.

큽니다, 7, 4

9 승아가 다음과 같이 손으로 나뭇잎을 표현했습니다. 승아가 펼친 손가락의 수보다 1만큼 더 작은 수는 얼마입니까?

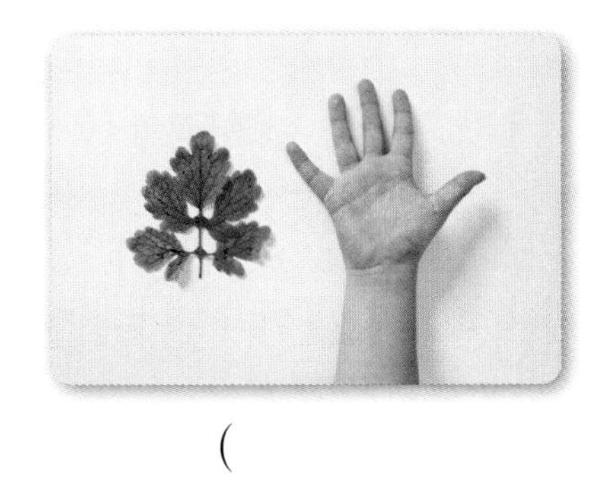

(　　　　　　　)

유사문제

10 그림을 보고 알맞게 이어 보시오.

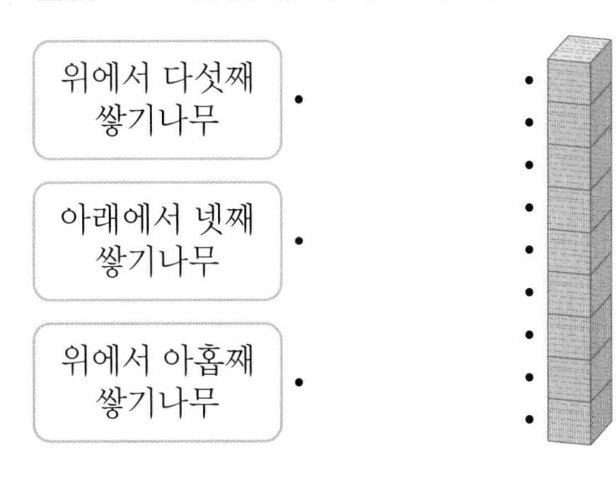

11 ㉠에 알맞은 수를 구하시오.

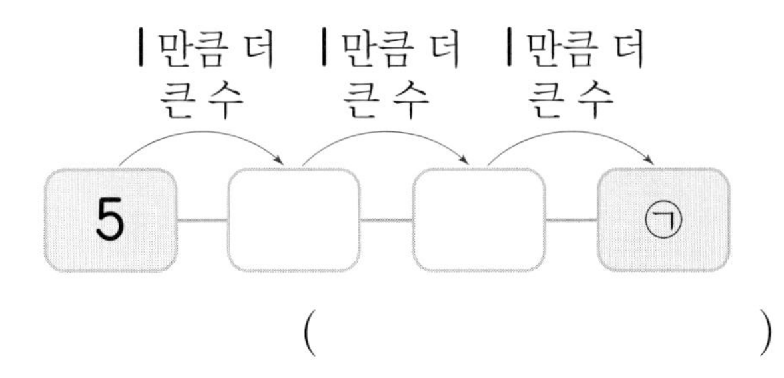

(　　　　　　　)

12 가현이는 가지고 있던 초콜릿 3개를 모두 먹었습니다. 가현이가 가지고 있는 초콜릿은 몇 개가 되었습니까?

(　　　　　　　)

13 바르게 설명한 것을 찾아 기호를 쓰시오.

㉠ 7은 8보다 1만큼 더 큰 수입니다.
㉡ 2는 9보다 작습니다.
㉢ 6보다 1만큼 더 작은 수는 7입니다.

(　　　　　　　)

유사문제

14 8보다 1만큼 더 작은 수를 나타내는 것을 모두 찾아 쓰시오.

7	육	일곱	9	6	구

(　　　　　　　)

1 9까지의 수

15 선화는 5보다 1만큼 더 큰 수를 ㉠보다 1만큼 더 작은 수로 나타내었습니다. ㉠에 알맞은 수는 얼마인지 풀이 과정을 완성하고 답을 구하시오.

풀이 5보다 1만큼 더 큰 수는 ☐입니다. ☐은 ☐보다 1만큼 더 작은 수이므로 ㉠에 알맞은 수는 ☐입니다.

답 ☐

16 다음에서 설명하는 수를 찾아 두 가지 방법으로 읽어 보시오.

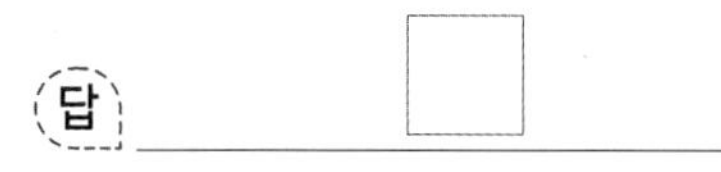

- 2보다 크고 6보다 작은 수입니다.
- 4보다 큰 수입니다.

(　　　　　　), (　　　　　　)

17 더 큰 수를 말하는 사람이 이기는 게임을 하려고 합니다. 경수가 미호를 항상 이기려면 경수는 어떤 수를 말해야 하는지 구하시오.

(　　　　　　)

18 오른쪽에서 셋째에 있는 수보다 1만큼 더 큰 수는 왼쪽에서 몇째에 있는지 풀이 과정을 완성하고 답을 구하시오.

2　5　0　6　4　7　9

풀이 오른쪽에서 셋째에 있는 수는 ☐입니다. ☐보다 1만큼 더 큰 수는 ☐이고, ☐는 왼쪽에서 ☐에 있습니다.

답 ☐

19 가와 나에 알맞은 수가 바르게 짝 지어진 것을 모두 고르시오. ················ (　　　　)

가는 나보다 큽니다.

① 가: 2, 나: 3　② 가: 5, 나: 1
③ 가: 3, 나: 4　④ 가: 7, 나: 8
⑤ 가: 9, 나: 6

20 현지네 모둠 학생 9명이 한 줄로 서 있습니다. 현지의 뒤에 5명이 서 있습니다. 현지는 앞에서 몇째에 서 있습니까?

(　　　　　　)

QR 코드를 찍어 게임을 해 보고 이번 단원을 확실히 익혀 보세요!

마무리 개념완성

☆정답은 7쪽

1 5는 ☐ 또는 다섯이라고 읽습니다.

수를 두 가지로 읽어 봅니다.

2 아홉과 구는 다른 수입니다. (○ , ×)

3 ●●●●●●●●●
첫째

초록색 공은 ☐ 째, 빨간색 공은 ☐ 째입니다.

왼쪽에서부터 세어 봅니다.

4 수를 순서대로 쓸 때 7 다음에 올 수는 ☐ 입니다.

수를 순서대로 쓰면 1−2−3−4−5−6−7−8−9입니다.

5 아무것도 없는 것을 0이라고 씁니다. (○ , ×)

6 3보다 1만큼 더 큰 수는 ☐, 1만큼 더 작은 수는 ☐ 입니다.

1만큼 더 큰 수는 바로 뒤의 수이고 1만큼 더 작은 수는 바로 앞의 수입니다.

7 9는 6보다 큽니다. (○ , ×)

개념 공부를 완성했다!

2 여러 가지 모양

제2화 사자의 책상 구하기!

이전에 배운 내용	이번에 배울 내용	앞으로 배울 내용
[5세 누리과정] • 여러 방향에서 물체를 보고 그 차이점 알아보기 • 기본 도형의 공통점과 차이점을 알아보기	• 모양 찾아보기 • 모양 알아보기 • 모양 분류하기 • 여러 가지 모양 만들기	[2-1 여러 가지 도형] • 삼각형 알아보기 • 사각형 알아보기 • 원 알아보기

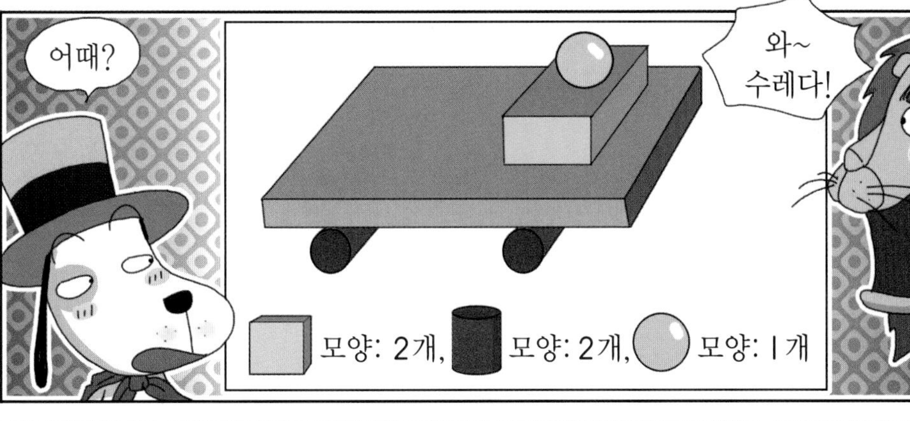

1 개념 파헤치기

개념 1 여러 가지 모양을 찾아볼까요

개념 동영상

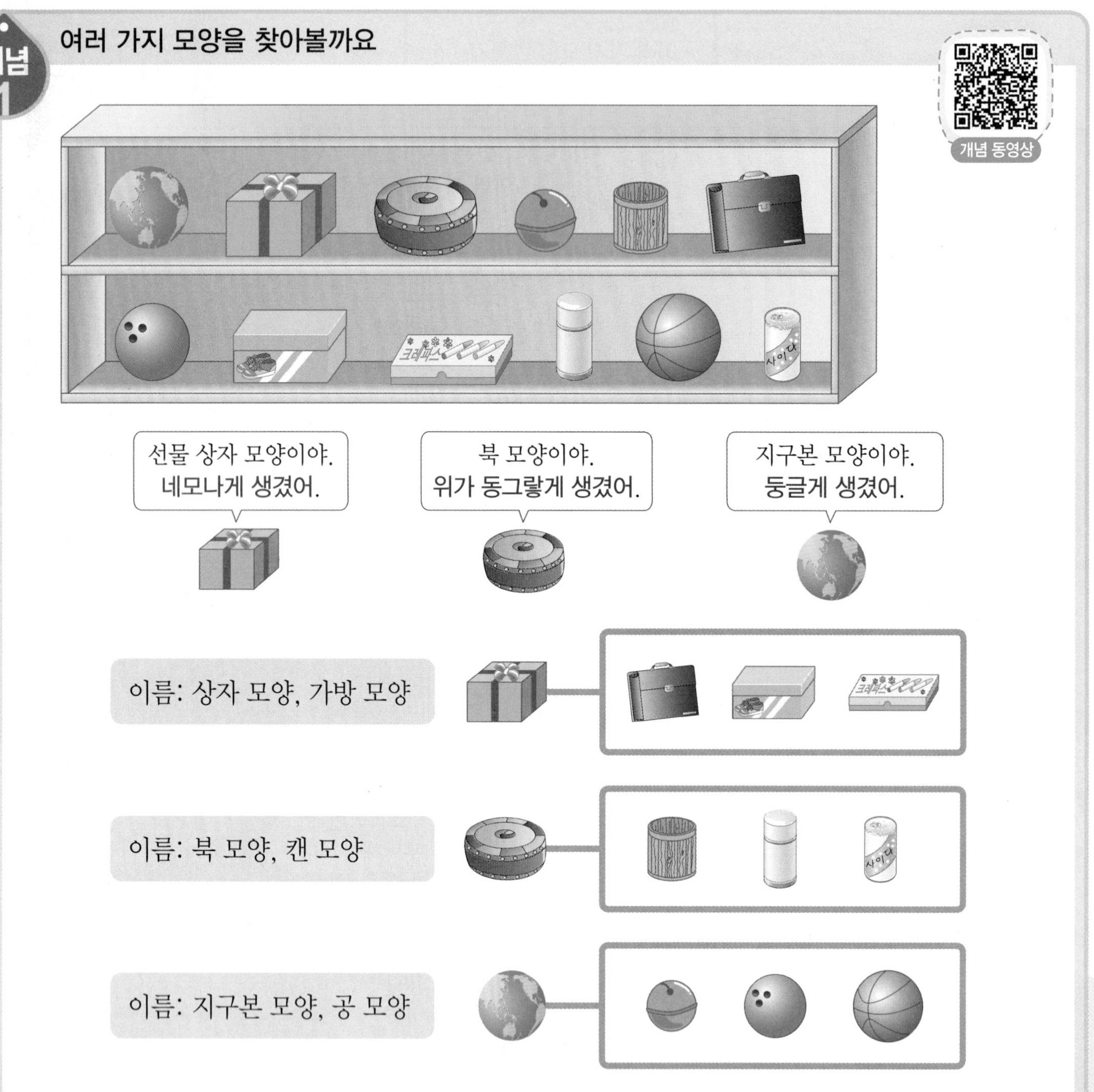

빈칸에 글자나 수를 따라 쓰세요.

❶ 같은 모양을 찾을 때는 크기나 색깔은 생각하지 않고 전체적인 **모양**만 생각합니다.

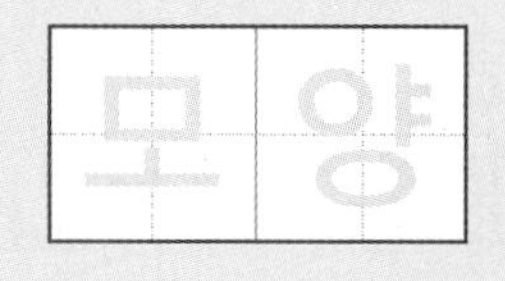

1 보기 와 같은 모양에 ○표 하시오.

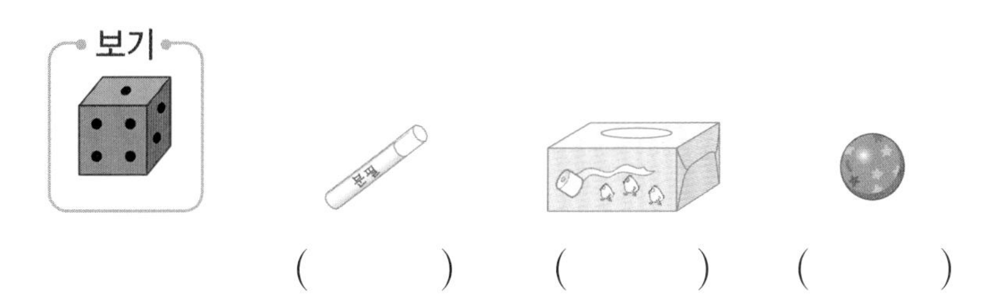

( ) ( ) ( )

2 모양이 다른 하나에 ○표 하시오.

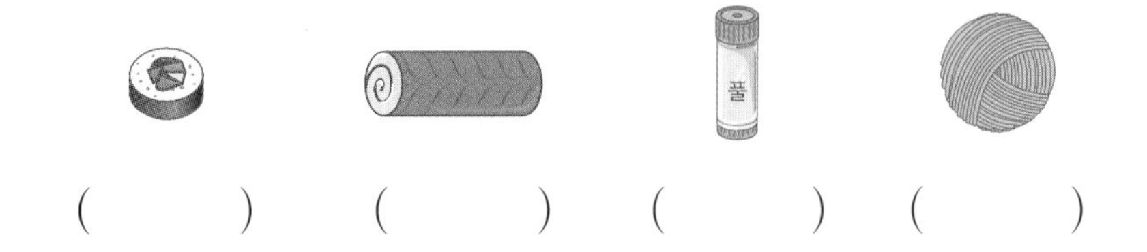

( ) ( ) ( ) ( )

3 모양이 같은 것끼리 이으시오.

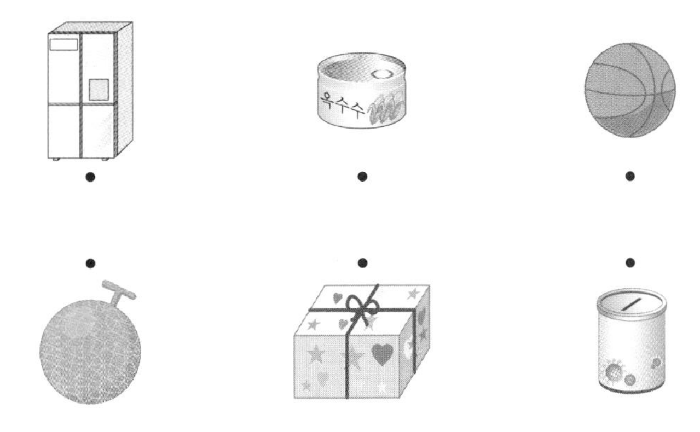

빈칸에 알맞은 글자나 수를 써 보세요.

• 같은 모양을 찾을 때는 크기나 색깔은 생각하지 않고 전체적인 ＿＿ 만 생각합니다.

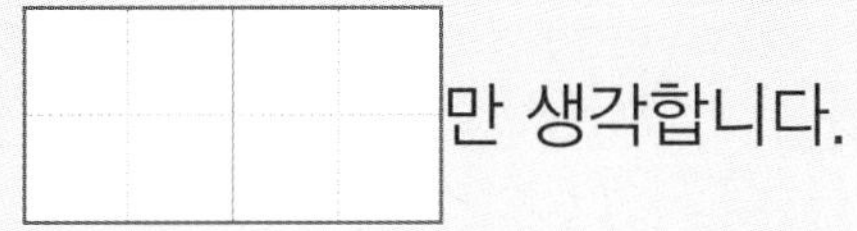

개념 파헤치기

개념 2 여러 가지 모양을 알아볼까요 (1)

개념 동영상

모양 알아보기

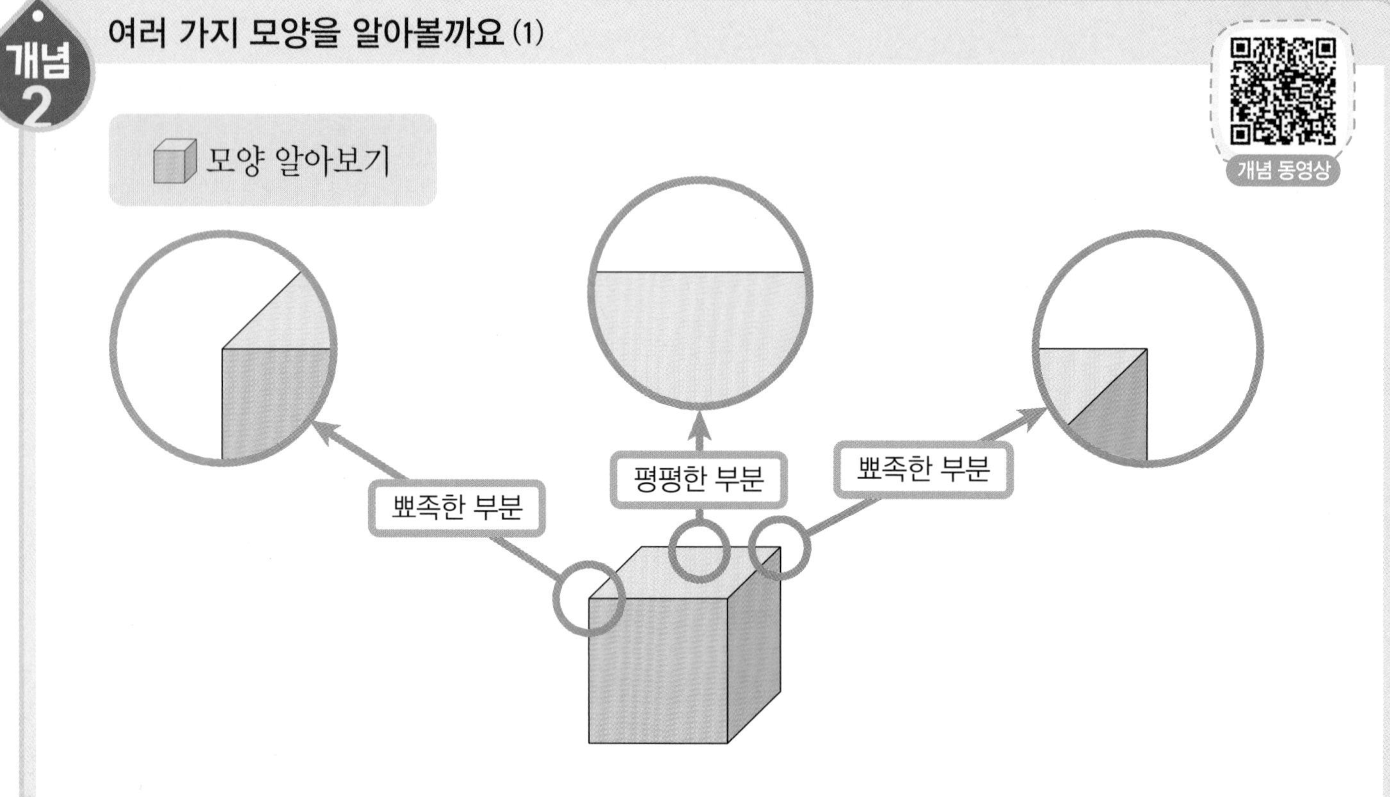

• 모양의 특징

① 평평한 부분으로만 되어 있습니다.

② 뾰족한 부분이 있습니다.

③ 둥근 부분이 없습니다.

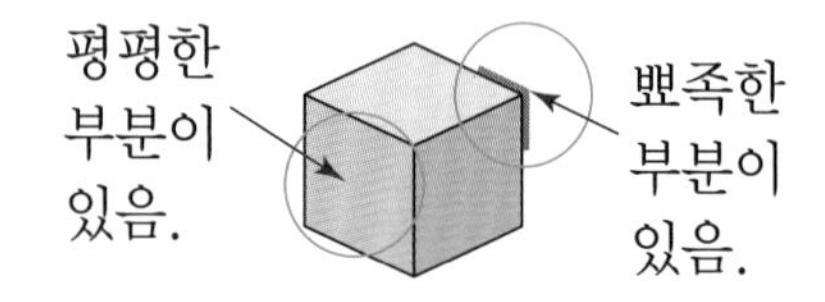

• 모양을 쌓거나 굴리기

① 쉽게 쌓을 수 있습니다.

② 잘 굴러가지 않습니다.

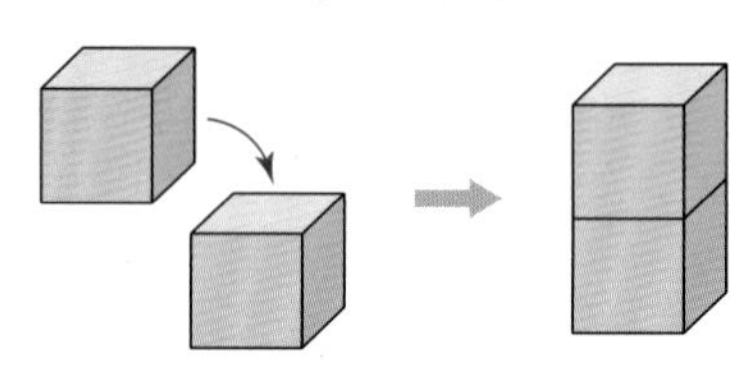

• 모양을 찾을 수 있는 물건

주사위, 상자, 책 등

개념 받아쓰기

❶ 모양은 평평한 부분으로만 되어 있습니다.

❷ 모양은 뾰족한 부분이 있고 둥근 부분이 없습니다.

✿ 정답은 8쪽

기본 문제

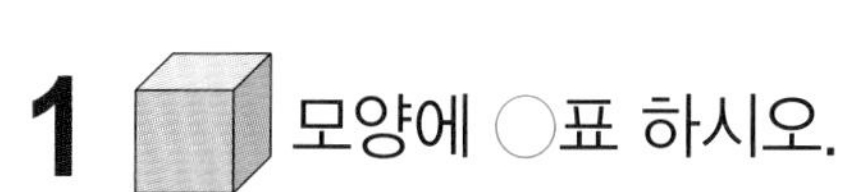

1 모양에 ○표 하시오.

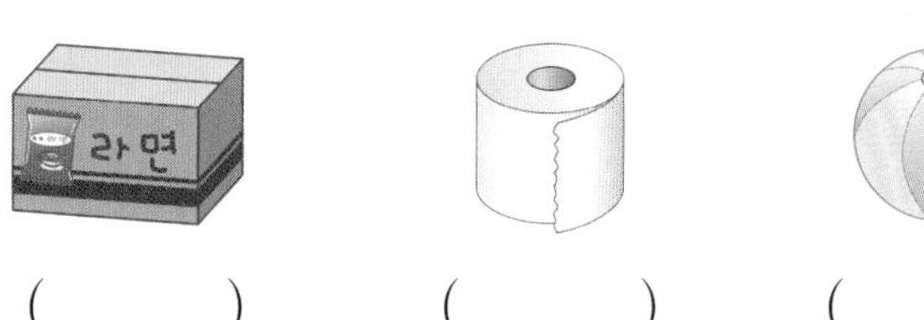

( ) ( ) ( )

2 와 같은 모양에 ○표 하시오.

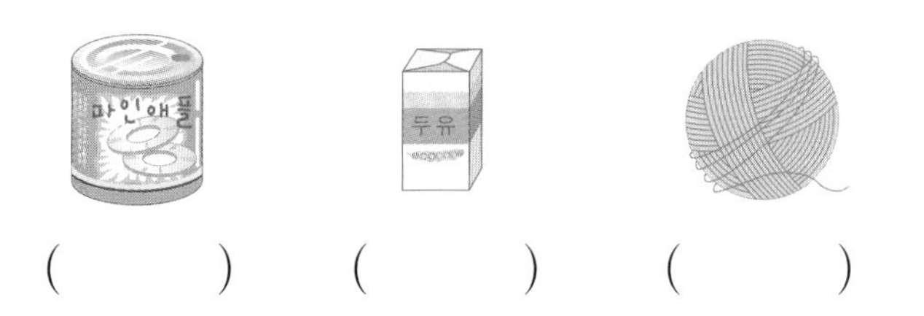

( ) ( ) ( )

3 다음 설명에 알맞은 모양에 ○표 하시오.

평평한 부분으로만 되어 있습니다.

( ) ( ) ( )

개념 받아쓰기 문제

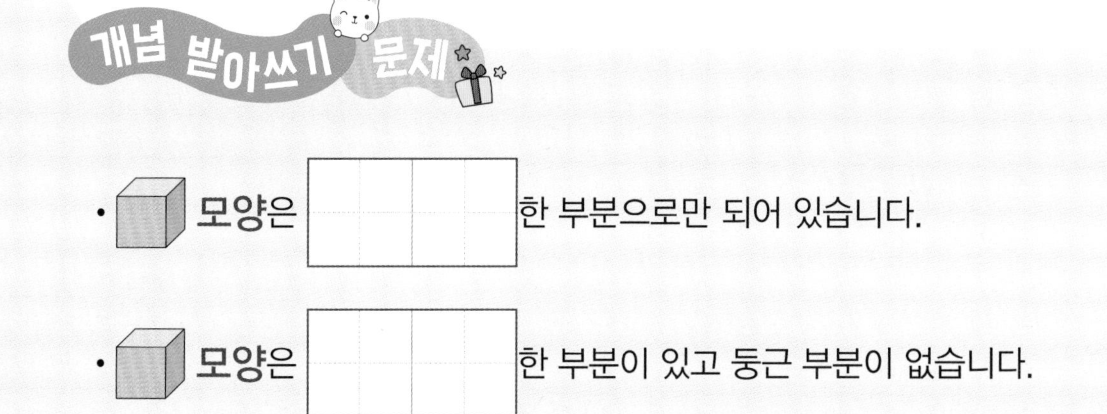

- 모양은 [   ] 한 부분으로만 되어 있습니다.
- 모양은 [   ] 한 부분이 있고 둥근 부분이 없습니다.

STEP 2 개념 확인하기

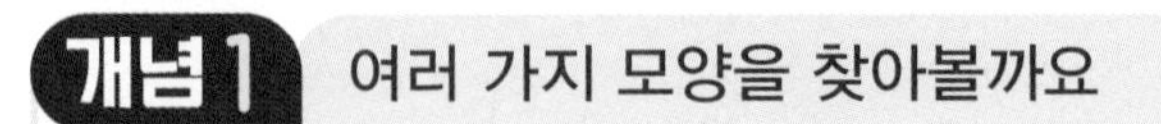

개념 1 여러 가지 모양을 찾아볼까요

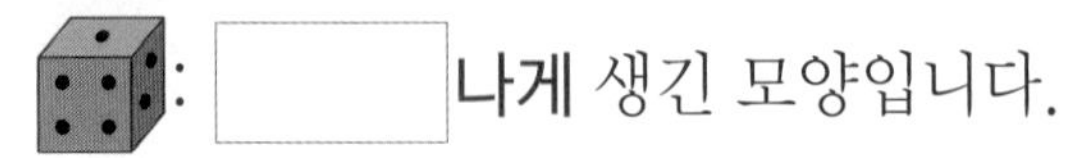

: ☐나게 생긴 모양입니다.

: 위가 ☐랗게 생긴 모양입니다.

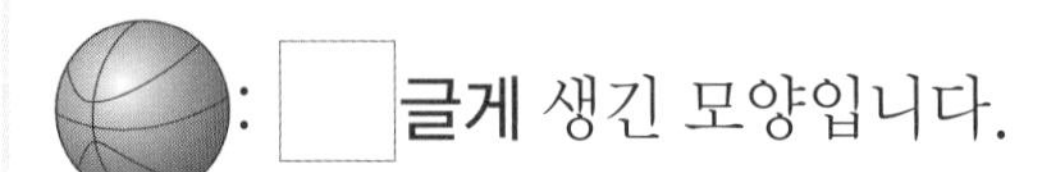

: ☐글게 생긴 모양입니다.

1 풀과 같은 모양이 아닌 것에 ○표 하시오.

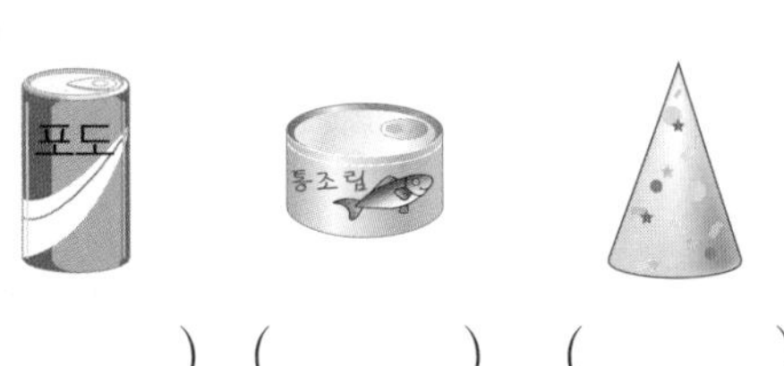

(　　) (　　) (　　)

2 모양이 같은 것끼리 이으시오.

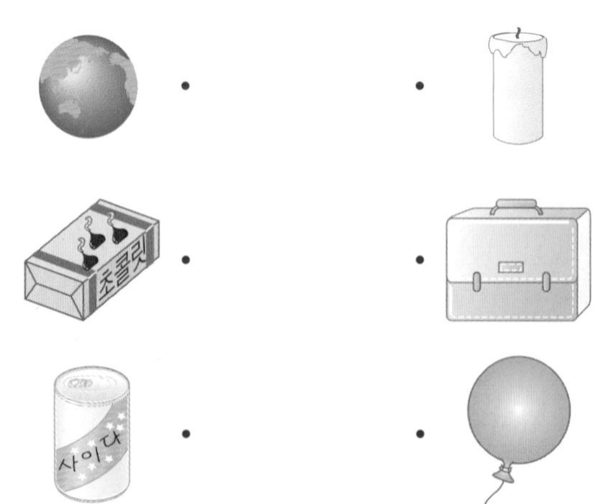

교과서 유형

3 모양이 같은 것끼리 이으시오.

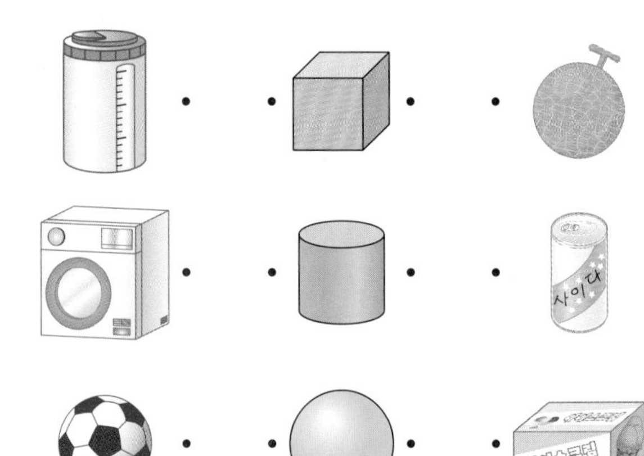

익힘책 유형

4 그림에서 찾을 수 없는 모양에 ○표 하시오.

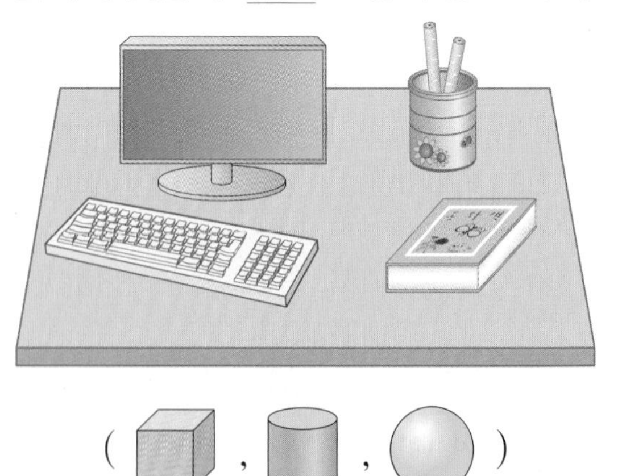

게임 학습

게임으로 학습을 즐겁게 할 수 있어요.
QR 코드를 찍어 보세요.

정답은 8쪽

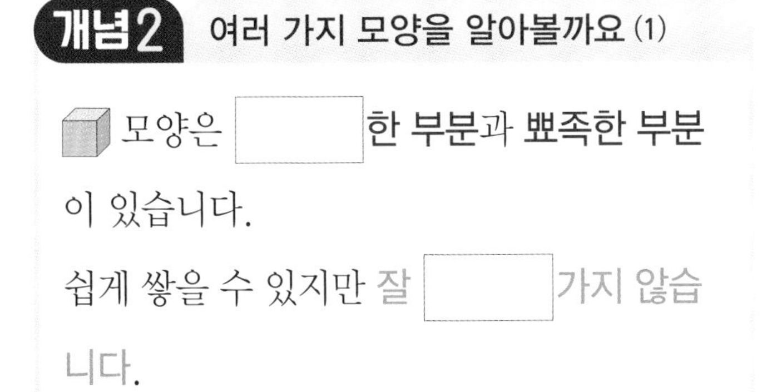

개념2 여러 가지 모양을 알아볼까요 (1)

모양은 (   )한 부분과 뾰족한 부분이 있습니다.

쉽게 쌓을 수 있지만 잘 (   )가지 않습니다.

5 알맞은 모양에 ○표 하시오.

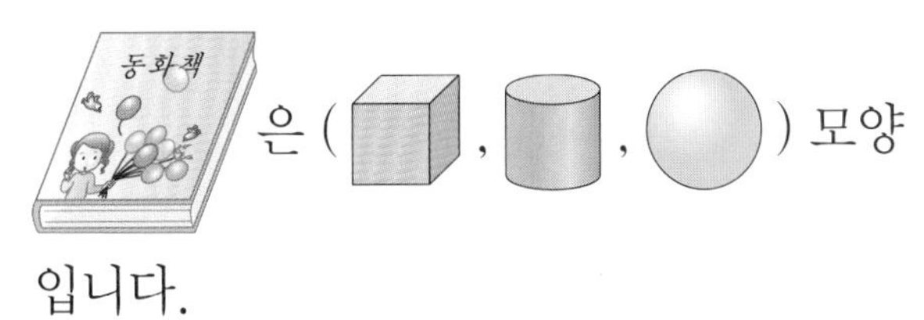

은 (, ,) 모양입니다.

교과서 유형

6 왼쪽과 같은 모양에 ○표 하시오.

7 다음 설명에 알맞은 모양에 ○표 하시오.

뾰족한 부분이 있습니다.

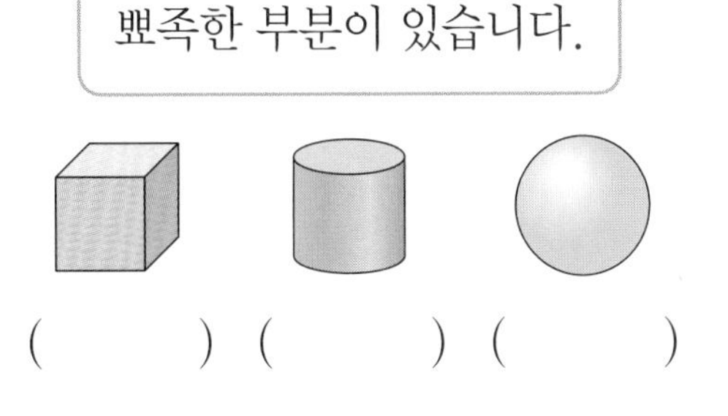

(   ) (   ) (   )

익힘책 유형

8 와 같은 모양의 물건을 주변에서 2개만 찾아 쓰시오.

9 오른쪽 그림은 어떤 물건의 일부분을 나타낸 것입니다. 이 물건의 모양에 ○표 하시오.

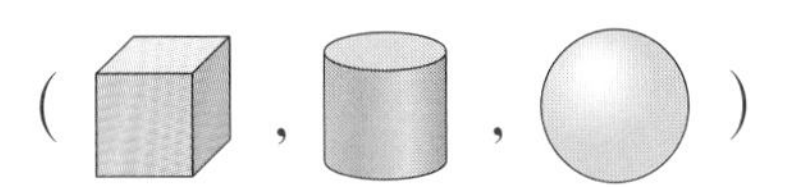

(, ,)

10 다음 중 모양은 모두 몇 개입니까?

(   )

개념 파헤치기

개념 3 여러 가지 모양을 알아볼까요 (2)

개념 동영상

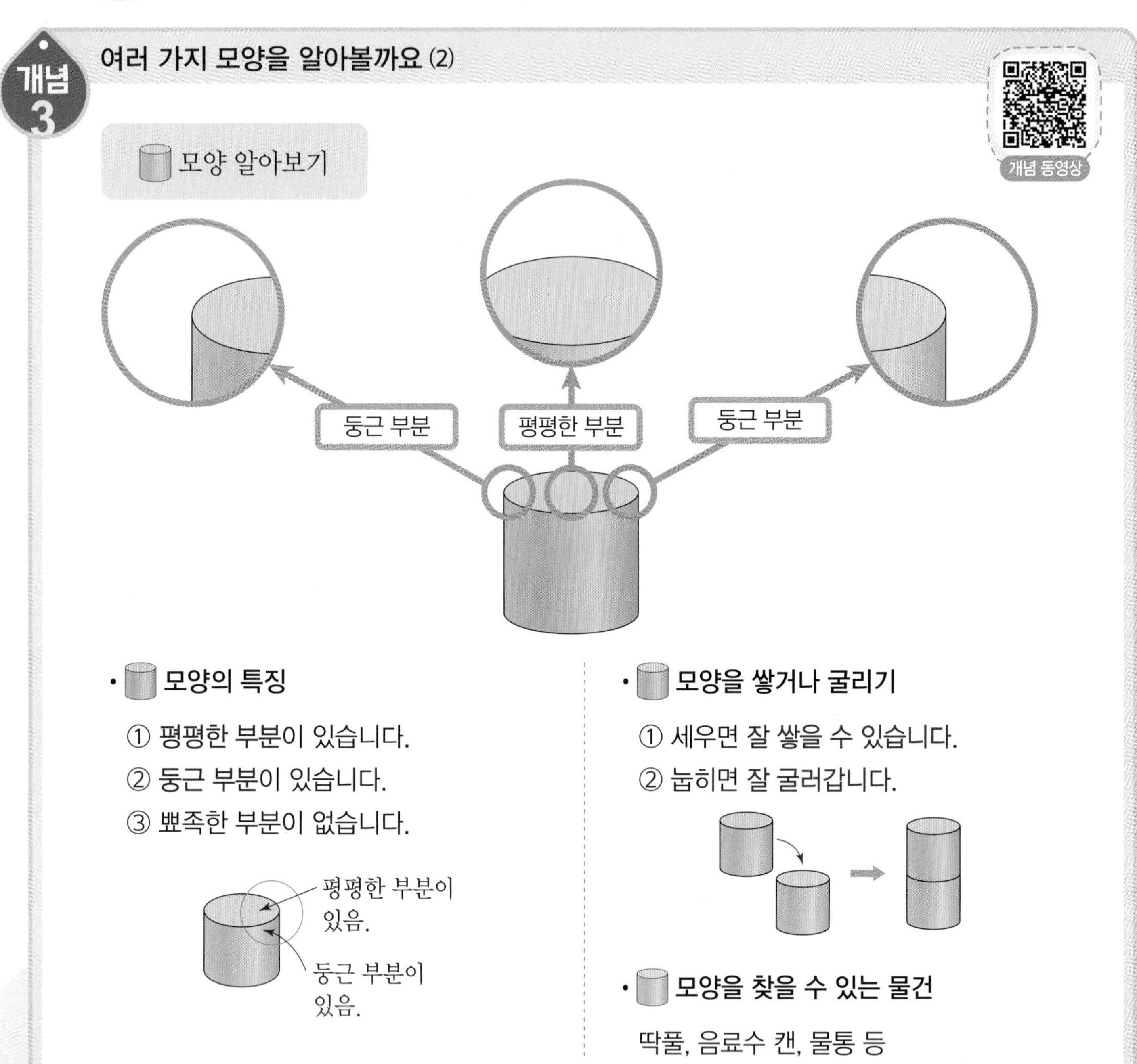

• 모양의 특징

① 평평한 부분이 있습니다.

② 둥근 부분이 있습니다.

③ 뾰족한 부분이 없습니다.

• 모양을 쌓거나 굴리기

① 세우면 잘 쌓을 수 있습니다.

② 눕히면 잘 굴러갑니다.

• 모양을 찾을 수 있는 물건

딱풀, 음료수 캔, 물통 등

개념 받아쓰기

빈칸에 글자나 수를 따라 쓰세요.

❶ 모양은 평평한 부분과 둥근 부분으로 되어 있습니다.

❷ 모양은 뾰족한 부분이 없습니다.

1 모양에 ○표 하시오.

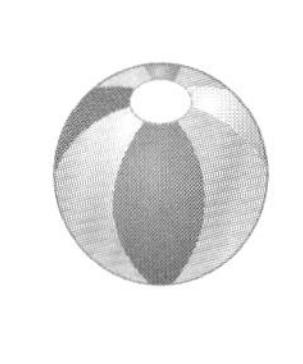

( ) ( ) ( )

2 와 같은 모양에 ○표 하시오.

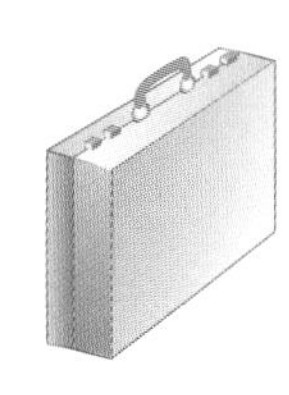
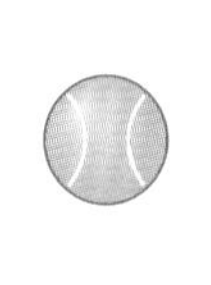

( ) ( ) ( )

3 다음 설명에 알맞은 모양에 ○표 하시오.

평평한 부분과 둥근 부분이 있습니다.

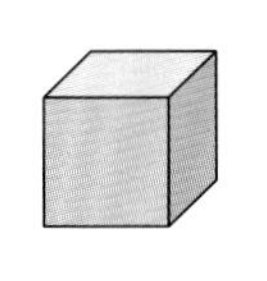
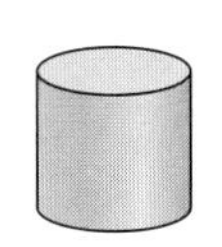
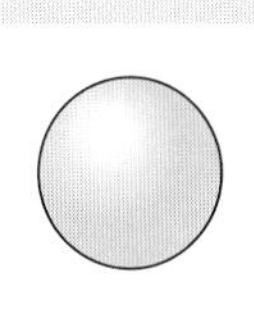

( ) ( ) ( )

빈칸에 알맞은 글자나 수를 써 보세요.

- 모양은 평평한 부분과 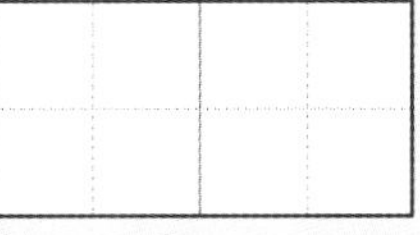 부분으로 되어 있습니다.
- 모양은 □ 한 부분이 없습니다.

개념 파헤치기

개념 4 여러 가지 모양을 알아볼까요 (3)

개념 동영상

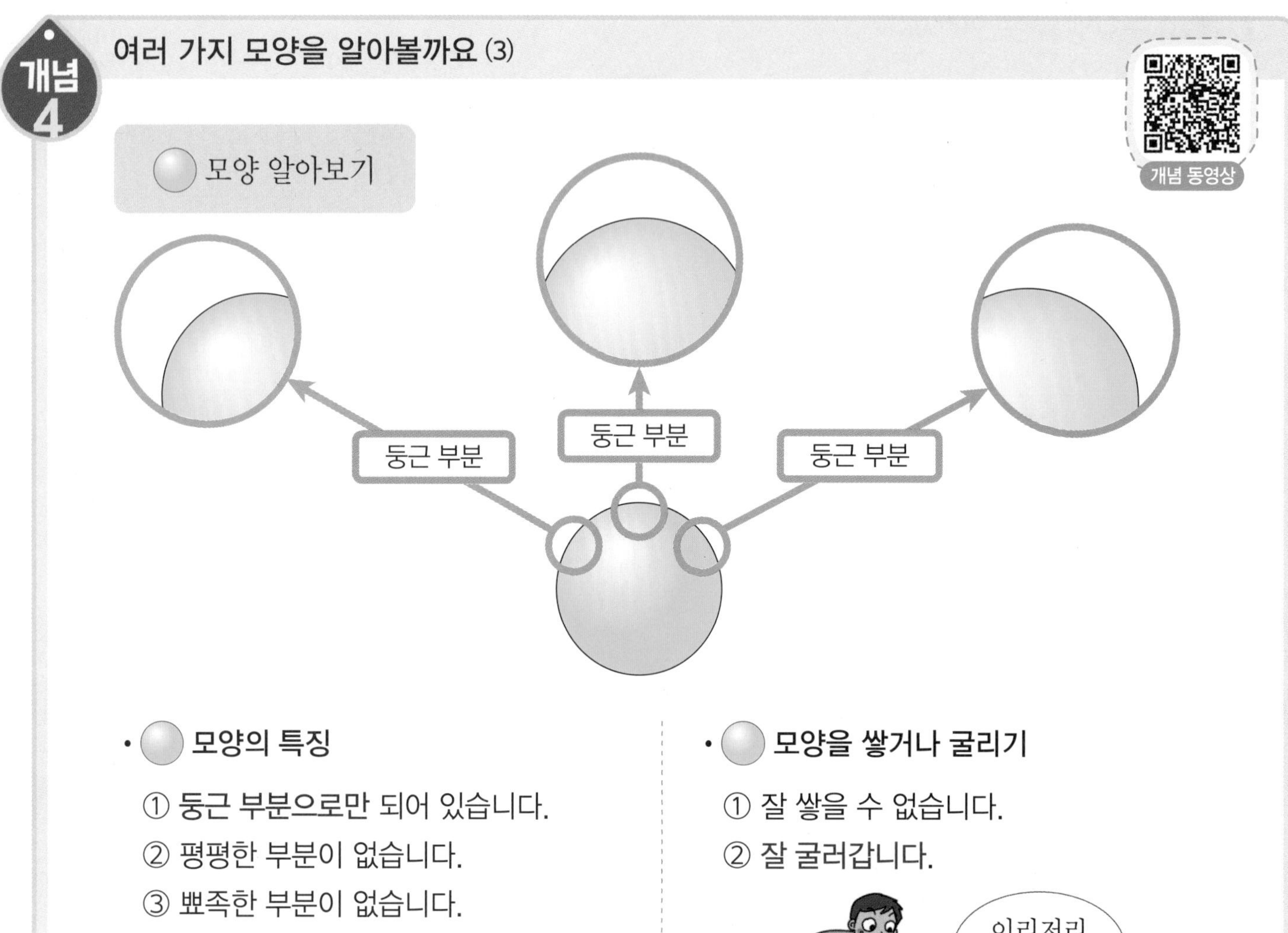

• 모양의 특징

① 둥근 부분으로만 되어 있습니다.
② 평평한 부분이 없습니다.
③ 뾰족한 부분이 없습니다.

• 모양을 쌓거나 굴리기

① 잘 쌓을 수 없습니다.
② 잘 굴러갑니다.

• 모양을 찾을 수 있는 물건

축구공, 농구공, 구슬 등

개념 받아쓰기

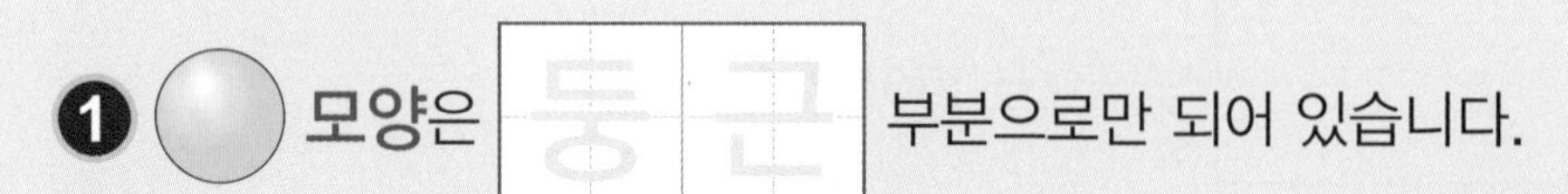

❶ 모양은 둥근 부분으로만 되어 있습니다.

❷ 모양은 평평 한 부분과 뾰족 한 부분이 없습니다.

정답은 9쪽

1 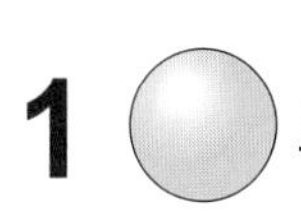 모양에 ○표 하시오.

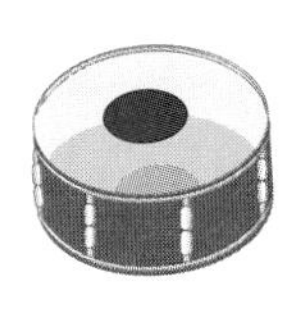 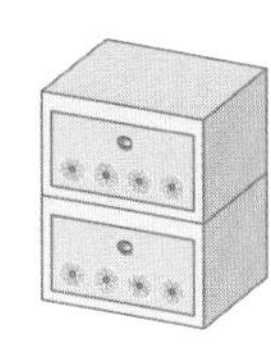 

( ) ( ) ( )

2 와 같은 모양에 ○표 하시오.

( ) ( ) ( )

3 다음 설명에 알맞은 모양에 ○표 하시오.

둥근 부분으로만 되어 있습니다.

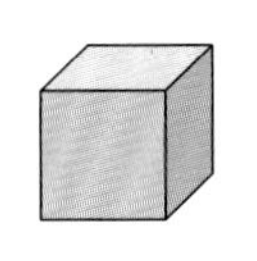 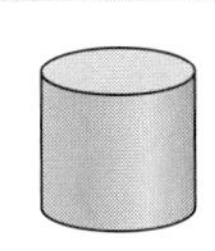 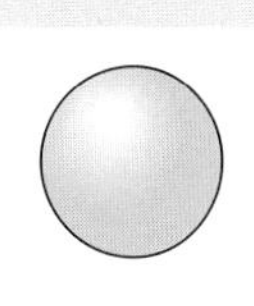

( ) ( ) ( )

개념 받아쓰기 문제

- 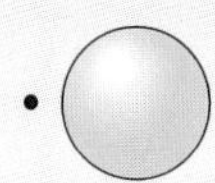 **모양은**  부분으로만 되어 있습니다.
- 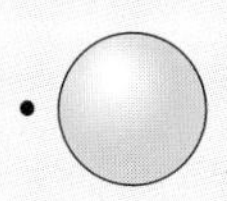 **모양은 평평한** 부분과  한 부분이 없습니다.

STEP 1 개념 파헤치기

개념 5 여러 가지 모양으로 만들어 볼까요

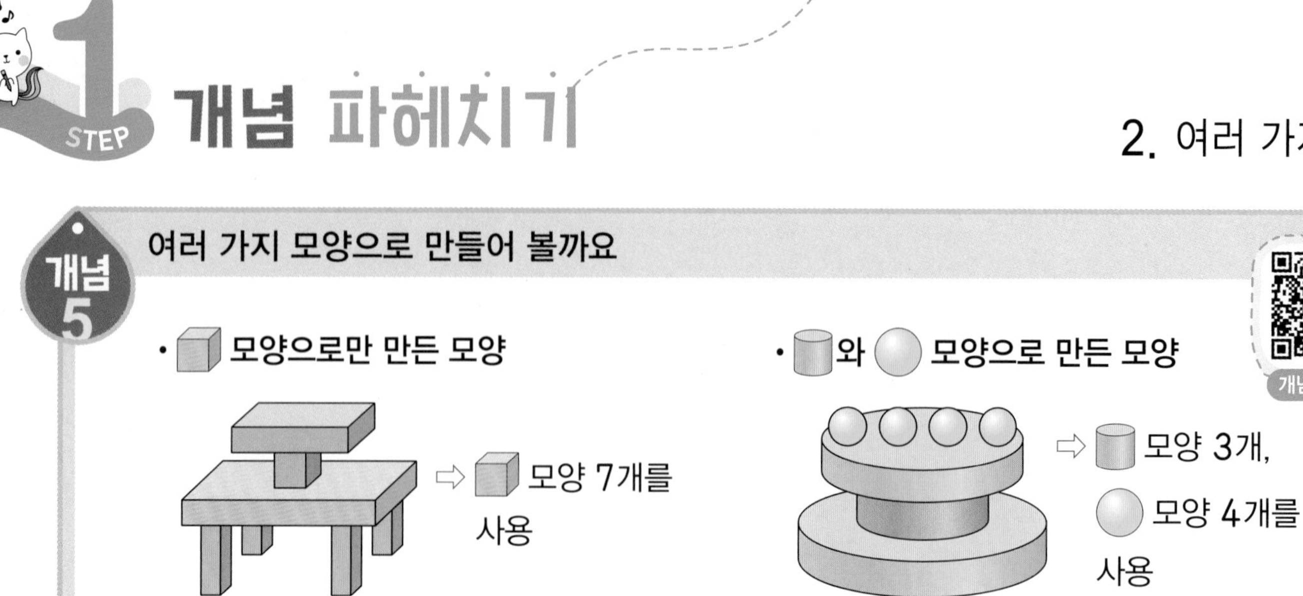

- 모양으로만 만든 모양

⇨ 모양 7개를 사용

- 와 모양으로 만든 모양

⇨ 모양 3개, 모양 4개를 사용

- 모양을 만드는 데 사용한 , , 모양의 수 알아보기

방법1 같은 모양끼리 모으기

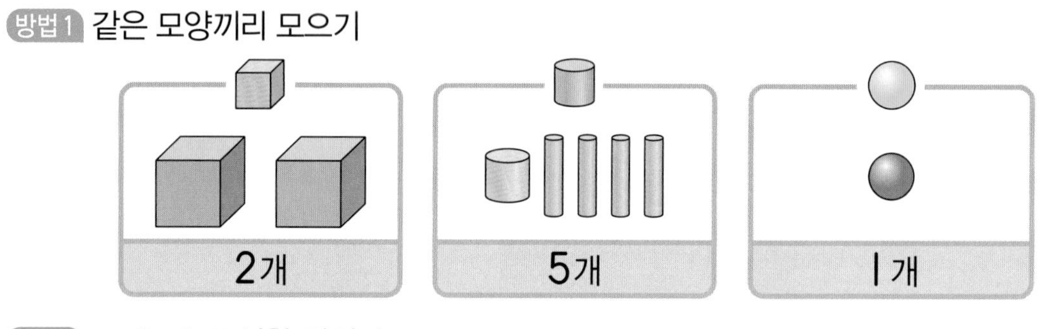

방법2 ∨, ○, △ 표시한 것의 수

⇨ 모양 2개, 모양 5개, 모양 1개를 사용하여 만든 것입니다.

정답은 9쪽

1 왼쪽 모양을 만드는 데 사용한 모양에 ○표 하시오.

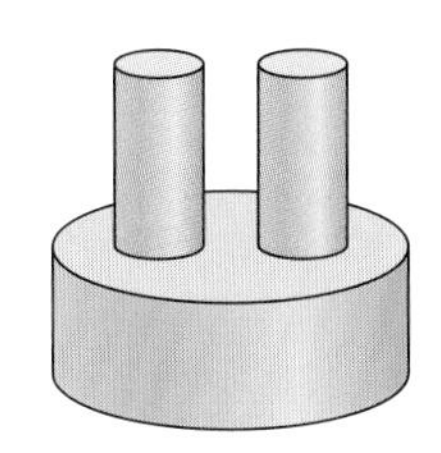

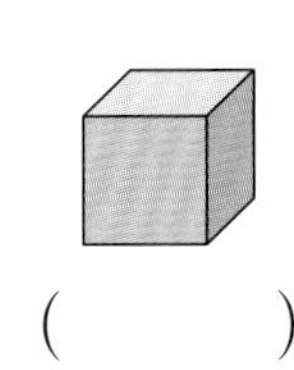

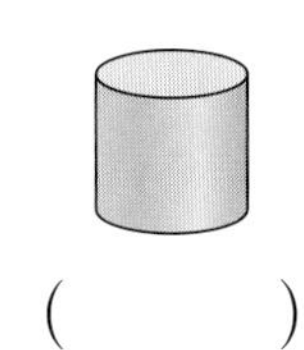

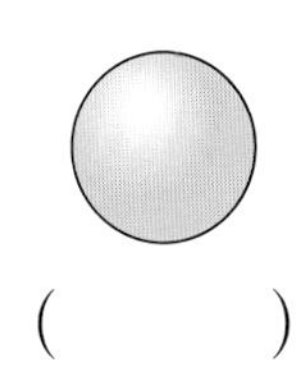

( ) ( ) ( )

2 왼쪽 모양을 만드는 데 사용하지 않은 모양에 ○표 하시오.

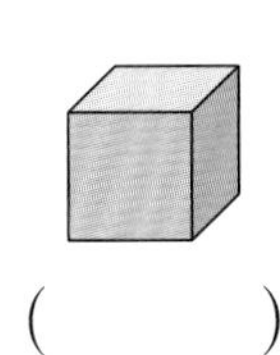

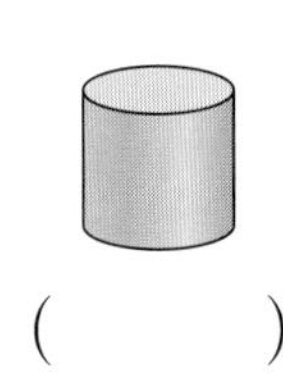

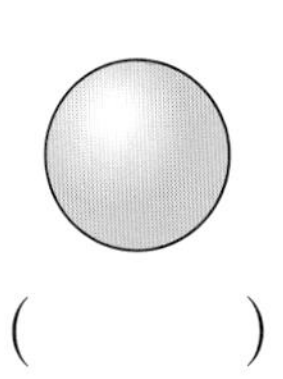

( ) ( ) ( )

3 다음은 ▢, ▢, ○ 모양을 각각 몇 개 사용하여 만든 것인지 구하시오.

(1)

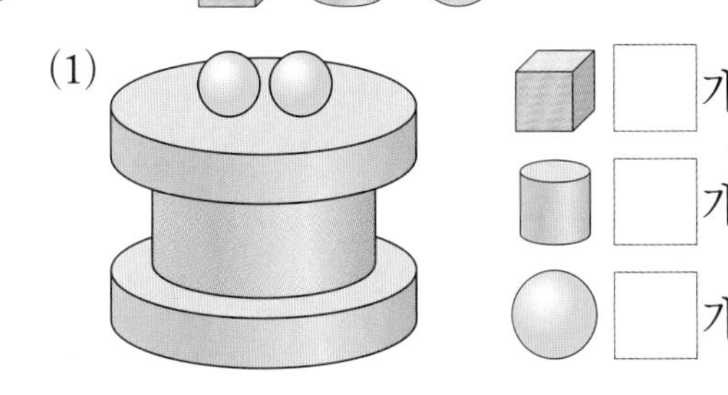

(2)

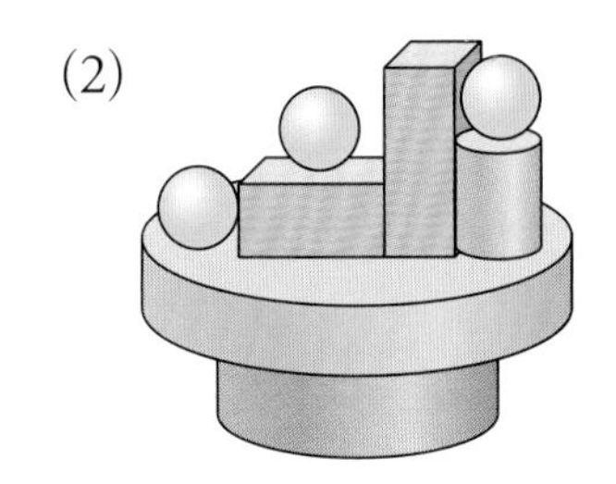

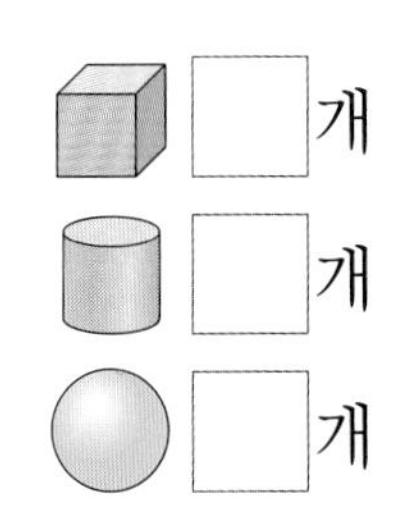

개념 확인하기

개념3 여러 가지 모양을 알아볼까요 (2)

모양은 평평한 부분과 [ ] 부분이 있습니다. 세우면 잘 [ ] 수 있고 눕히면 잘 굴러갑니다.

1 은 어떤 모양의 일부분인지 알맞은 것에 ○표 하시오.

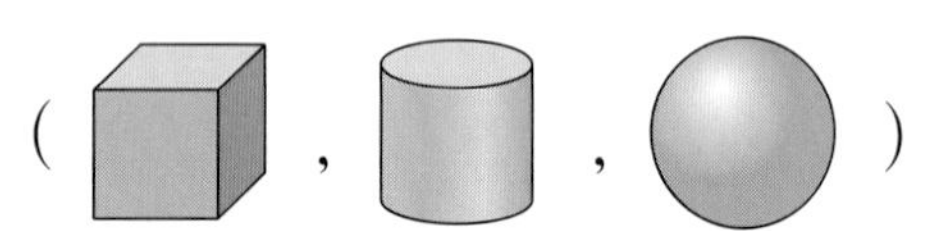

교과서 유형

2 와 같은 모양에 ○표 하시오.

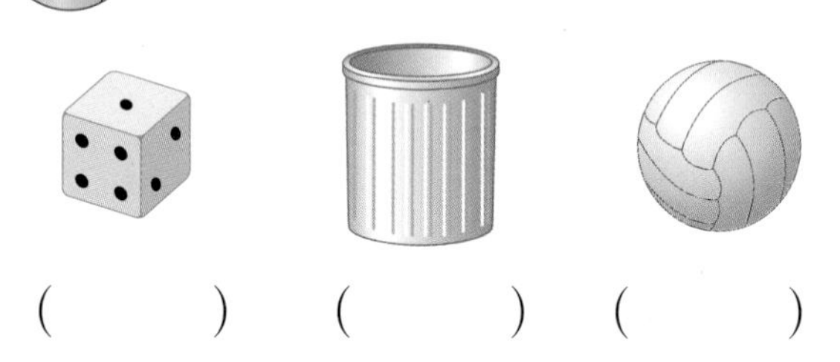

( ) ( ) ( )

3 다음 설명에 알맞은 모양에 ○표 하시오.

눕히면 잘 굴러갑니다.

( ) ( ) ( )

익힘책 유형

4 와 같은 모양을 바르게 찾은 사람은 누구입니까?

( )

개념4 여러 가지 모양을 알아볼까요 (3)

모양은 [ ] 부분으로만 되어 있습니다.

잘 쌓을 수 없지만 잘 [ ] 갑니다.

5 은 어떤 모양의 일부분인지 알맞은 것에 ○표 하시오.

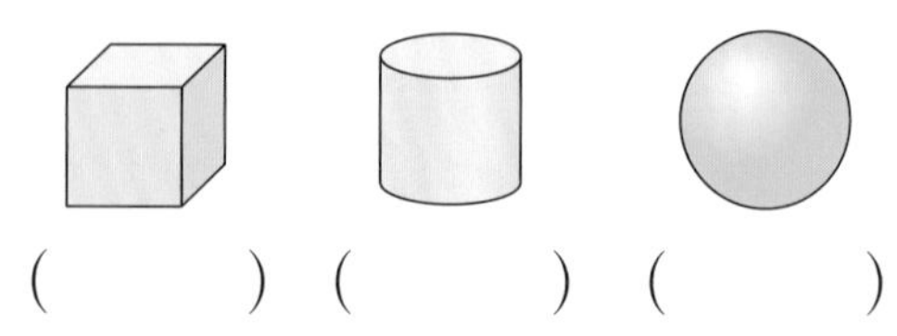

( ) ( ) ( )

게임 학습

게임으로 학습을 즐겁게 할 수 있어요.
QR 코드를 찍어 보세요.

정답은 9쪽

교과서 유형

6 모양에 ○표 하시오.

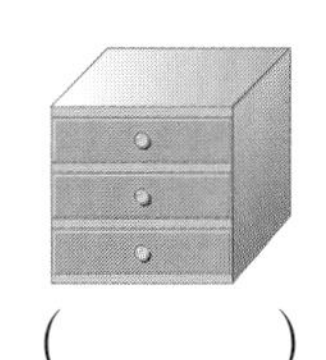  

( ) ( ) ( )

7 와 같은 모양의 물건을 주변에서 2개만 찾아 쓰시오.

익힘책 유형

8 다음 중 모양은 모두 몇 개입니까?

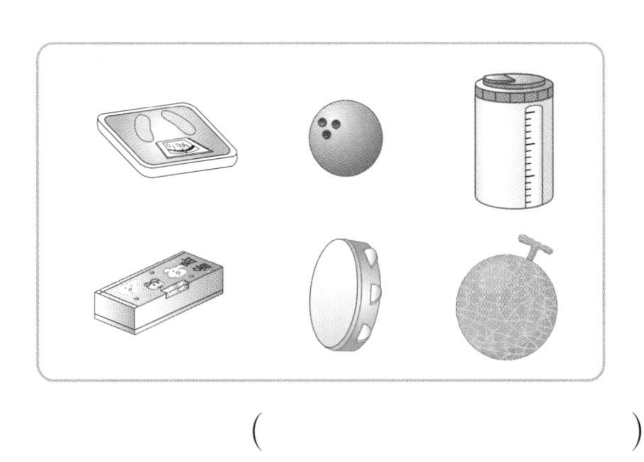

( )

개념 5 여러 가지 모양으로 만들어 볼까요

익힘책 유형

9 왼쪽 모양을 모두 사용하여 만들 수 있는 모양을 찾아 이으시오.

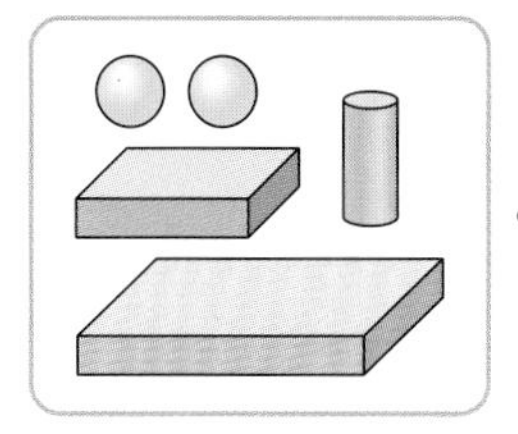 • • 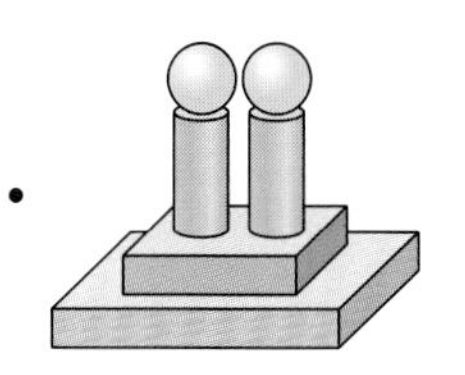

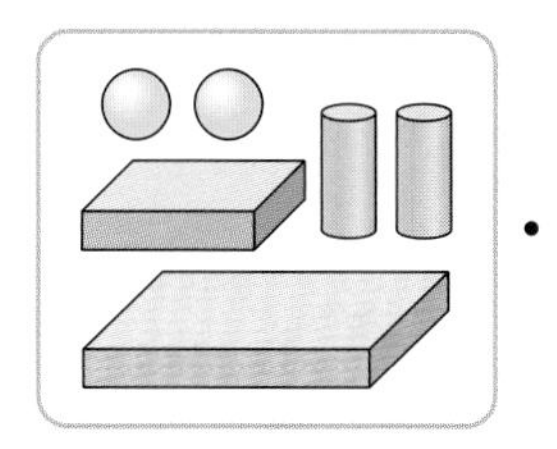 • • 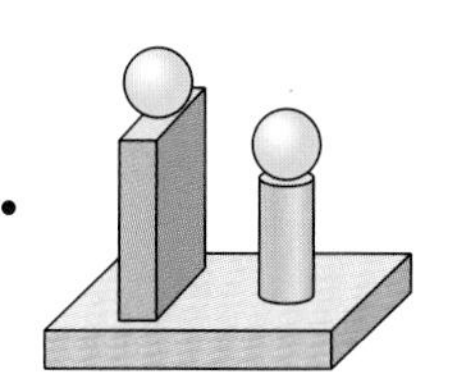

10 다음은 , , 모양을 각각 몇 개 사용하여 만든 것인지 구하시오.

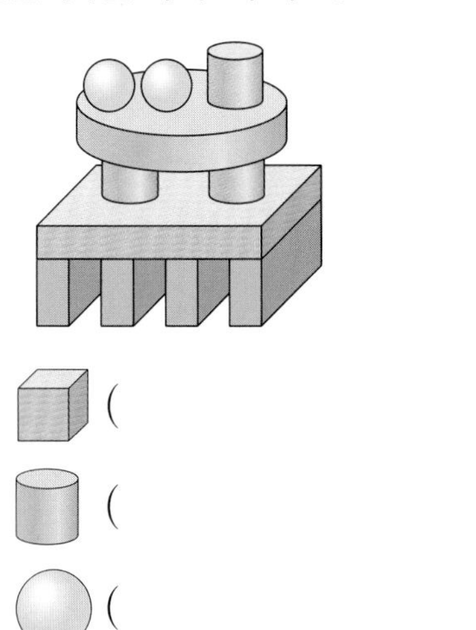

( )

( )

( )

2 여러 가지 모양

3 STEP 단원 마무리 평가

2. 여러 가지 모양

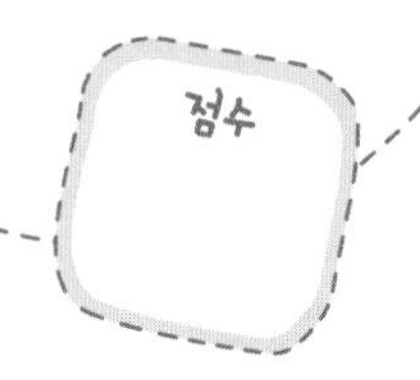

[1 ~3] • 보기 • 와 같은 모양에 ○표 하시오.

1 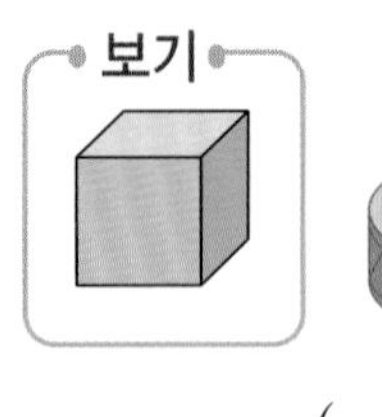

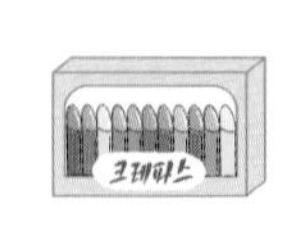

( ) ( ) ( )

2 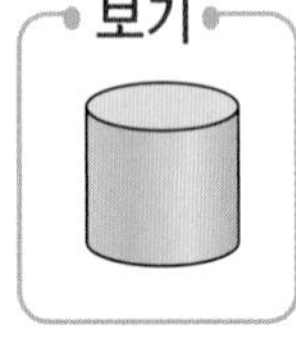

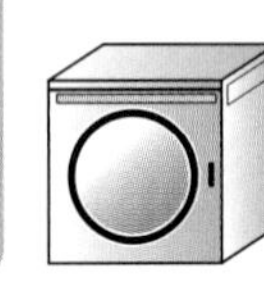

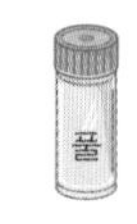

( ) ( ) ( )

3 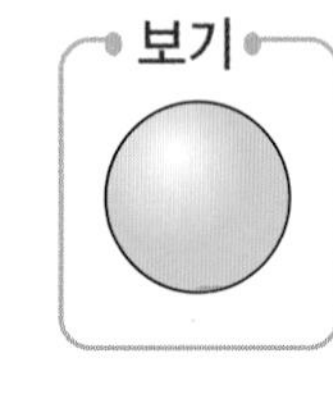

( ) ( ) ( )

4 어떤 모양끼리 모아 놓은 것인지 알맞은 모양에 ○표 하시오.

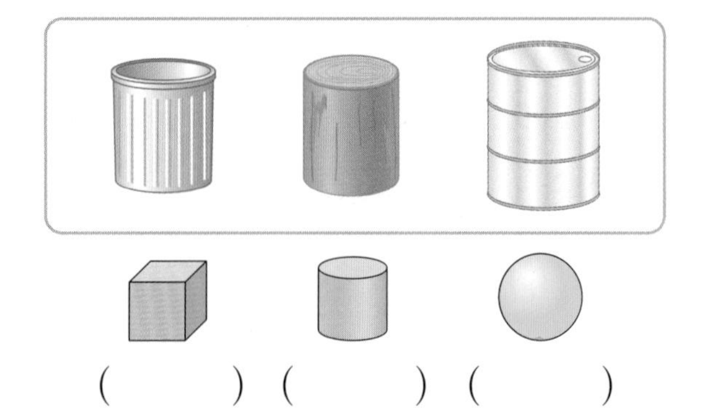

( ) ( ) ( )

5 모양이 다른 하나에 ○표 하시오.

( ) ( ) ( ) ( )

6 상자 안의 물건과 같은 모양을 찾아 이으시오.

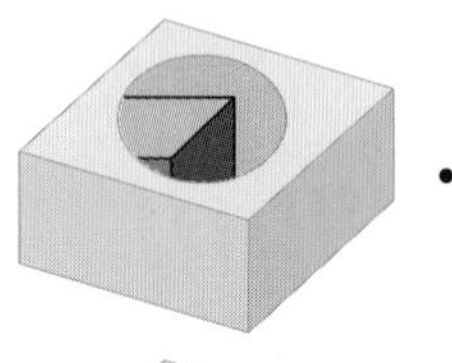

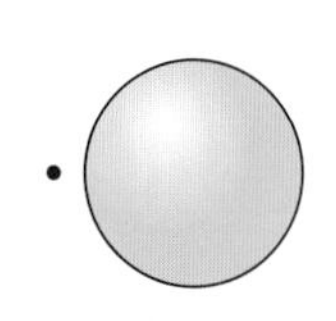

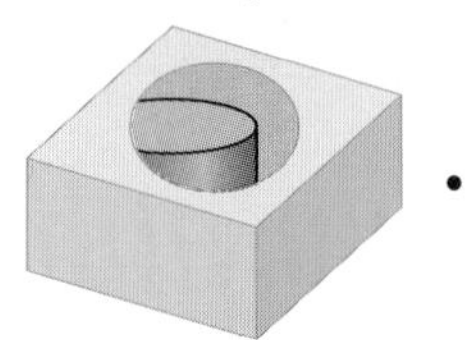

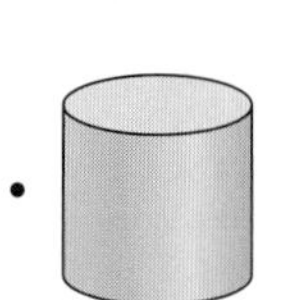

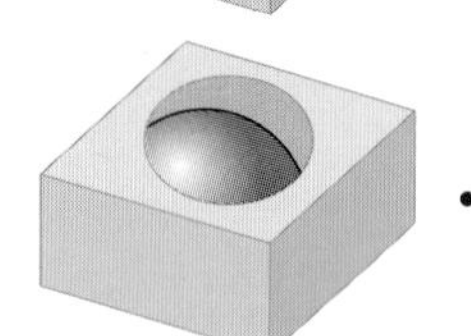

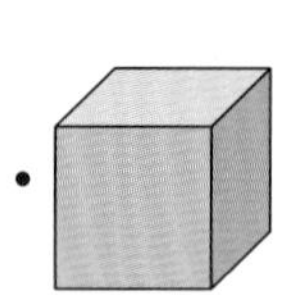

7 굴러가는 모양의 물건을 모두 찾아 기호를 쓰시오.

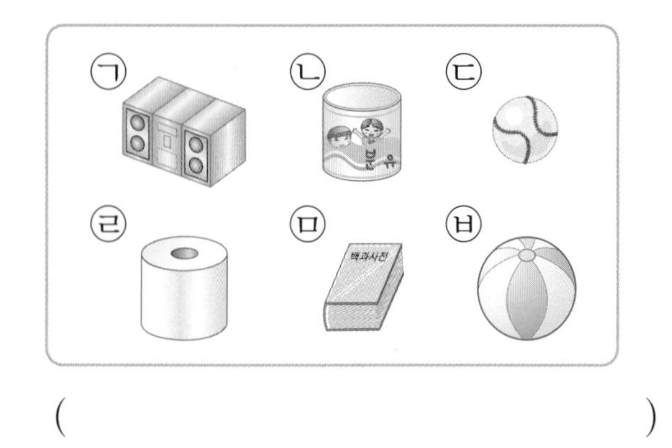

( )

정답은 10쪽

[8 ~ 10] 그림을 보고 물음에 답하시오.

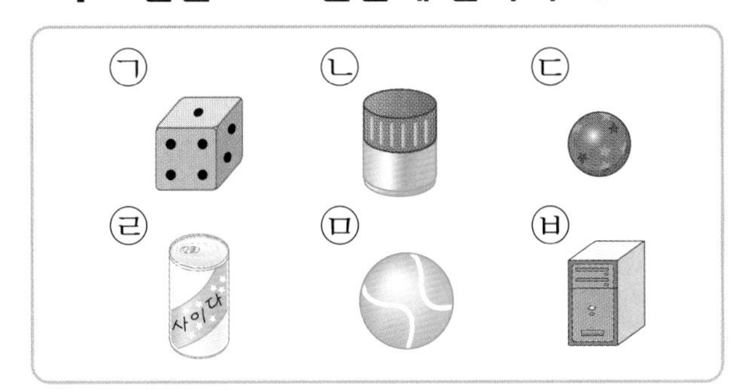

8 모양을 모두 찾아 기호를 쓰시오.

( )

9 모양을 모두 찾아 기호를 쓰시오.

( )

10 모양을 모두 찾아 기호를 쓰시오.

( )

11 퍼즐 조각을 맞추어 모양을 완성하려고 합니다. 빈 곳에 알맞은 퍼즐 조각에 ○표 하시오.

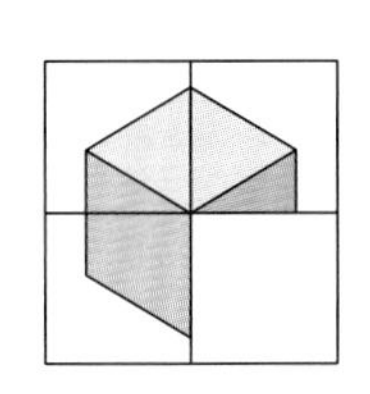

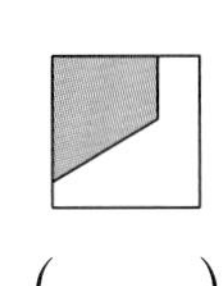 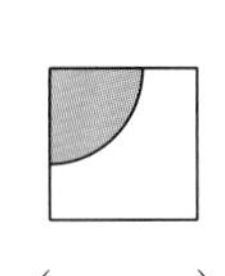 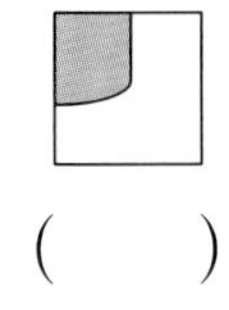

( ) ( ) ( )

[12 ~ 14] 그림을 보고 물음에 답하시오.

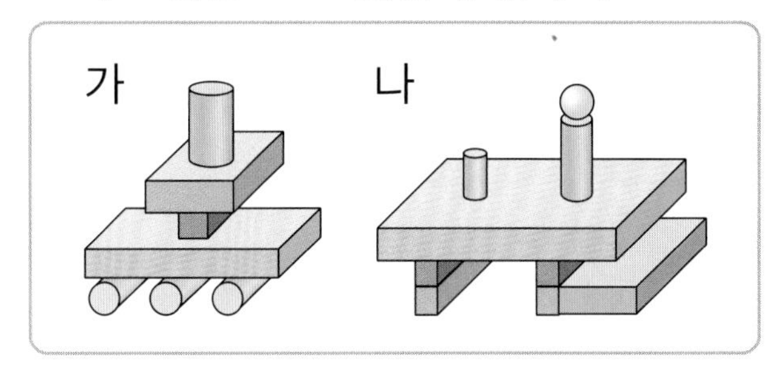

12 가와 나 중 모양을 사용한 것은 어느 것입니까?

( )

13 가에는 와 같은 모양이 모두 몇 개 있습니까?

( )

14 나에는 와 같은 모양이 모두 몇 개 있습니까?

( )

15 쌓을 수 있는 모양에 모두 ○표 하시오.

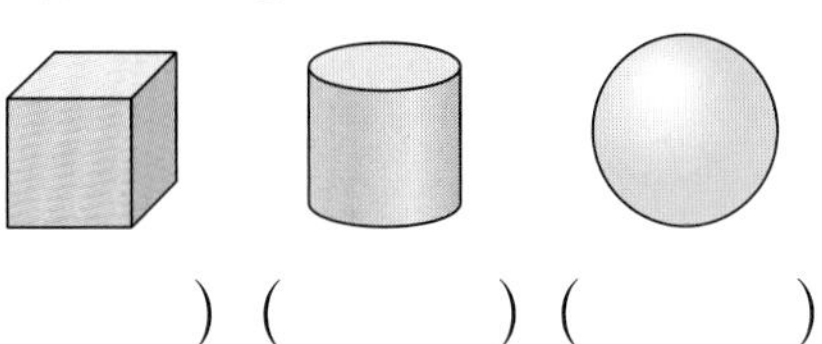

( ) ( ) ( )

2 여러 가지 모양

16 둥근 부분이 없는 틀에 음료수를 부어 얼렸습니다. 만들어진 얼음의 모양에 ○표 하시오.

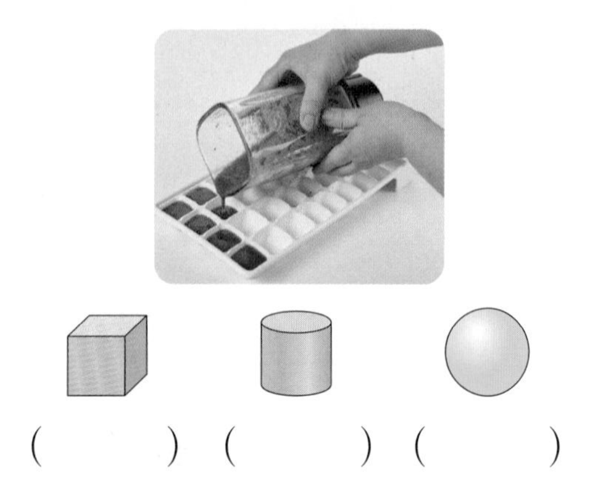

(　　　) (　　　) (　　　)

유사문제

17 (모양)와 같은 모양의 물건은 모두 몇 개입니까?

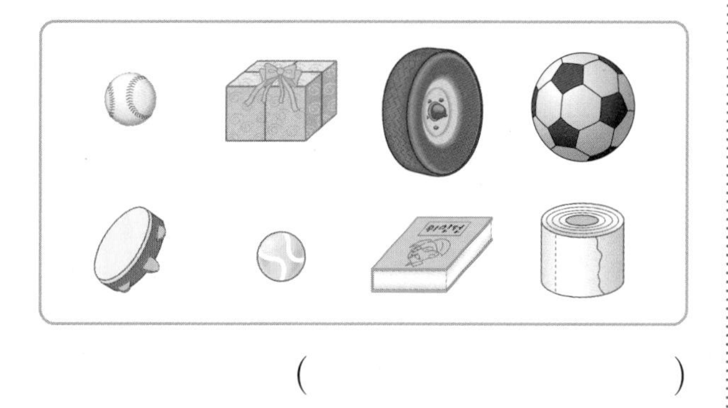

(　　　　　　　　)

유사문제

18 오른쪽 모양을 만드는 데 사용한 모양 중 가장 적게 사용한 모양은 무엇입니까?

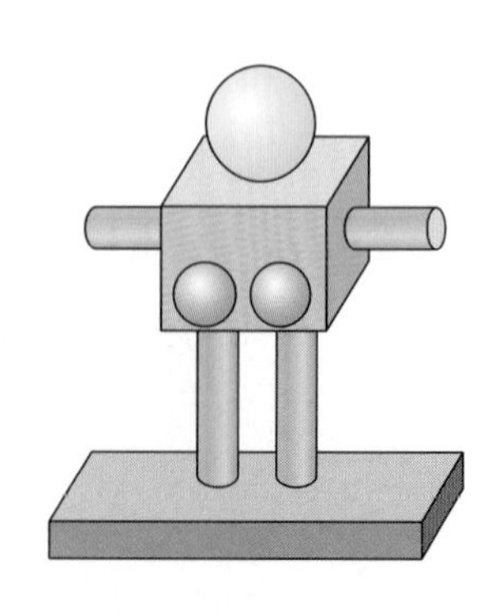

(　　　　　　　　)

19 가와 나에 모두 있는 모양은 무엇인지 풀이 과정을 완성하고 답을 구하시오.

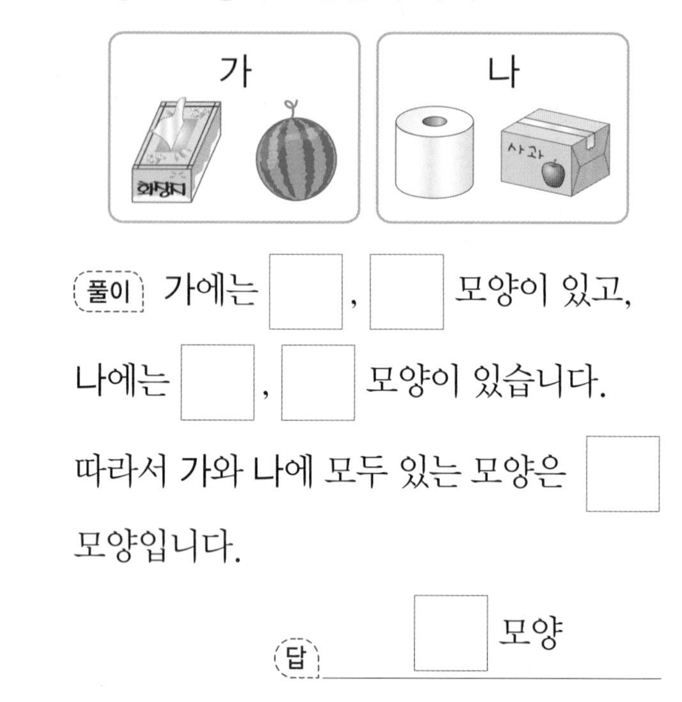

풀이 가에는 □, □ 모양이 있고,

나에는 □, □ 모양이 있습니다.

따라서 가와 나에 모두 있는 모양은 □ 모양입니다.

답 □ 모양

20 보기의 모양을 모두 사용하여 만든 모양의 기호를 쓰시오.

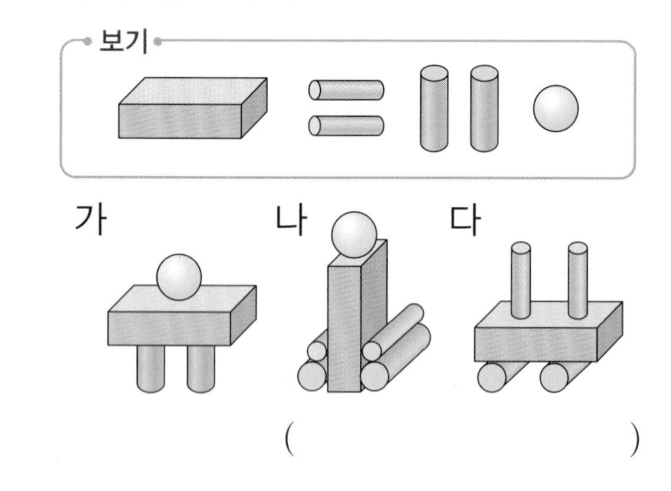

(　　　　　　　　)

QR 코드를 찍어 게임을 해 보고
이번 단원을 확실히 익혀 보세요!

마무리 개념완성

☆정답은 11쪽

1 (통조림 캔)은 (상자) 모양입니다. (○ , ×)

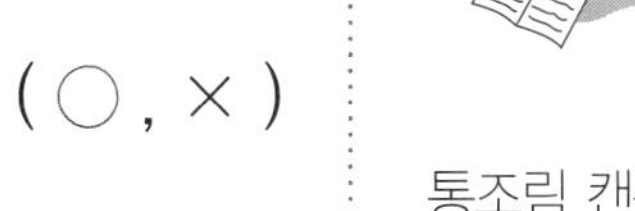

생각의 방향

통조림 캔은 (원기둥) 모양입니다.

2 (주사위)는 (원기둥) 모양입니다. (○ , ×)

주사위는 (상자) 모양입니다.

3 (배구공)은 (공) 모양입니다. (○ , ×)

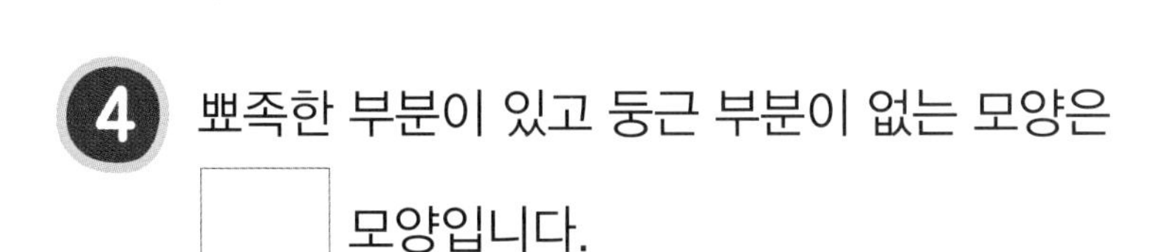

4 뾰족한 부분이 있고 둥근 부분이 없는 모양은 □ 모양입니다.

(상자) 모양의 특징입니다.

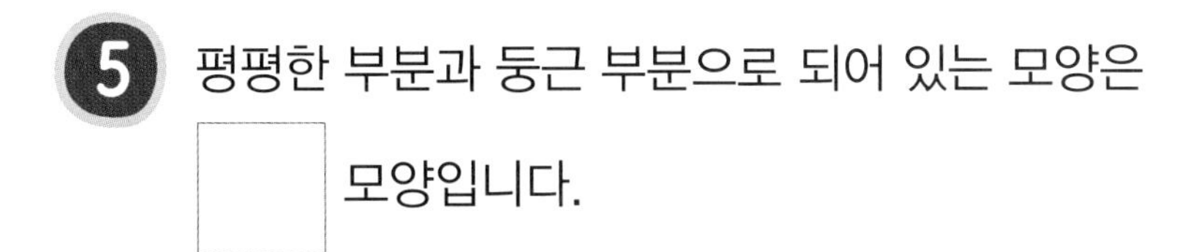

5 평평한 부분과 둥근 부분으로 되어 있는 모양은 □ 모양입니다.

(원기둥) 모양의 특징입니다.

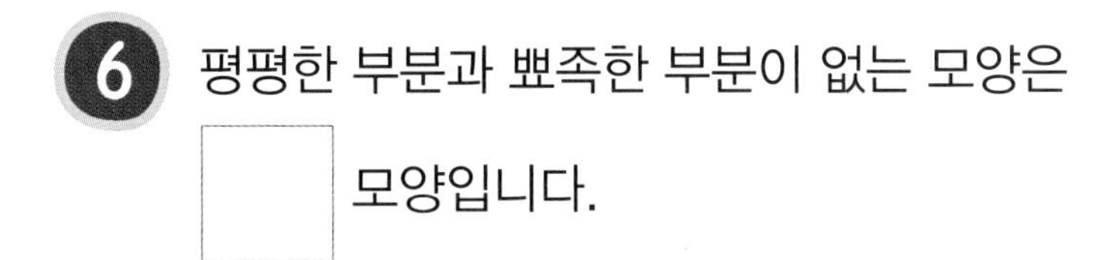

6 평평한 부분과 뾰족한 부분이 없는 모양은 □ 모양입니다.

(공) 모양의 특징입니다.

개념 공부를 완성했다!

2 여러 가지 모양

3 덧셈과 뺄셈

제3화 욕심쟁이 고릴라 혼내주기

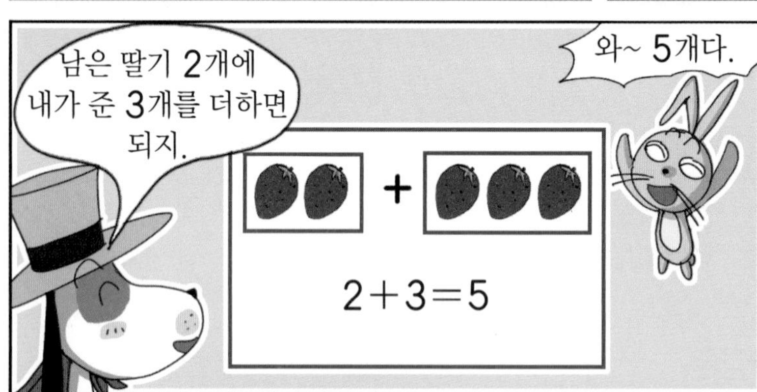

이전에 배운 내용	이번에 배울 내용	앞으로 배울 내용
[1-1 9까지의 수] • 9까지의 수 알아보기 • 9까지의 수의 순서 알아보기 • 1만큼 더 큰 수와 1만큼 더 작은 수 알아보기 • 9까지의 수의 크기 비교하기	• 9까지의 수를 모으고 가르기 • 더하기와 덧셈하기 • 빼기와 뺄셈하기 • 0을 더하거나 빼기	[1-1 50까지의 수] • 10부터 19까지의 수를 모으고 가르기 [1-2 덧셈과 뺄셈] • (두 자리 수)+(한 자리 수) • (두 자리 수)−(한 자리 수)

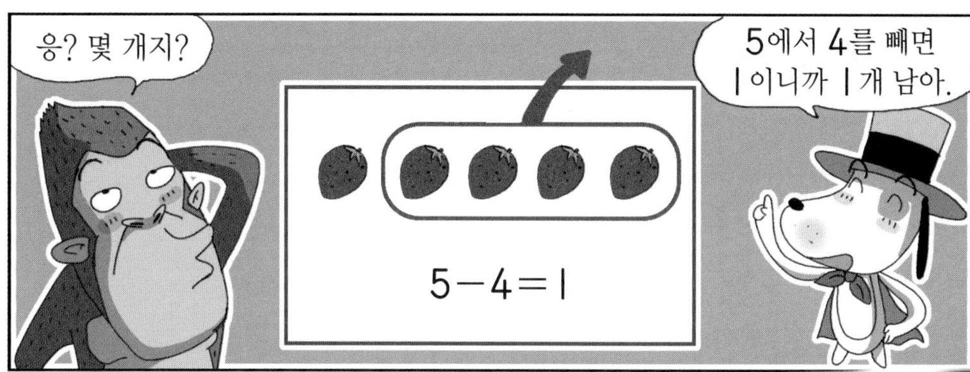

개념 파헤치기

개념 1 모으기와 가르기를 해 볼까요 (1)

• **모으기**: 두 수를 모아서 하나의 수로 쓰기

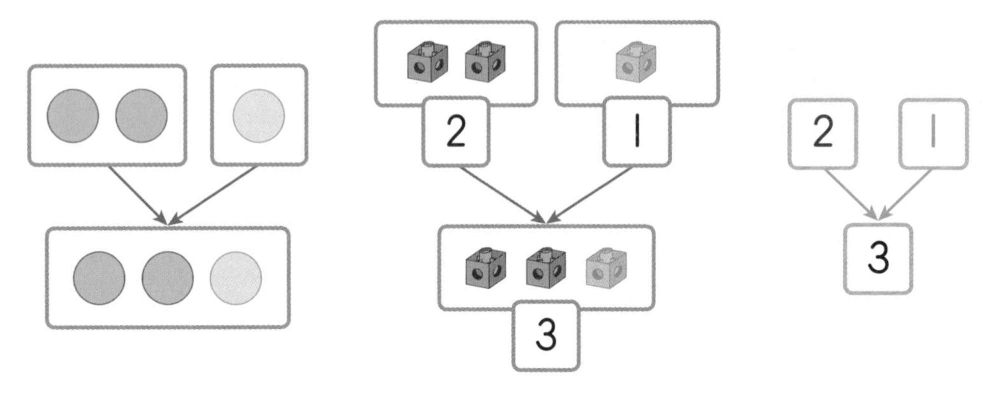

2와 **1**을 모으기하면 **3**입니다.

• **가르기**: 하나의 수를 갈라서 두 수로 쓰기

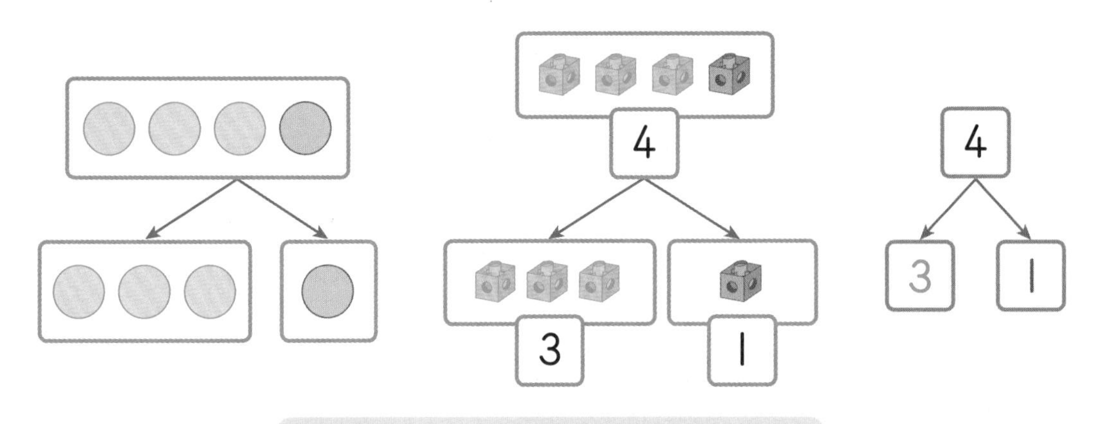

4를 **3**과 **1**로 가르기할 수 있습니다.

✎ 빈칸에 글자나 수를 따라 쓰세요.

❶ 2와 1을 [모으기] 하면 [3] 입니다.

❷ 4를 3과 [1] 로 [가르기] 할 수 있습니다.

1 그림을 보고 빈칸에 알맞은 수를 써넣으시오.

(1)

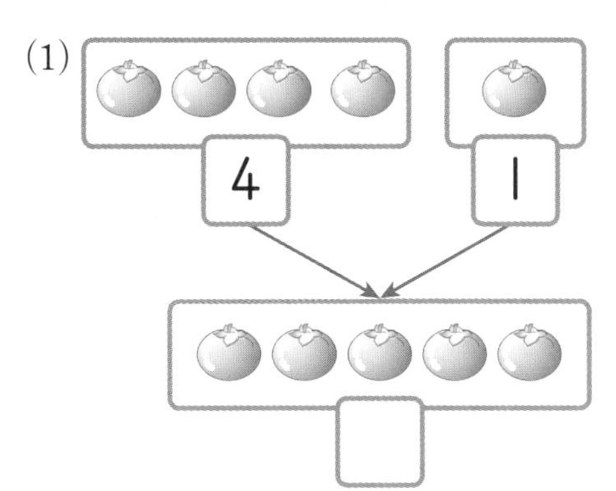

(2)

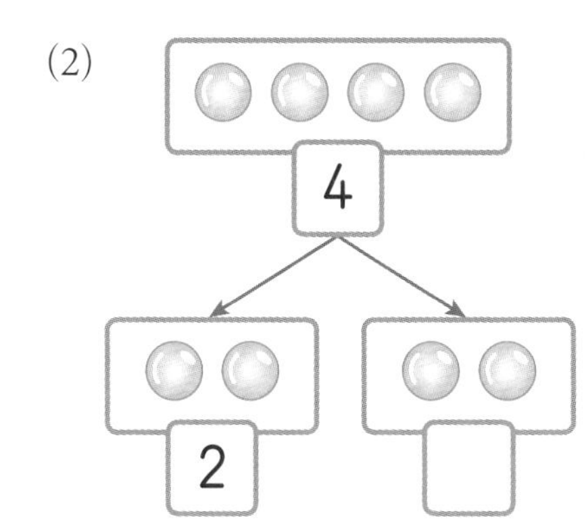

2 빈 곳에 알맞은 수만큼 ○를 그려 넣고, 빈칸에 알맞은 수를 써넣으시오.

(1)

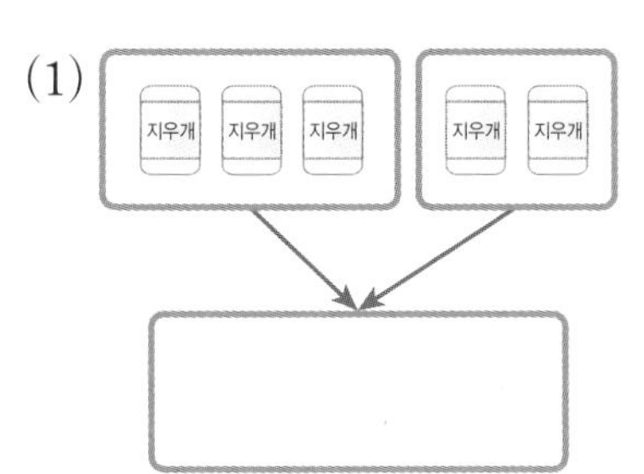

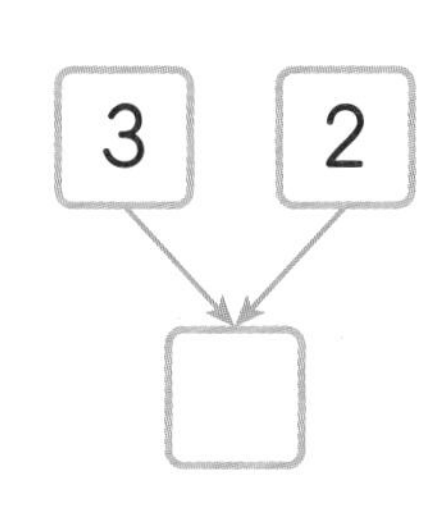

(2)

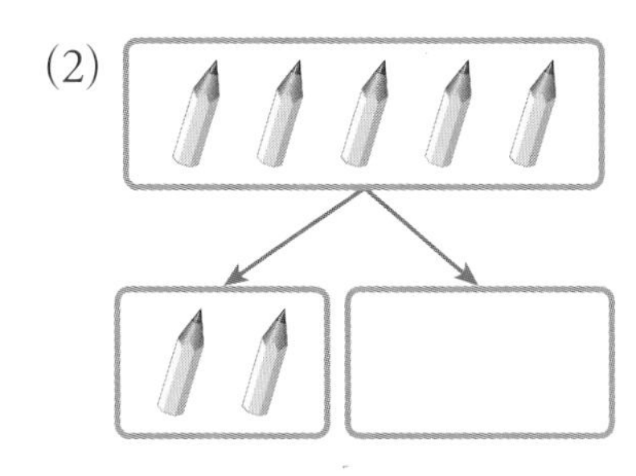

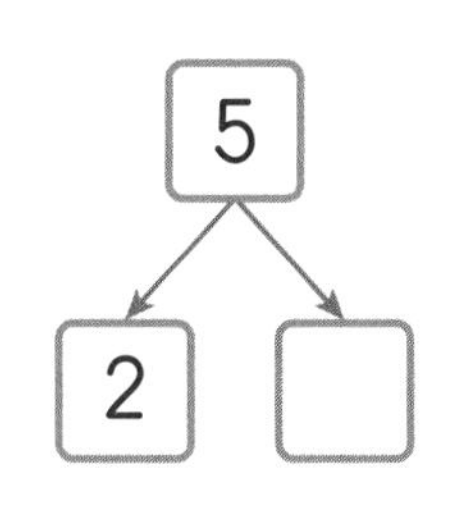

3 빈칸에 알맞은 수를 써넣으시오.

(1)

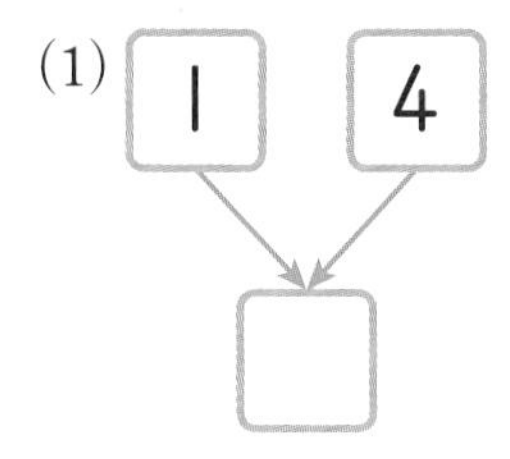

(2)

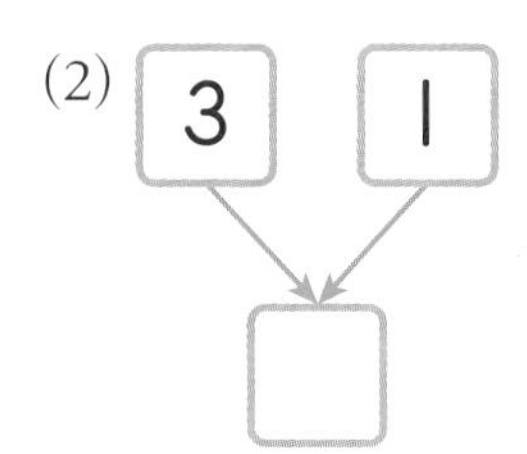

(3)

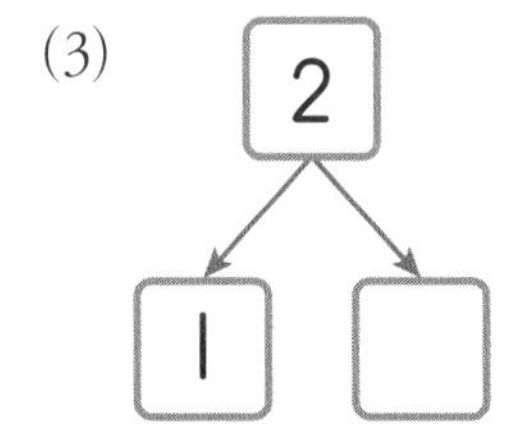

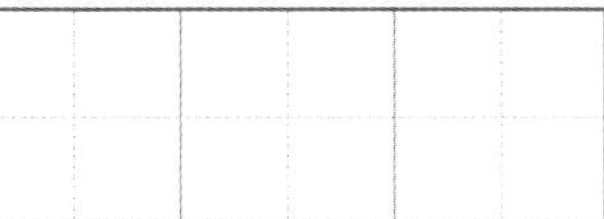

빈칸에 알맞은 글자나 수를 써 보세요.

• 2와 1을 ☐ 하면 3입니다.

• 4를 3과 1로 ☐ 할 수 있습니다.

개념 파헤치기

개념 2 모으기와 가르기를 해 볼까요 (2)

개념 동영상

• 모으기

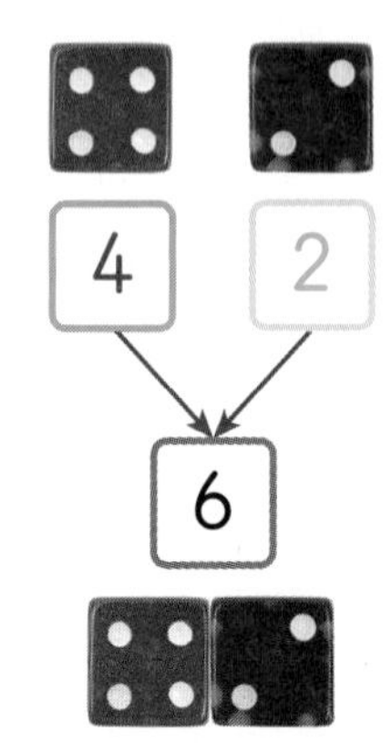

4와 **2**를 모으기하면 **6**입니다.

1	5
2	4
3	3
4	2
5	1

6

• 가르기

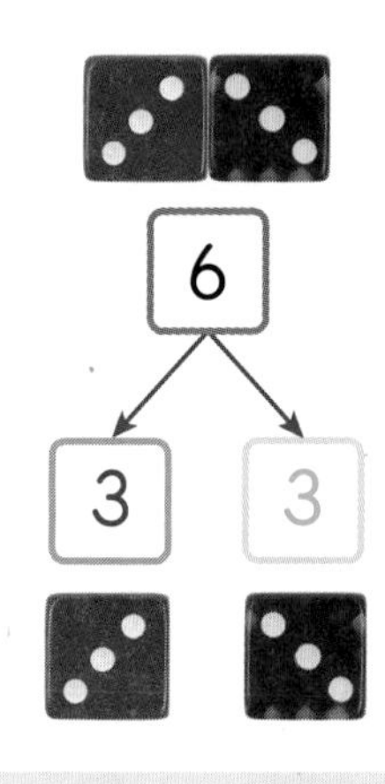

6은 **3**과 **3**으로 가르기할 수 있습니다.

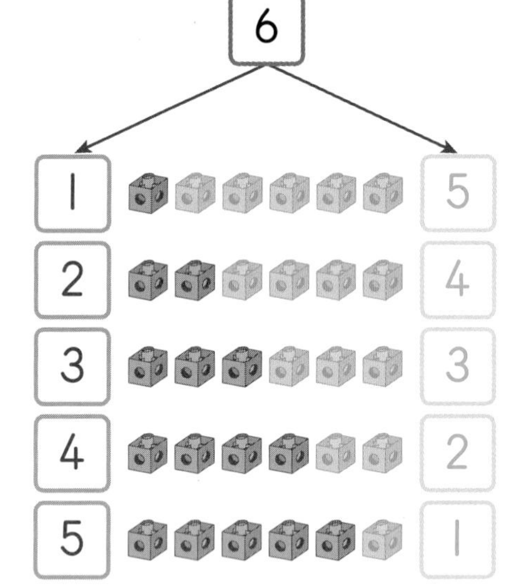

❶ 6과 1을 [모 으 기] 하면 [7] 입니다.

❷ 9를 7과 [2] 로 [가 르 기] 할 수 있습니다.

1 그림을 보고 빈칸에 알맞은 수를 써넣으시오.

(1)

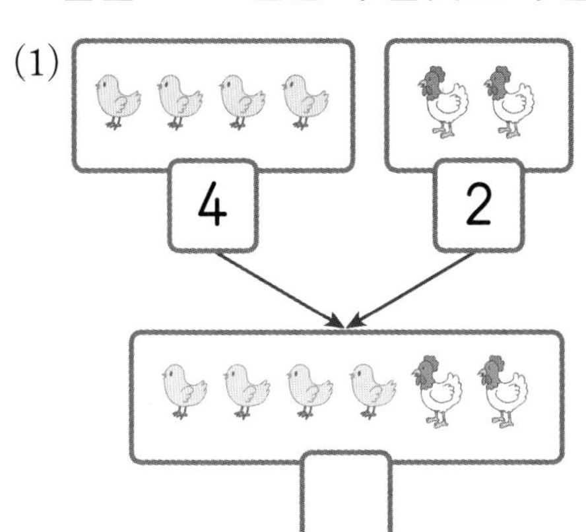

(2)

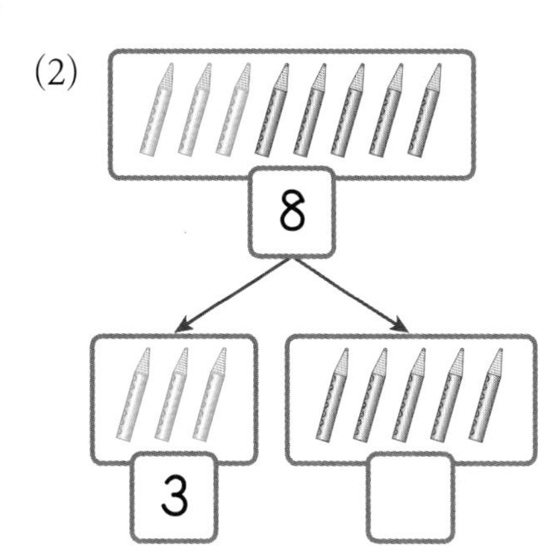

2 빈 곳에 알맞은 수만큼 ○를 그려 넣고, 빈칸에 알맞은 수를 써넣으시오.

(1)

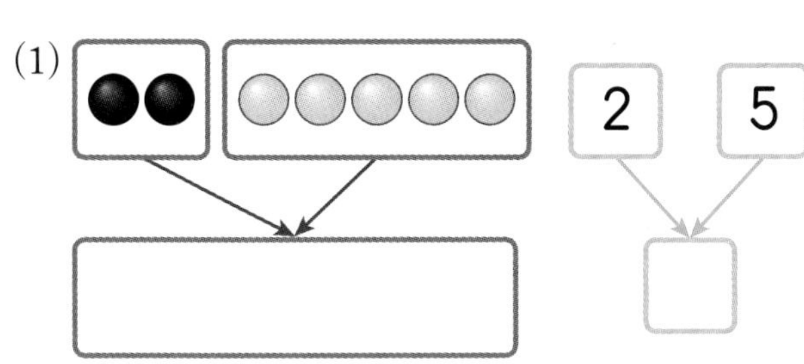

(2)

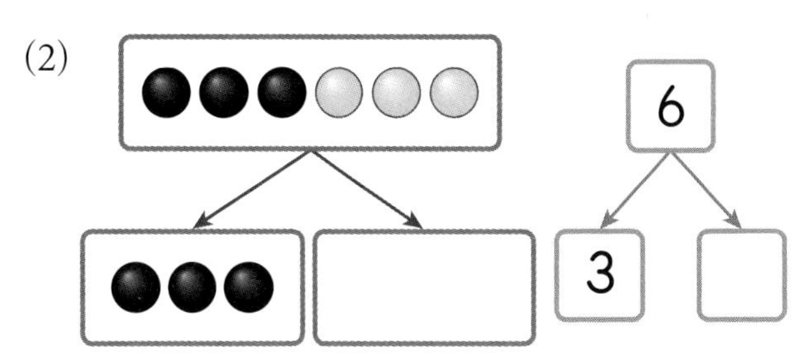

3 빈칸에 알맞은 수를 써넣으시오.

(1)

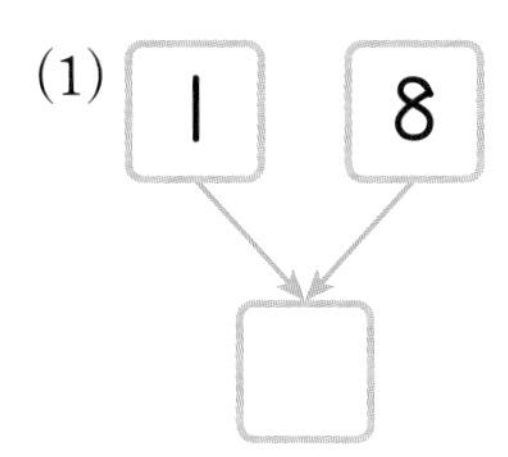

(2)

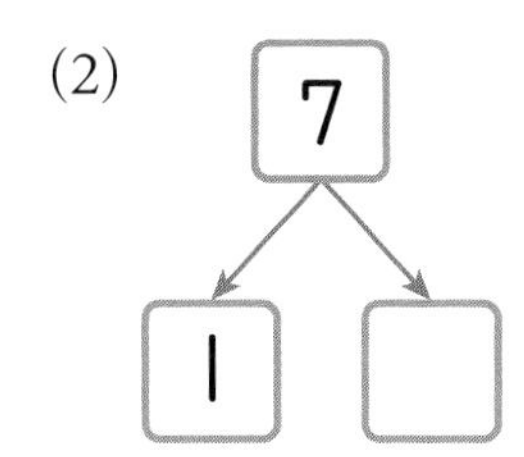

(3)

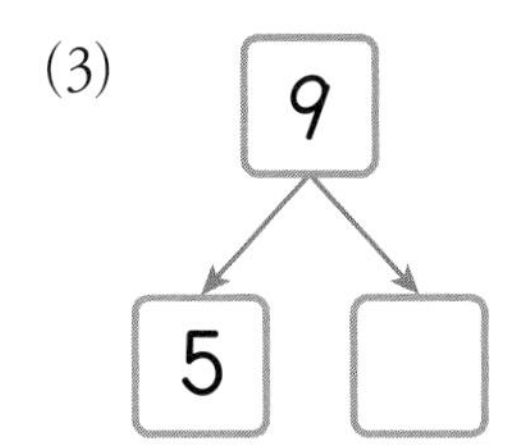

- 6과 1을 [ ] 하면 7입니다.
- 9를 7과 2로 [ ] 할 수 있습니다.

2 개념 확인하기

개념 1 모으기와 가르기를 해 볼까요 (1)

1과 **1**을 모으기하면 ☐입니다.

☐은/는 **2**와 **2**로 가를 수 있습니다.

교과서 유형

[1 ~2] **그림을 보고 빈칸에 알맞은 수를 써넣으시오.**

1

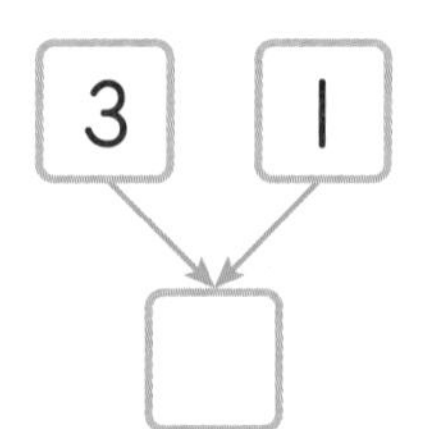

2

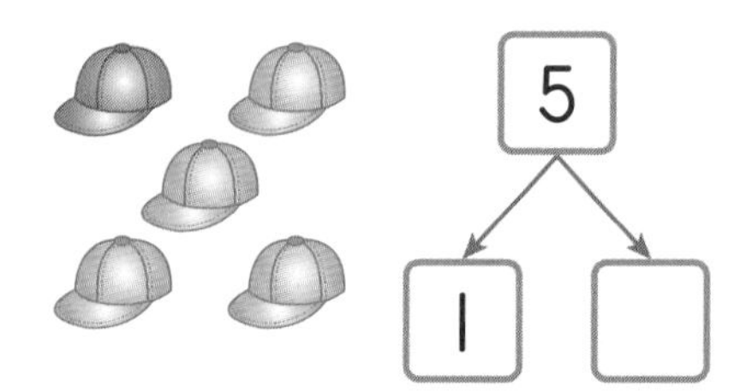

3 양쪽에 있는 두 그림의 수를 모아 4가 되도록 이어 보시오.

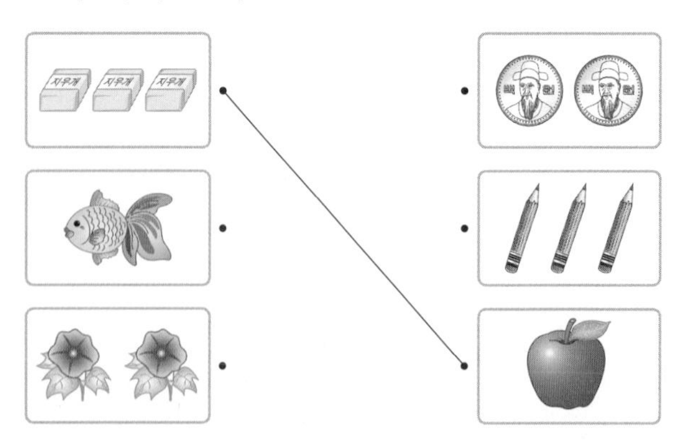

4 ㉠에 알맞은 수를 구하시오.

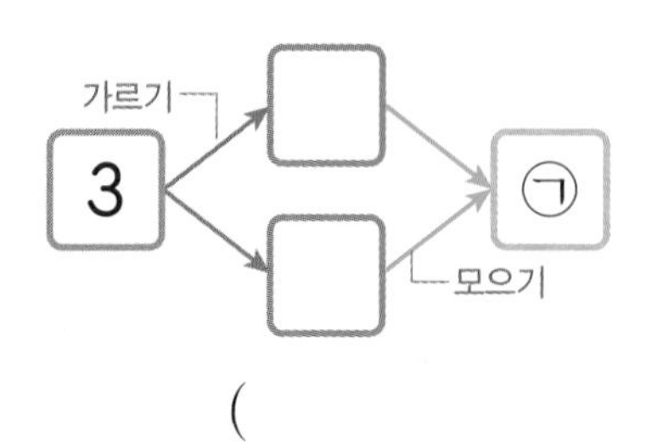

(　　　　　　　　　)

익힘책 유형

5 다음은 어떤 수를 두 수로 가른 것입니다. 어떤 수는 얼마입니까?

1, 4	2, 3	3, 2	4, 1

(　　　　　　　　　)

6 그림과 같이 책상에 숫자 자석이 있습니다. 칠판에 붙일 숫자 자석 2개에 ○표 하시오.

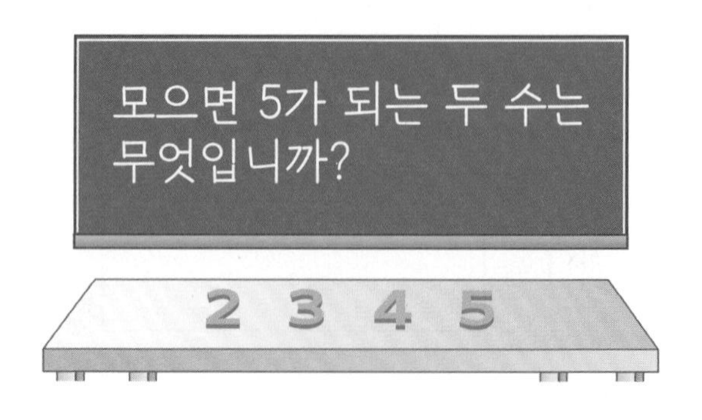

게임 학습

게임으로 학습을 즐겁게 할 수 있어요.
QR 코드를 찍어 보세요.

정답은 12쪽

개념2 모으기와 가르기를 해 볼까요 (2)

3과 **3**을 모으기하면 ☐ 입니다.

☐ 은/는 **4**와 **4**로 가를 수 있습니다.

교과서 유형

[7~8] 그림을 보고 빈칸에 알맞은 수를 써넣으시오.

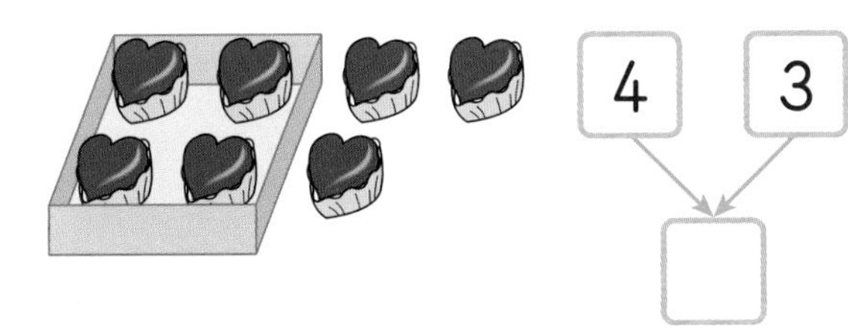

8

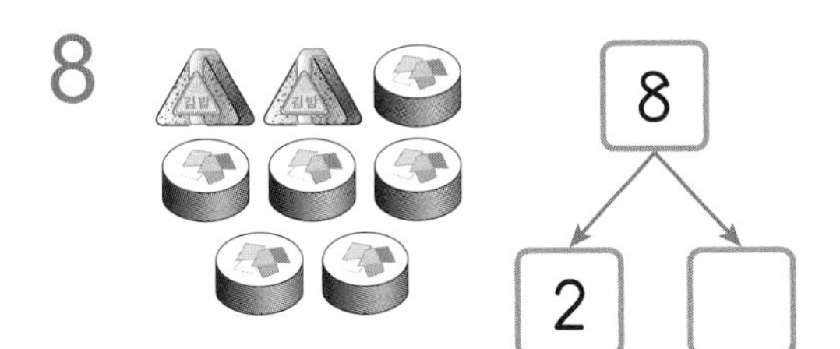

9 가르기를 바르게 한 것에 ○표, 잘못한 것에 ×표 하시오.

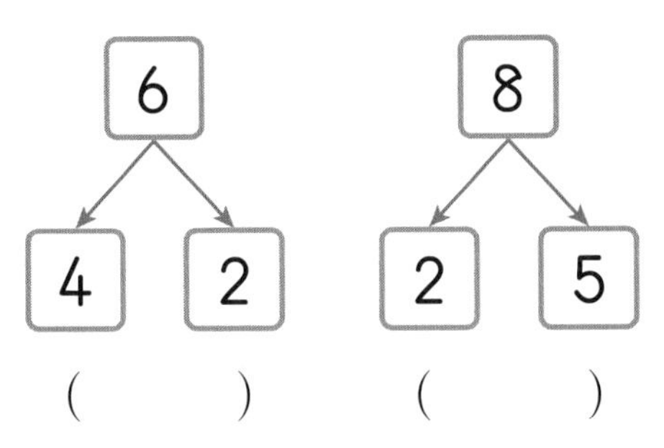

( ) ( )

10 두 수를 모은 수가 다른 하나를 찾아 기호를 쓰시오.

㉠, ㉡, ㉢을 기호라고 합니다.

㉠ 2, 7	㉡ 3, 5	㉢ 4, 4

( )

11 빈칸에 알맞은 수를 써넣으시오.

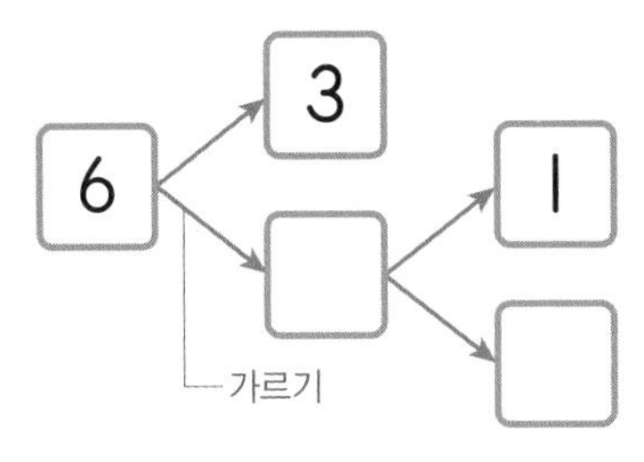

익힘책 유형

12 두 수를 모아 8이 되는 수를 모두 찾아 묶어 보시오.

3 덧셈과 뺄셈

개념 파헤치기

개념 3 덧셈을 알아볼까요

개념 동영상

• 덧셈식을 쓰고 읽기

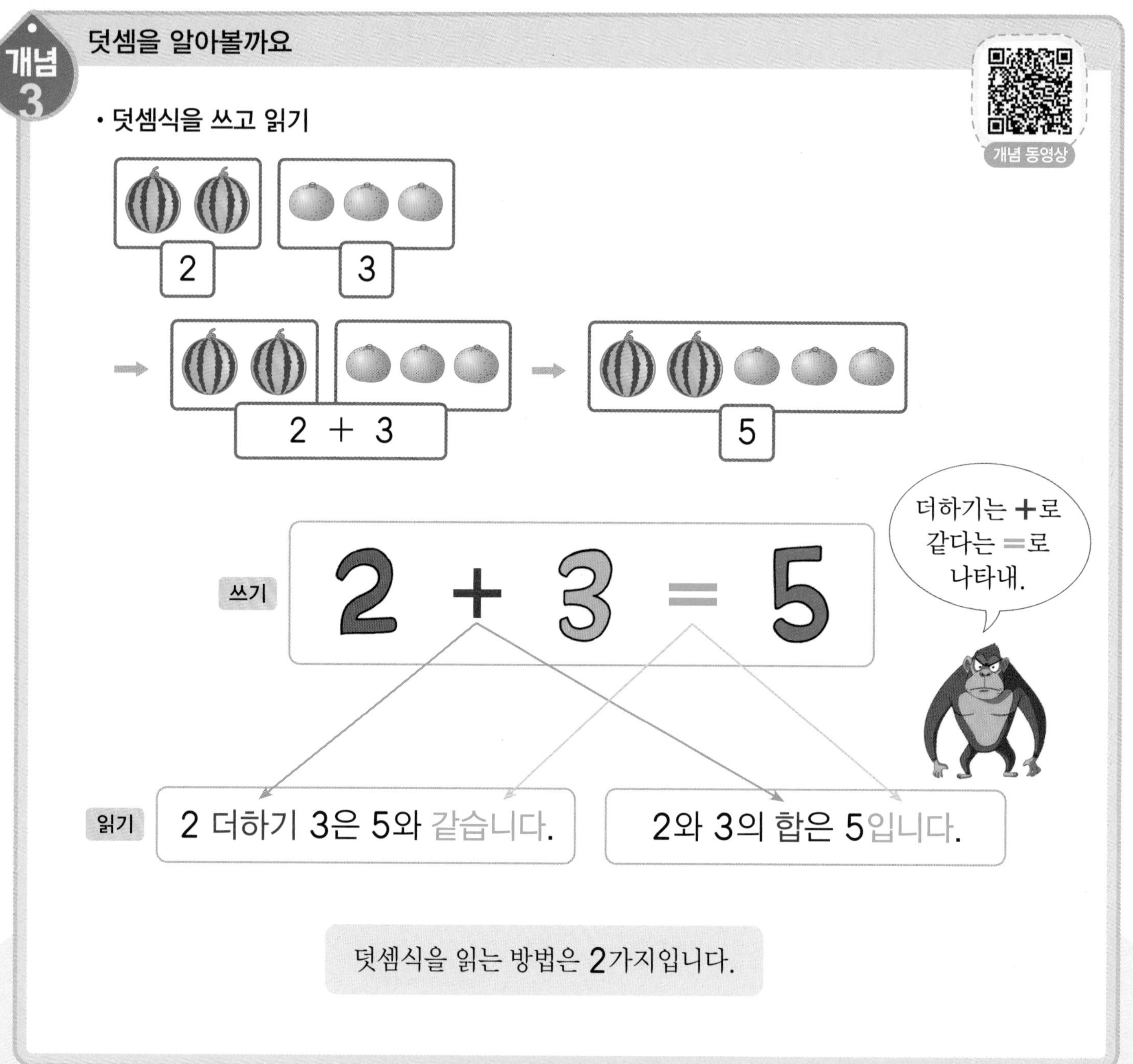

덧셈식을 읽는 방법은 2가지입니다.

빈칸에 글자나 수를 따라 쓰세요.

❶ 더하기 는 +로 나타냅니다. 같습니다는 = 로 나타냅니다.

❷ 합 은 +로 나타냅니다. 입니다는 = 로 나타냅니다.

1 그림을 보고 덧셈식을 써 보려고 합니다. 빈칸에 알맞은 수를 써넣으시오.

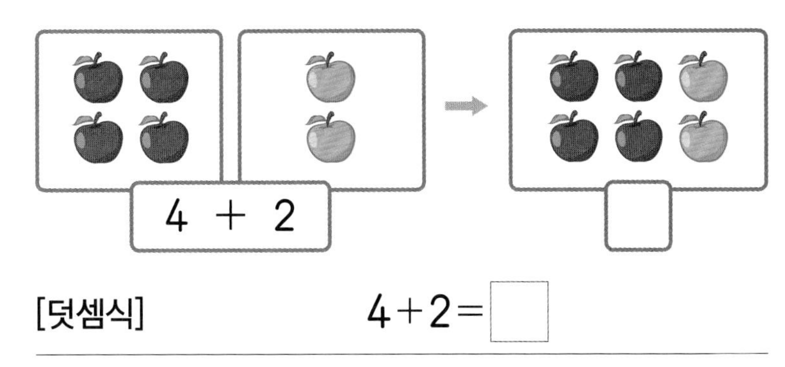

[덧셈식] $4+2=\square$

2 다음을 덧셈식으로 나타내려고 합니다. □ 안에 ＋와 ＝ 중 알맞은 것을 써넣으시오.

(1) 3 더하기 6은 9와 같습니다.

3 □ 6 □ 9

(2) 5와 4의 합은 9입니다.

5 □ 4 □ 9

3 덧셈식을 읽어 보려고 합니다. □ 안에 알맞은 수를 써넣으시오.

$4+3=7$ ⇨ 4 더하기 3은 □과 같습니다.
4와 □의 합은 □입니다.

빈칸에 알맞은 글자나 수를 써 보세요.

· $3+5=8$을 읽어 보면

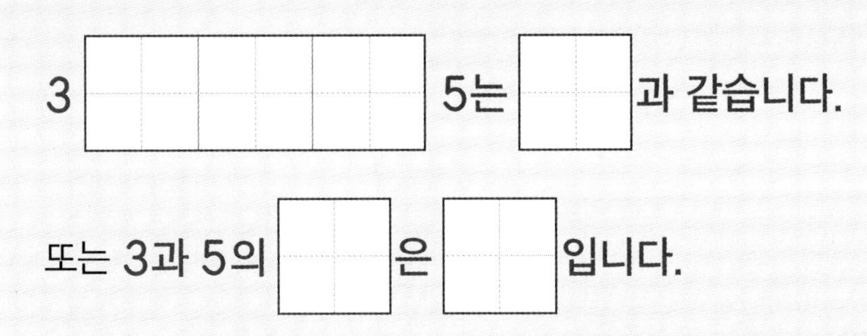

STEP 1 개념 파헤치기

개념 4 덧셈을 해 볼까요 (1)

개념 동영상

• 4＋3을 여러 가지로 계산하기

방법1 이어서 세기를 이용하여 구하기

(1) 하나씩 세면 1, 2, 3, 4, 5, 6, 7입니다.

(2) 4 바로 뒤의 수부터 3개의 수를 이어서 세면 5, 6, 7입니다.

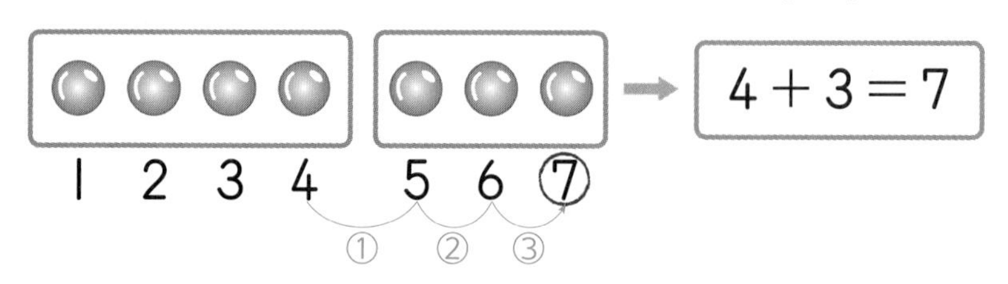

방법2 수 막대를 이용하여 구하기

4에서 시작하여 오른쪽으로 3만큼 가면 7입니다.

① ② ③

1	2	3	4	5	6	7	8	9

→ 4＋3＝7

방법3 수 계단을 이용하여 구하기

4에서 3만큼 올라가면 7입니다.

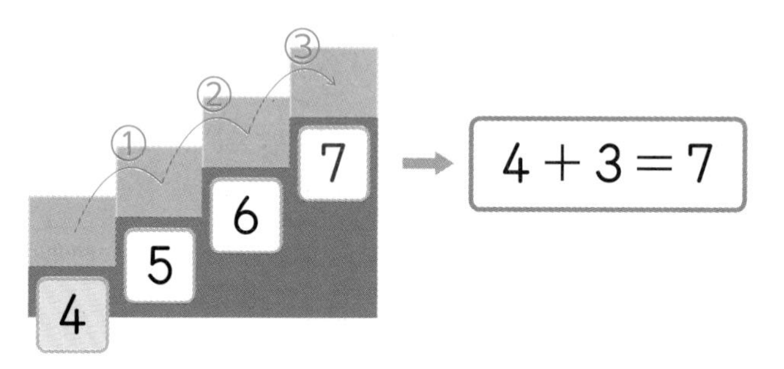

❶ 5＋3에서 5 바로 [뒤]의 수부터 3개의 수를 이어서 세면 6, 7, 8입니다.

⇨ [5]＋[3]＝[8]

1 3과 3을 더하면 얼마인지 알아보려고 합니다. □ 안에 알맞은 수를 써넣으시오.

1 2 3 4 5 □ ⇨ 3+3=□

2 수 막대에 표시하고 덧셈을 하시오.

(1) 2+4=□

1	2	3	4	5	6	7

(2) 3+5=□

1	2	3	4	5	6	7	8	9

3 수 계단에 표시하고 덧셈을 하시오.

(1) 5+2=□

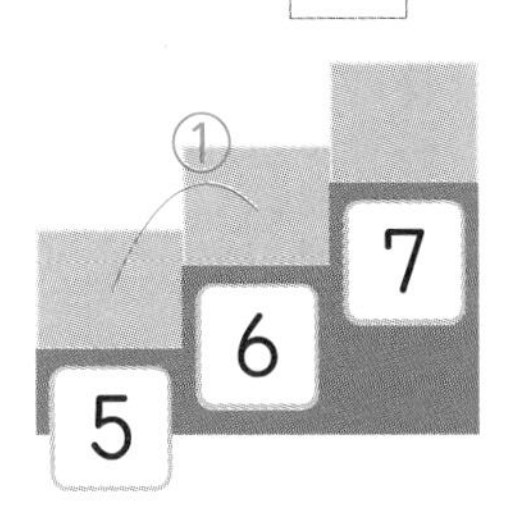

(2) 6+3=□

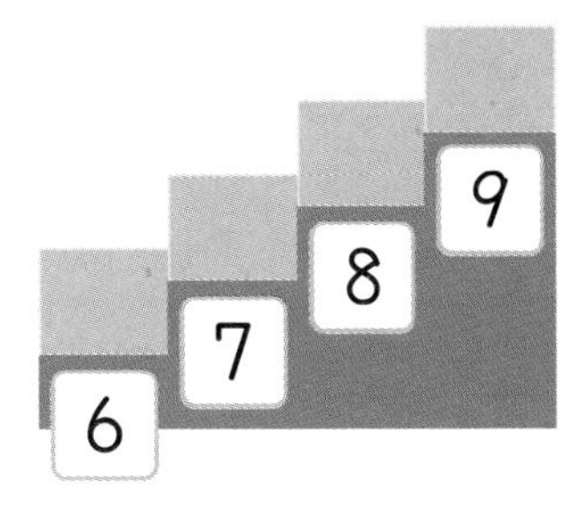

• 4+2에서 4 바로 뒤의 수부터 2개의 수를 이어서 세면 □, □입니다.

⇨ 4+2=□

1 STEP 개념 파헤치기

개념 5 덧셈을 해 볼까요 (2)

개념 동영상

• 4 + 3을 여러 가지로 계산하기

방법4 그림을 이용하여 구하기

(1)

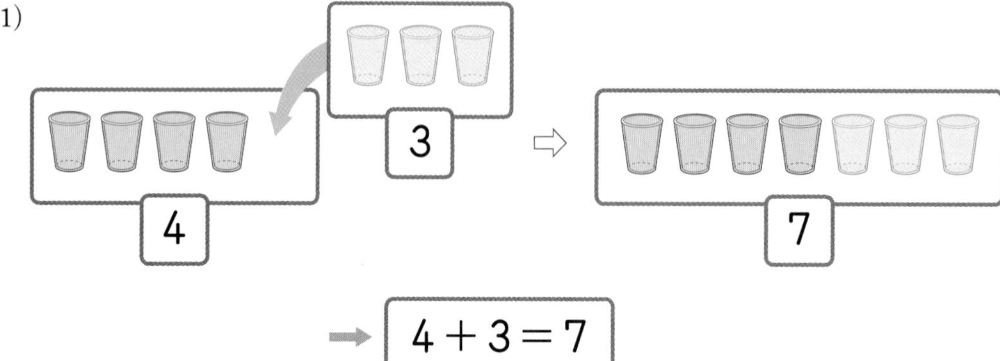

➡ $4 + 3 = 7$

(2) ○와 ○를 그려서 구하기

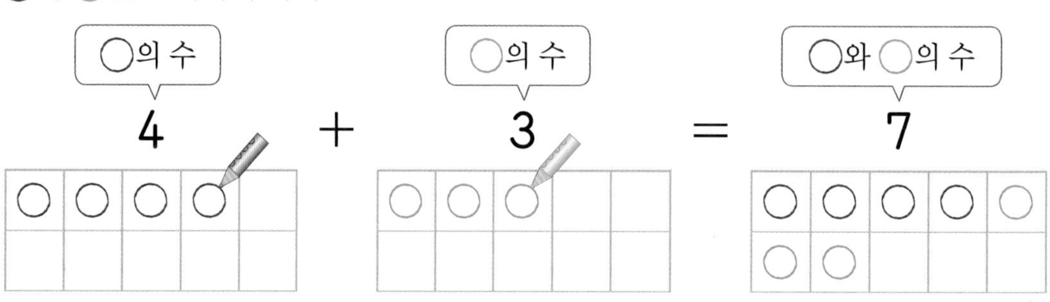

방법5 모으기를 이용하여 구하기

➡ $4 + 3 = 7$

❶ 모으기를 이용하여 덧셈을 할 수 있습니다.

기본 문제

1 그림을 보고 □ 안에 알맞은 수를 써넣으시오.

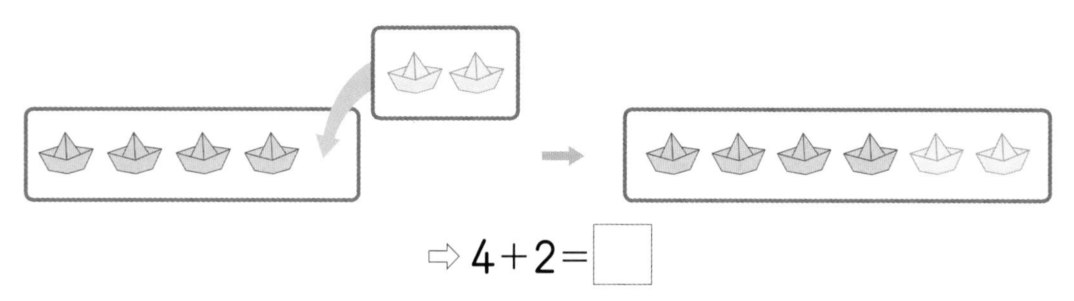

⇨ 4+2=□

2 그림을 보고 □ 안에 알맞은 수를 써넣으시오.

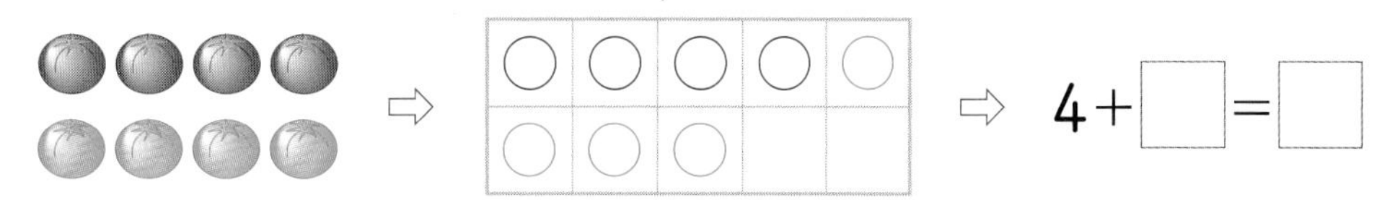

⇨ 4+□=□

3 빈칸에 알맞은 수를 써넣으시오.

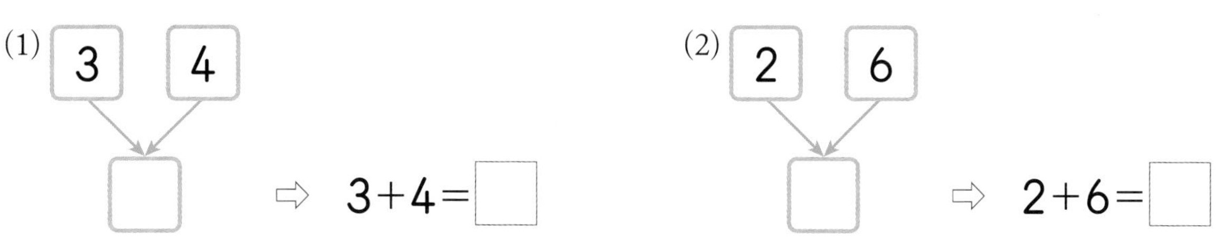

(1) 3, 4 → □ ⇨ 3+4=□

(2) 2, 6 → □ ⇨ 2+6=□

• 2와 5를 모으면 □ 입니다. ⇨ 2+5=□

• 5와 3을 모으면 □ 입니다. ⇨ 5+3=□

개념 확인하기

개념3 덧셈을 알아볼까요

[쓰기] 2+3=5

[읽기] 2 ☐ 3은 5와 같습니다.

2와 3의 ☐은 5입니다.

교과서 유형

1 그림에 알맞은 덧셈식에 ○표 하시오.

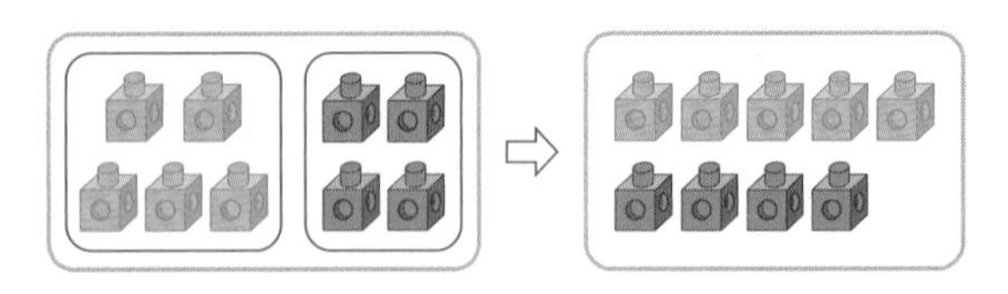

5+4=8 5+4=9

2 덧셈식을 두 가지 방법으로 읽어 보시오.

3+6=9

3 그림에 알맞은 덧셈식에 ○표 하시오.

6+2=9 6+2=8

개념4 덧셈을 해 볼까요 (1)

3+4에서 3 바로 뒤의 수부터 4개의 수를 이어서 세면 **4**, **5**, **6**, **7**이므로

3+4=☐입니다.

익힘책 유형

4 3과 2를 더하면 얼마인지 알아보려고 합니다. ☐ 안에 알맞은 수를 써넣으시오.

1 2 3 4 ☐

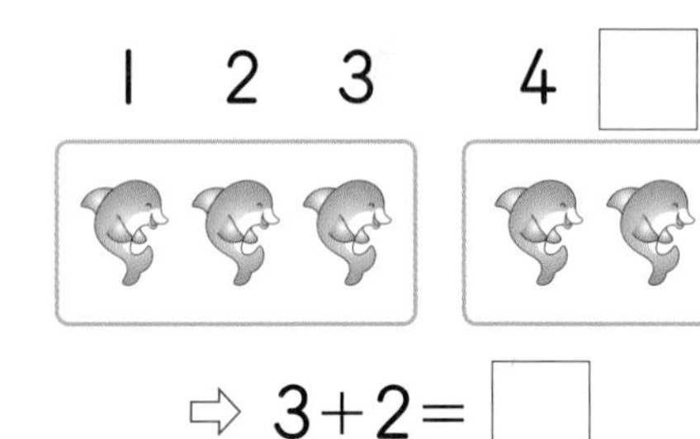

⇨ 3+2=☐

5 수 막대를 이용하여 덧셈을 하시오.

5+4=☐

1	2	3	4	5	6	7	8	9

6 수 계단을 이용하여 덧셈을 하시오.

6+2=☐

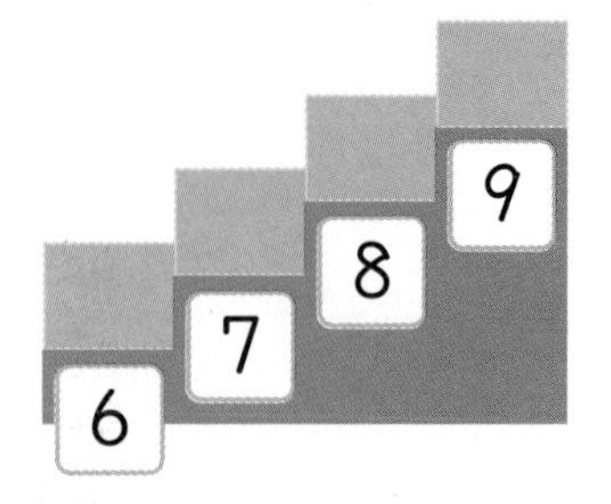

게임 학습

게임으로 학습을 즐겁게 할 수 있어요.
QR 코드를 찍어 보세요.

정답은 14쪽

개념 5 덧셈을 해 볼까요 (2)

모으기를 이용하여 ☐을 할 수 있습니다.

교과서 유형

7 덧셈식에 맞도록 ○를 그리고 ☐ 안에 알맞은 수를 써넣으시오.

$1+7=$ ☐

8 그림을 보고 빈칸에 알맞은 수를 써넣으시오.

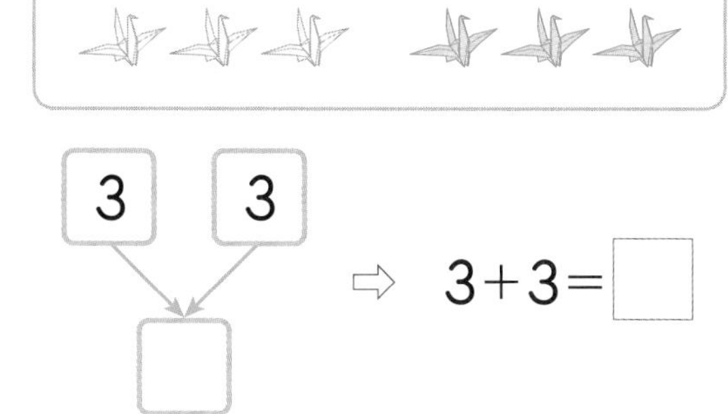

⇨ $3+3=$ ☐

9 그림을 보고 덧셈식을 써 보려고 합니다. ☐ 안에 알맞은 수를 써넣으시오.

$5+$ ☐ $=$ ☐

익힘책 유형

10 빈칸에 알맞은 수를 써넣으시오.

(1)

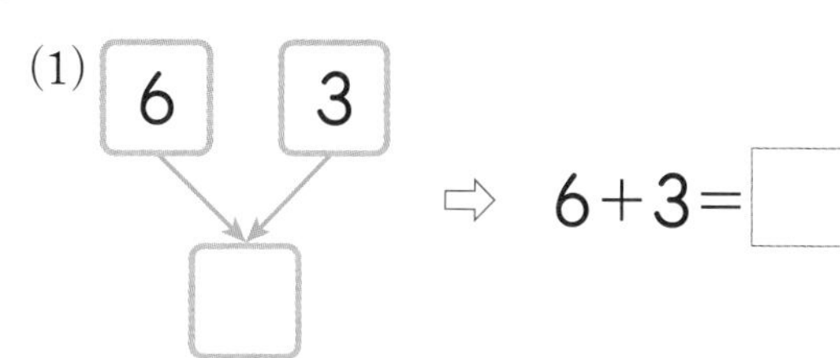

⇨ $6+3=$ ☐

(2)

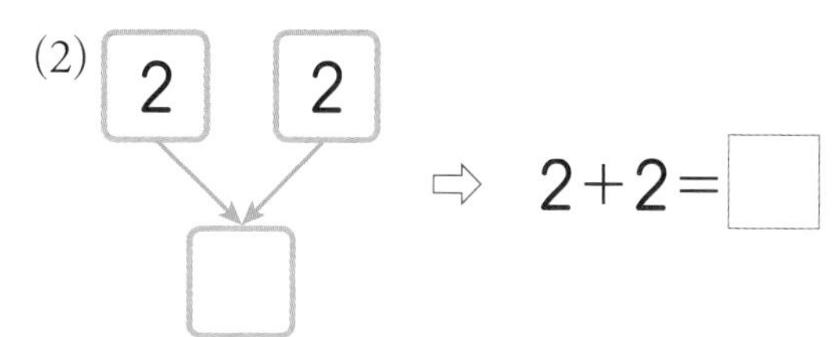

⇨ $2+2=$ ☐

11 두 수의 합이 그림의 ○의 수가 되는 덧셈식을 써 보려고 합니다. ☐ 안에 알맞은 수를 써넣으시오.

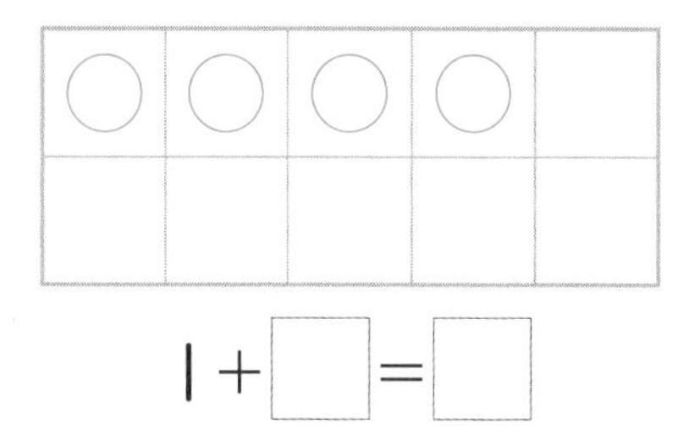

$1+$ ☐ $=$ ☐

12 ㉠과 ㉡ 중 큰 수를 찾아 기호를 쓰시오.

$3+4=$ ㉠ $\quad 5+1=$ ㉡

(   )

3 덧셈과 뺄셈

개념 파헤치기

개념 6 뺄셈을 알아볼까요

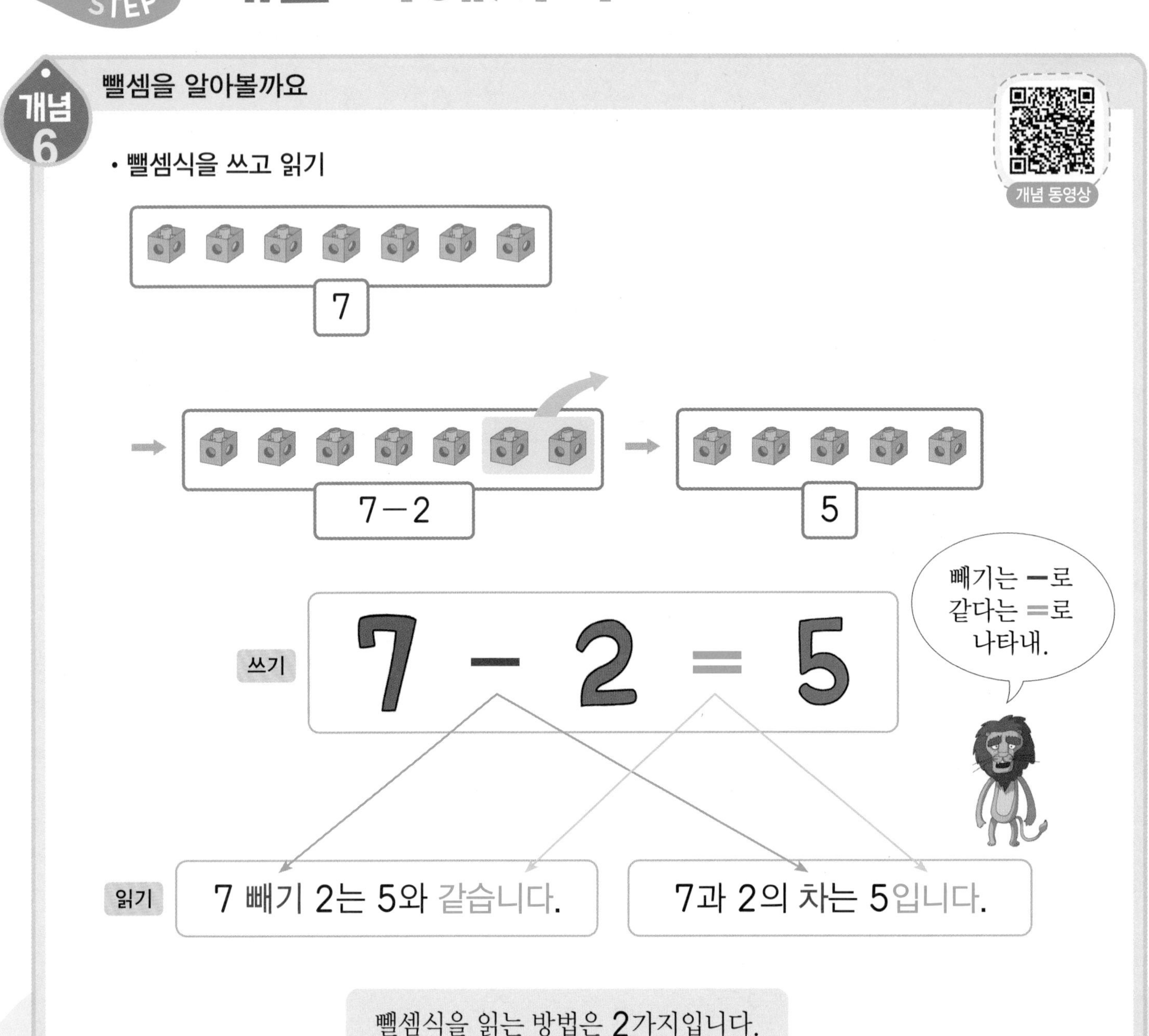

빈칸에 글자나 수를 따라 쓰세요.

❶ 빼기 는 −로 나타냅니다. 같습니다는 = 로 나타냅니다.

❷ 차 는 −로 나타냅니다. 입니다는 = 로 나타냅니다.

1 그림을 보고 뺄셈식을 써 보려고 합니다. 빈칸에 알맞은 수를 써넣으시오.

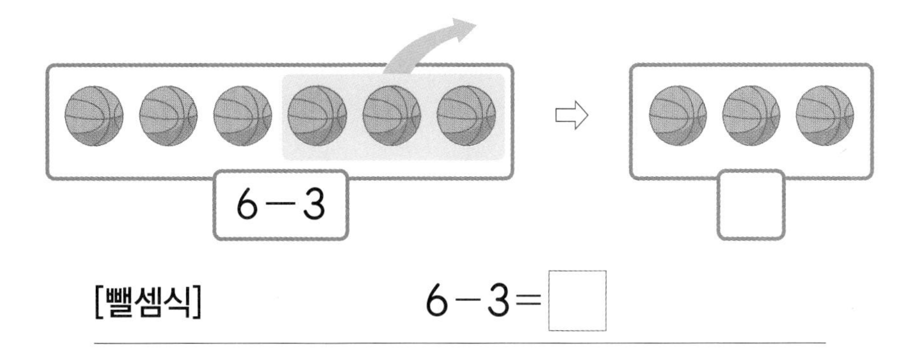

[뺄셈식] 6－3=☐

2 다음을 뺄셈식으로 나타내려고 합니다. ☐ 안에 －와 = 중 알맞은 것을 써넣으시오.

(1) 8 빼기 7은 1과 같습니다.

8 ☐ 7 ☐ 1

(2) 5와 4의 차는 1입니다.

5 ☐ 4 ☐ 1

3 뺄셈식을 읽어 보려고 합니다. ☐ 안에 알맞은 수를 써넣으시오.

9－4=5 ⇨ 9 빼기 4는 ☐와 같습니다.
9와 ☐의 차는 ☐입니다.

✎ 빈칸에 알맞은 글자나 수를 써 보세요.

• 7－4=3을 읽어 보면

7 ☐☐ 4는 ☐과 같습니다. 또는 7과 4의 ☐는 ☐입니다.

개념 파헤치기

빨셈을 해 볼까요 (1)

개념 동영상

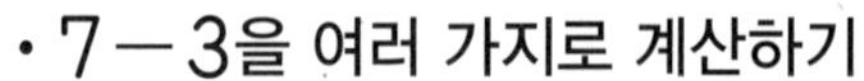
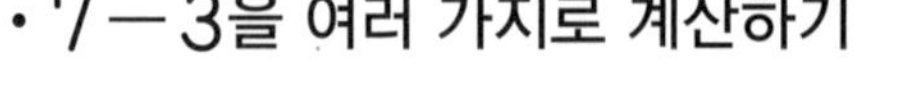

• 7 − 3을 여러 가지로 계산하기

방법1 거꾸로 세기를 이용하여 구하기

7 바로 앞의 수부터 3개의 수를 거꾸로 세면 6, 5, 4입니다.

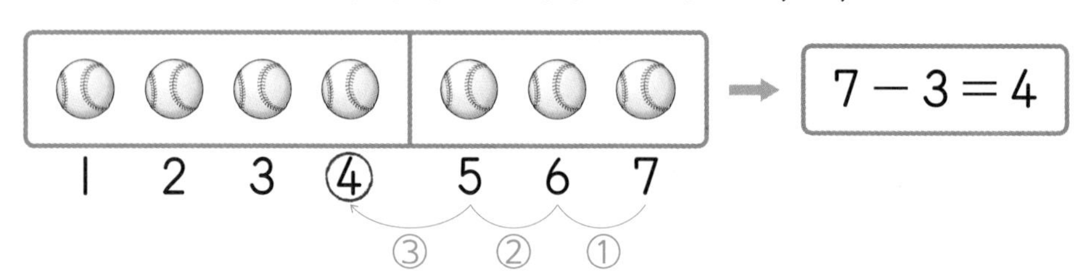

방법2 수 막대를 이용하여 구하기

7에서 시작하여 왼쪽으로 3만큼 가면 4입니다.

③ ② ①

1	2	3	4	5	6	7	8	9

→ 7 − 3 = 4

방법3 수 계단을 이용하여 구하기

7에서 3만큼 내려가면 4입니다.

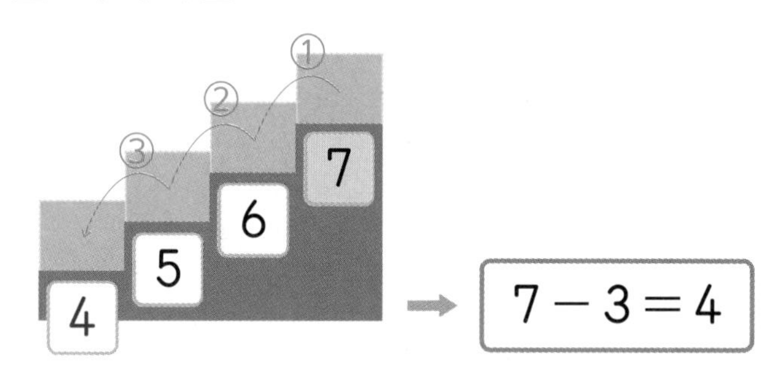

→ 7 − 3 = 4

1 6−2에서 6 바로  의 수부터 2개의 수를 거꾸로 세면 5, 4입니다.

⇨ 6 − 2 = 4

정답은 15쪽

기본 문제

1 8에서 3을 빼면 얼마인지 알아보려고 합니다. □ 안에 알맞은 수를 써넣으시오.

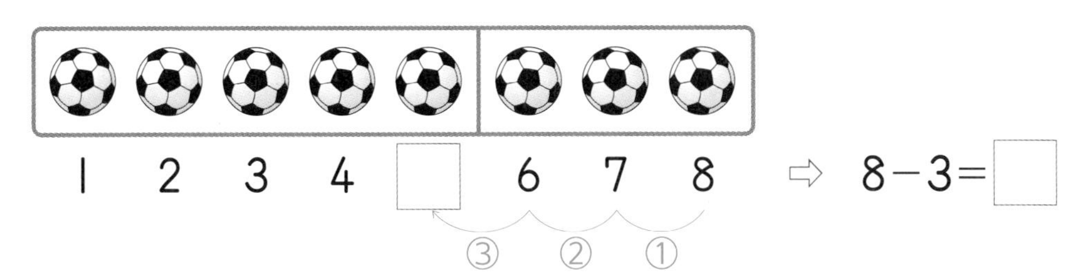

⇨ 8－3=□

2 수 막대에 표시하고 뺄셈을 하시오.

(1) 7－4=□

2	3	4	5	6	7	8

(2) 9－5=□

1	2	3	4	5	6	7	8	9

3 수 계단에 표시하고 뺄셈을 하시오.

(1) 6－4=□

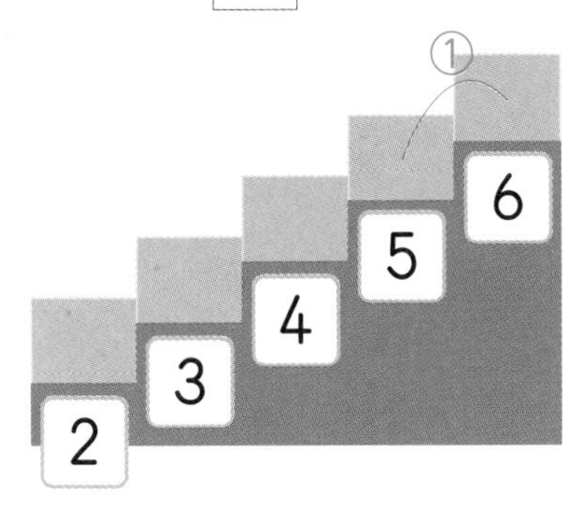

(2) 9－3=□

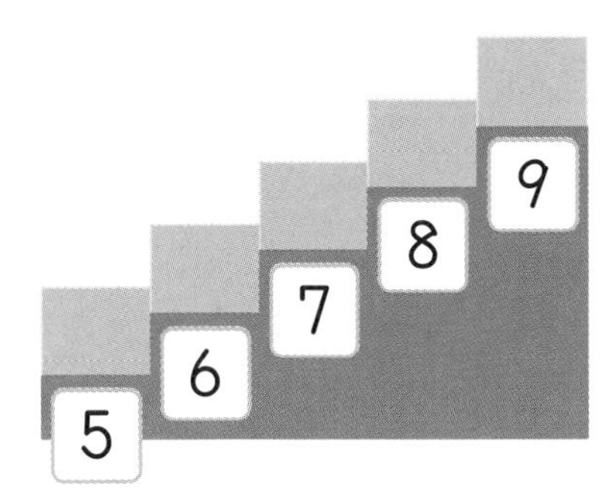

• 5－2에서 5 바로 앞의 수부터 2개의 수를 거꾸로 세면 □, □입니다.

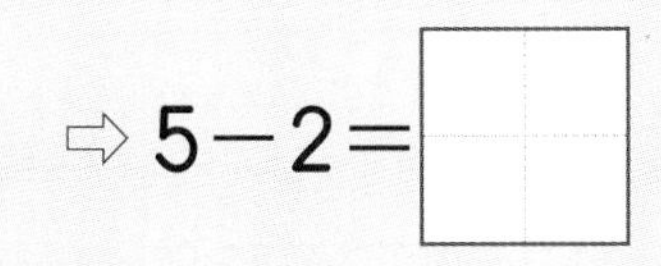

1 개념 파헤치기

개념 8 뺄셈을 해 볼까요 (2)

개념 동영상

• 7 − 3을 여러 가지로 계산하기

방법4 그림을 이용하여 구하기

(1) 하나씩 짝 짓고 남은 것 수 세기

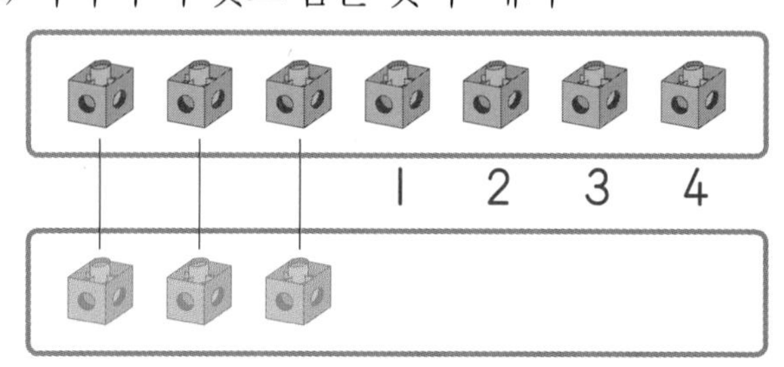

→ 7 − 3 = 4

(2) /으로 지우고 남은 ○의 수 세기

○의 수 / /로 지운 ○의 수 / 남은 ○의 수

7 − 3 = 4

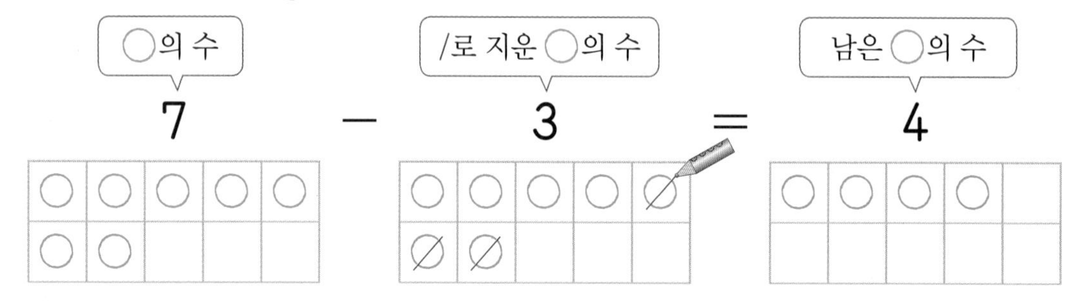

방법5 가르기를 이용하여 구하기

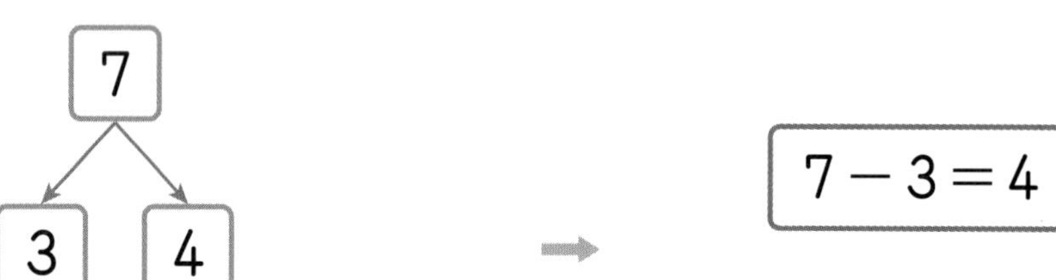

7은 3과 4로 가르기할 수 있습니다.

7과 3의 차는 4입니다.

1 가르기를 이용하여  을 할 수 있습니다.

1 그림을 보고 □ 안에 알맞은 수를 써넣으시오.

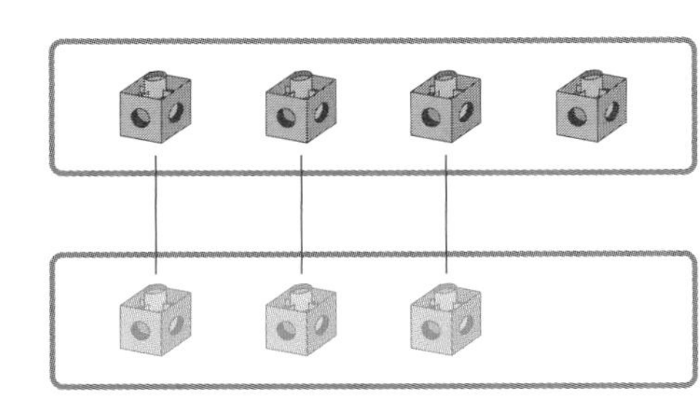

⇨ 4−3=□

2 그림을 보고 □ 안에 알맞은 수를 써넣으시오.

○	○	○	○	○
∅	∅			

⇨ 7−2=□

3 빈칸에 알맞은 수를 써넣으시오.

(1)

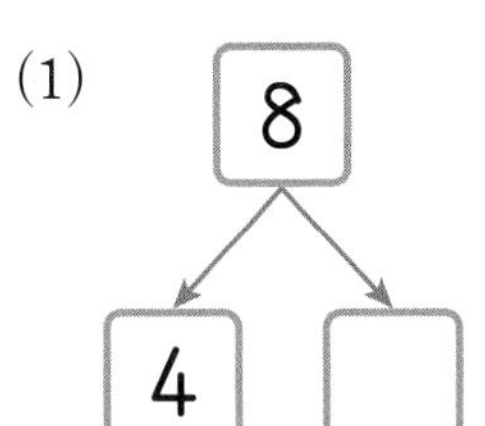

⇨ 8−4=□

(2)

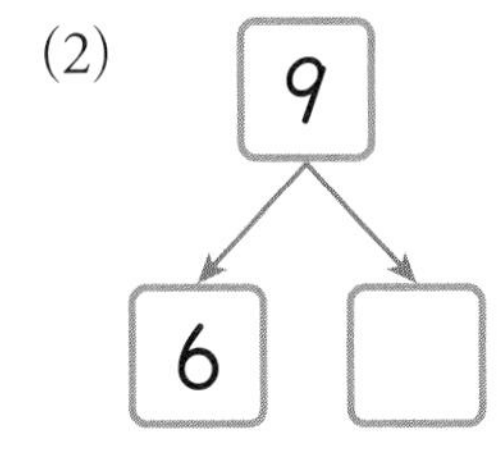

⇨ 9−6=□

- 5는 1과 □로 가르기할 수 있습니다. ⇨ 5−1=□
- 7은 4와 □으로 가르기할 수 있습니다. ⇨ 7−4=□

STEP 2 개념 확인하기

개념 6 빨셈을 알아볼까요

[쓰기] 7－2＝5

[읽기] 7 ☐ 2는 5와 같습니다.

7과 2의 ☐는 5입니다.

교과서 유형

1 뺄셈식을 바르게 읽은 것에 ○표 하시오.

6－4＝2

6과 4의 합은 2입니다.	6 빼기 4는 2와 같습니다.
(　　)	(　　)

2 그림에 알맞은 뺄셈식을 찾아 이으시오.

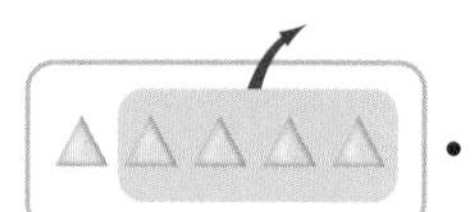 • 　　　• 4－2＝2

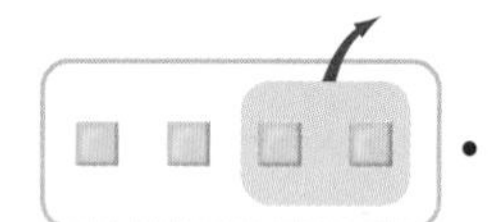 • 　　　• 5－4＝1

3 그림에 알맞은 뺄셈식을 써 보려고 합니다. ☐ 안에 알맞은 수를 써넣으시오.

☐－4＝☐

개념 7 뺄셈을 해 볼까요 (1)

7－2에서 7 바로 앞의 수부터 2개의 수를 거꾸로 세면 6, 5이므로 7－2＝☐입니다.

4 6에서 4를 빼면 얼마인지 알아보려고 합니다. ☐ 안에 알맞은 수를 써넣으시오.

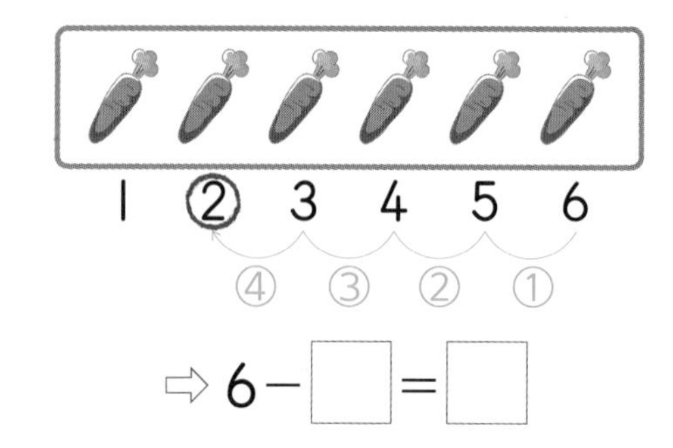

⇨ 6－☐＝☐

5 수 막대를 이용하여 뺄셈을 하시오.

7－5＝☐

1	2	3	4	5	6	7	8	9

6 수 계단을 이용하여 뺄셈을 하시오.

9－4＝☐

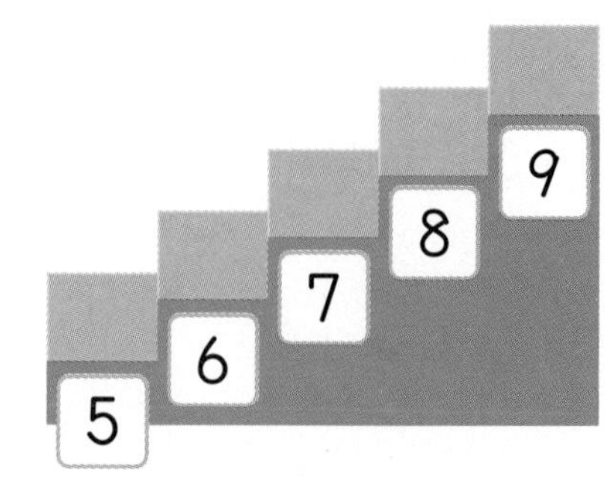

게임 학습

게임으로 학습을 즐겁게 할 수 있어요.
QR 코드를 찍어 보세요.

정답은 16쪽

개념8 뺄셈을 해 볼까요 (2)

가르기를 이용하여 □을 할 수 있습니다.

7 그림을 보고 빈칸에 알맞은 수를 써넣으시오.

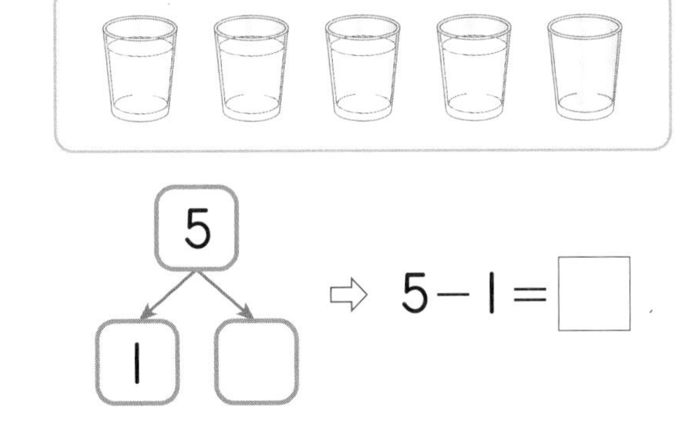

⇨ 5−1=□

8 그림에 알맞은 뺄셈식을 써 보려고 합니다. □ 안에 알맞은 수를 써넣으시오.

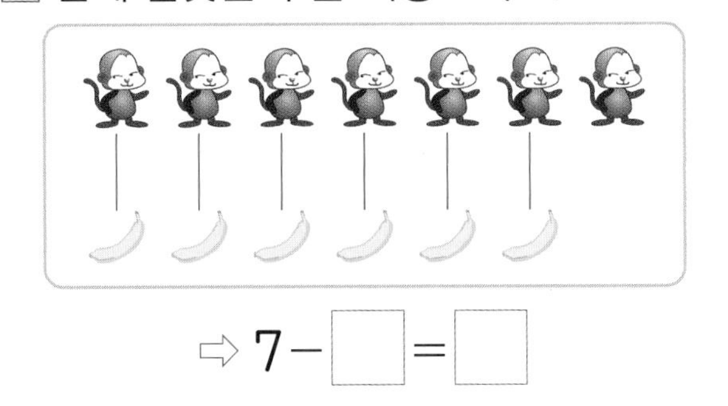

⇨ 7−□=□

익힘책 유형

9 □ 안에 알맞은 수를 써넣고 뺄셈식에 알맞게 그림을 완성하시오.

8−3=□

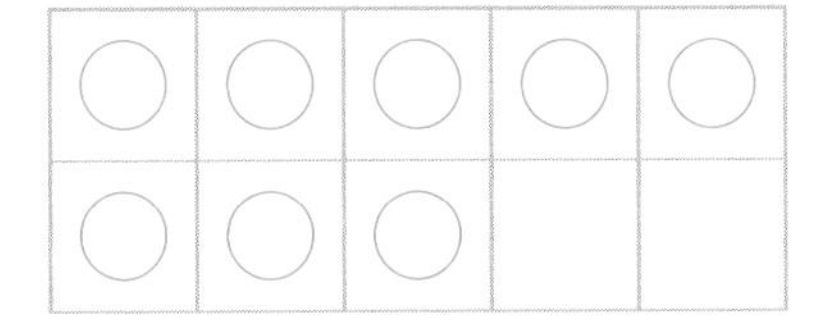

익힘책 유형

10 빈칸에 알맞은 수를 써넣으시오.

(1)

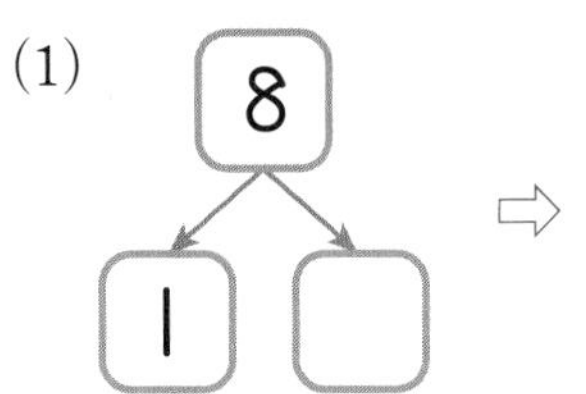

⇨ 8−1=□

(2) 9 → □, 3 ⇨ 9−□=3

11 그림을 보고 뺄셈식을 써 보려고 합니다. □ 안에 알맞은 수를 써넣으시오.

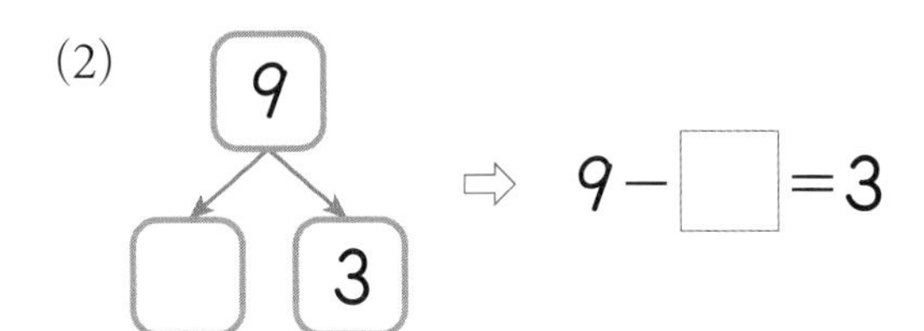

⇨ □−□=□

12 ㉠과 ㉡ 중 작은 수를 찾아 기호를 쓰시오.

5−2=㉠　　9−7=㉡

(　　　　)

개념 파헤치기

개념 9 0이 있는 덧셈과 뺄셈을 해 볼까요

• 0이 있는 덧셈 → 0을 더해도 값은 변하지 않습니다.

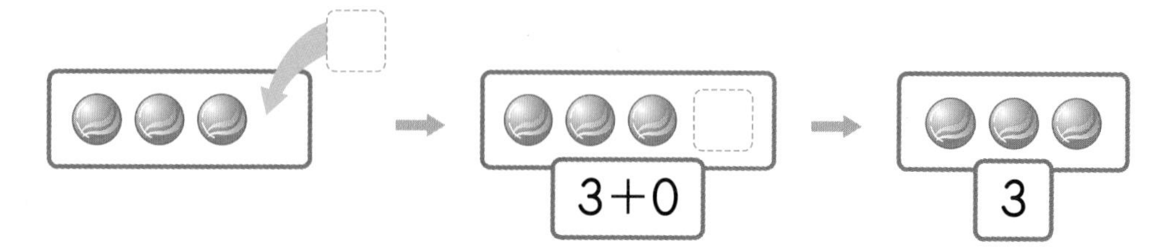

0+3 → 3

$3+0=3$ (그대로)

$0+3=3$ (그대로)

아무것도 없는 것이야. '영'이라 부르지.

0

• 0이 있는 뺄셈 → 0을 빼도 값은 변하지 않습니다.

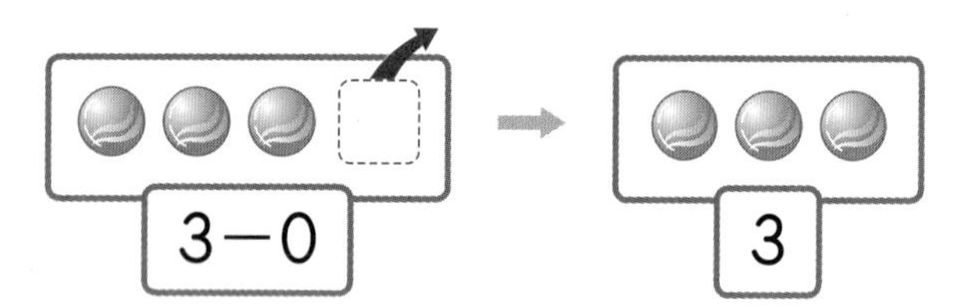

$3-0=3$ (그대로)

3−3 → 0

$3-3=0$ (같으면)

빈칸에 글자나 수를 따라 쓰세요.

❶ $3+\boxed{0}=3$　　$\boxed{0}+3=3$　　$3-\boxed{0}=3$　　$3-3=\boxed{0}$

1 그림을 보고 □ 안에 알맞은 수를 써넣으시오.

(1)

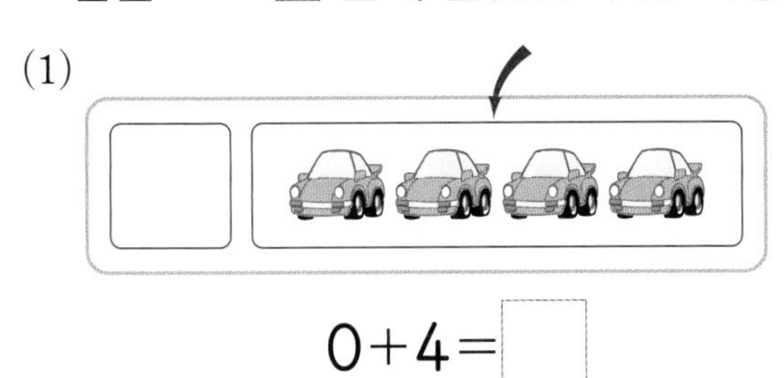

$0+4=\square$

(2)

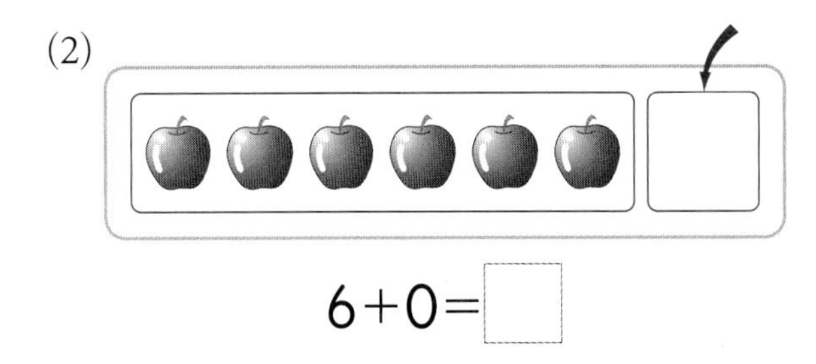

$6+0=\square$

2 그림을 보고 □ 안에 알맞은 수를 써넣으시오.

(1)

$7-0=\square$

(2)

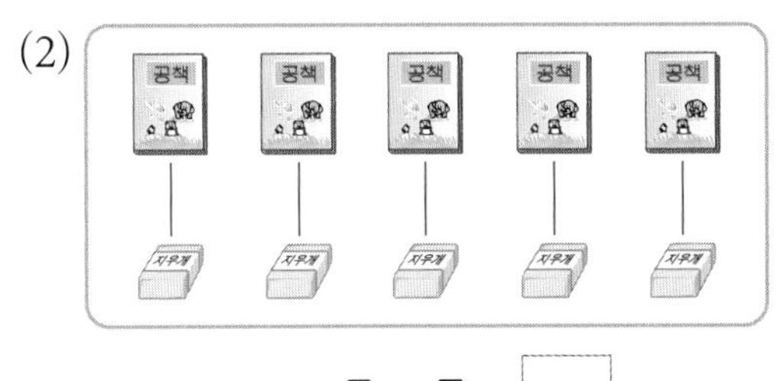

$5-5=\square$

3 그림을 보고 □ 안에 알맞은 수를 써넣으시오.

(1)

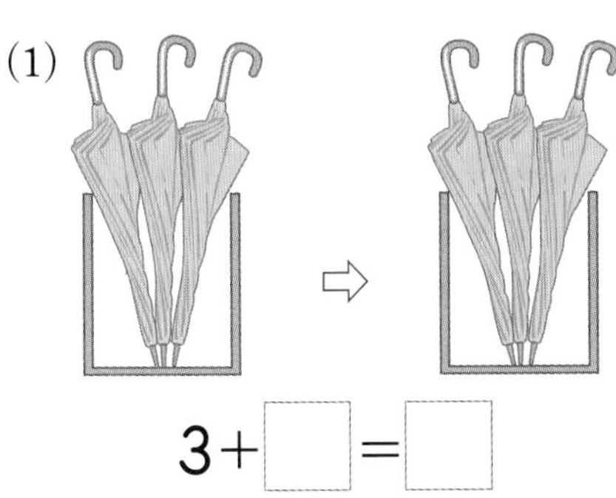

$3+\square=\square$

(2)

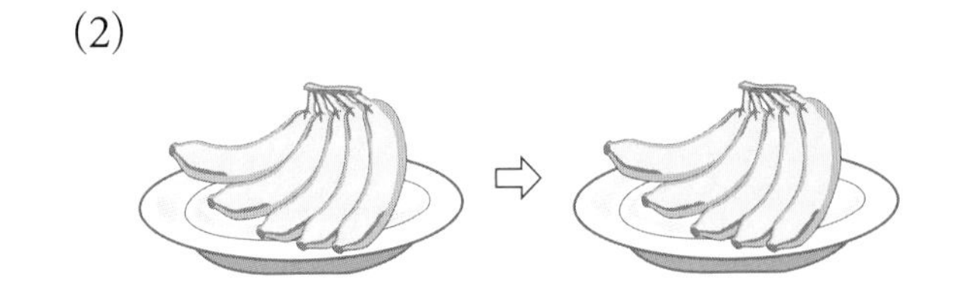

$5-\square=\square$

개념 받아쓰기 문제

빈칸에 알맞은 글자나 수를 써 보세요.

· $2+\square=2$ $\square+2=2$ $8-\square=8$ $8-8=\square$

개념 파헤치기

개념 10 덧셈과 뺄셈을 해 볼까요 (1)

• 4를 여러 가지로 표현하는 방법

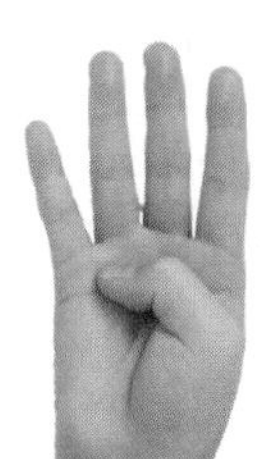

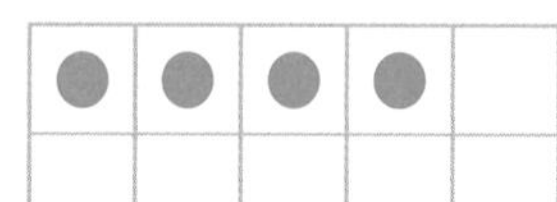

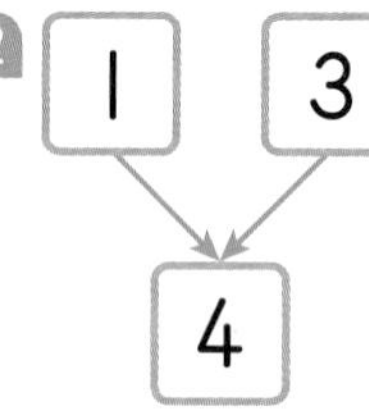

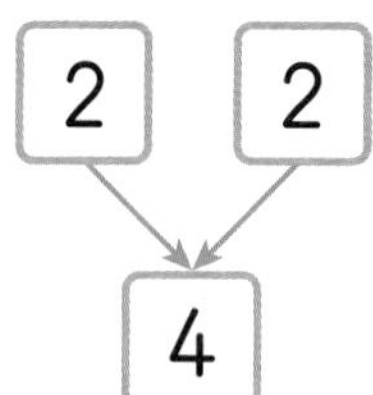

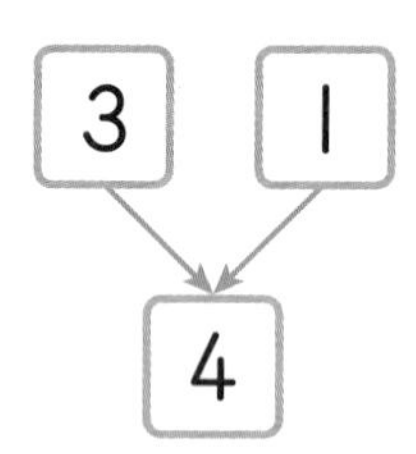

방법 3

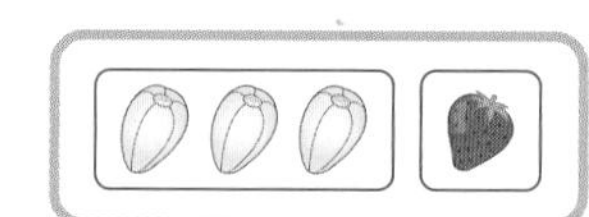

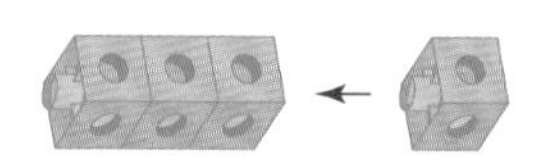

⇨ $3+1=4$

방법 4

$0+4=4$	$1+3=4$	$2+2=4$
$4+0=4$	$3+1=4$	

❶ $3+2=$ 5

3과 2를 더하면 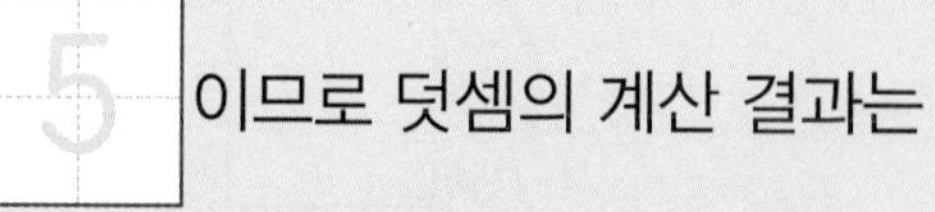 5 이므로 덧셈의 계산 결과는 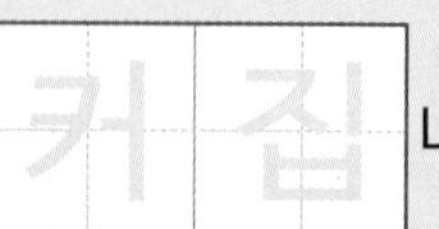 커집 니다.

기본 문제

1 5를 여러 가지로 표현한 것입니다. 빈칸에 알맞은 수를 써넣으시오.

(1) 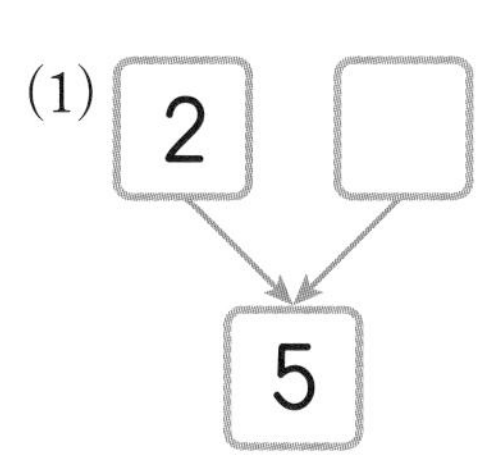

(2) 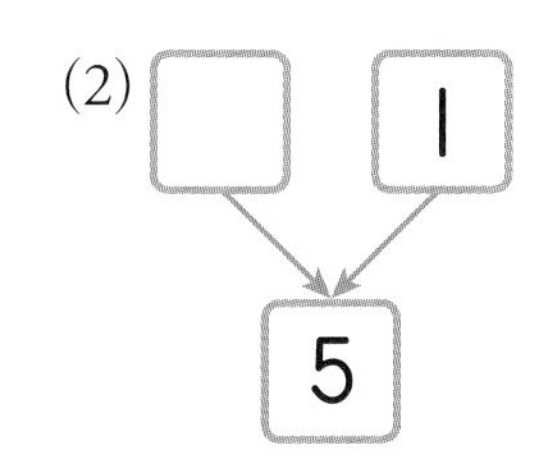

(3) $0+5=\square$

(4) $5+0=\square$

2 □ 안에 알맞은 수를 써넣으시오.

(1) $1+5=\square$　　(2) $2+4=\square$

(3) $3+3=\square$　　(4) $4+2=\square$

3 □ 안에 +와 − 중 알맞은 것을 써넣으시오.

(1) $2\square 7=9$　　(2) $4\square 1=5$

3 덧셈과 뺄셈

개념 받아쓰기 문제

· $5+2=\square$

5와 2를 더하면 □이므로 덧셈의 계산 결과는 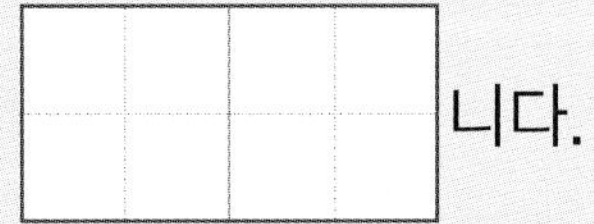니다.

개념 파헤치기

개념 11 덧셈과 뺄셈을 해 볼까요 (2)

개념 동영상

• 5를 여러 가지로 표현하는 방법

방법 1

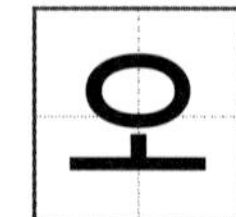

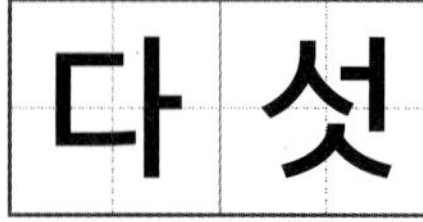

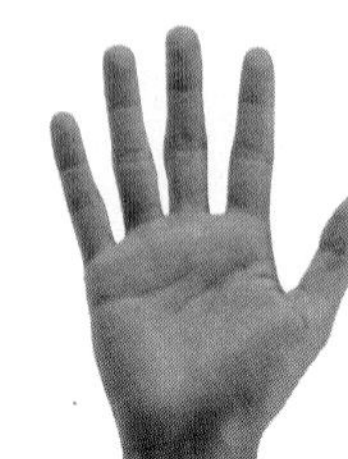

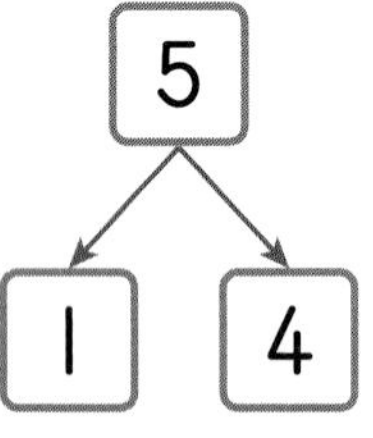

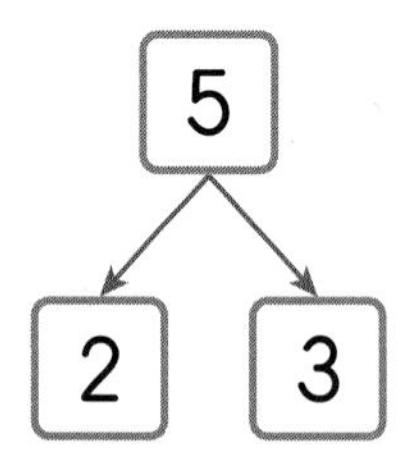

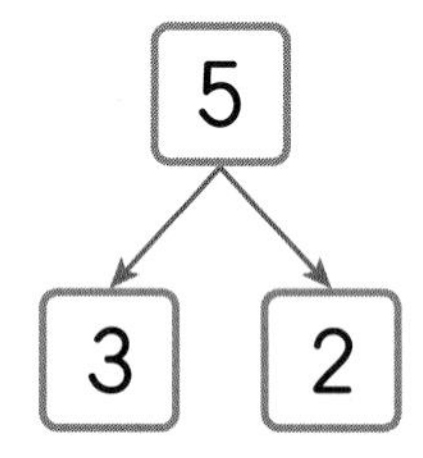

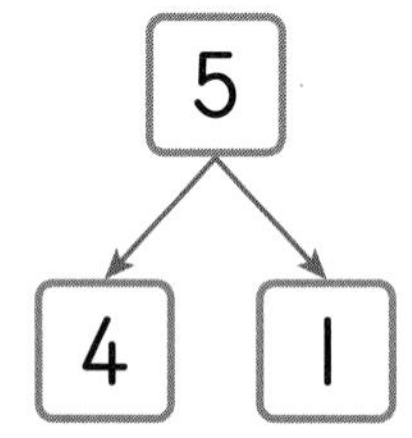

방법 3

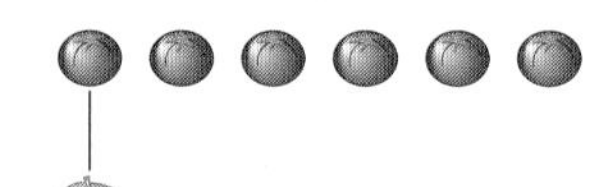

⇨ $6-1=5$

방법 4

$5-0=5$ $6-1=5$ $7-2=5$

$8-3=5$ $9-4=5$

❶ $7-3=$ 4

7에서 3을 빼면 4 이므로 뺄셈의 계산 결과는 작아집 니다.

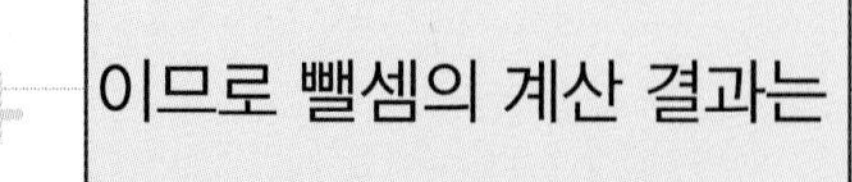

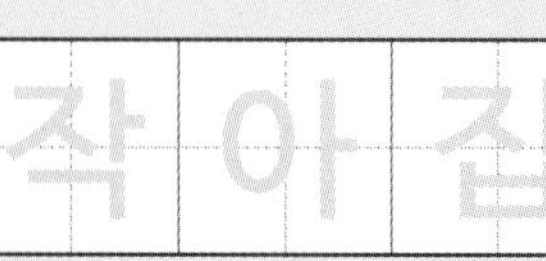

1 6을 여러 가지로 표현한 것입니다. 빈칸에 알맞은 수를 써넣으시오.

(1)
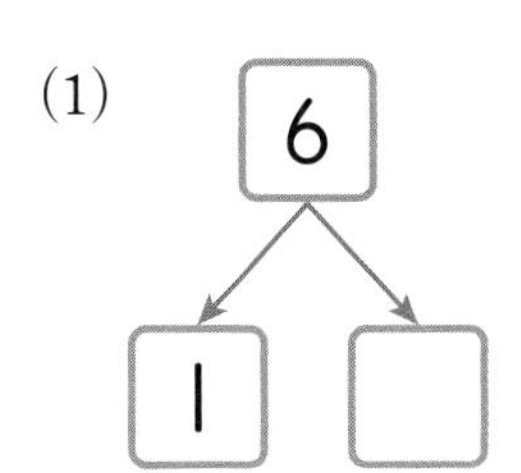

(2)
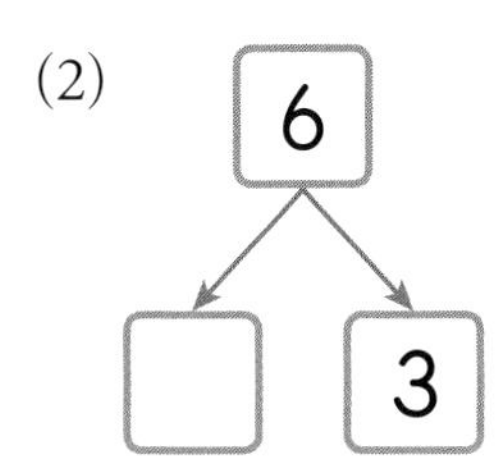

(3) $6-0=\square$

(4) $7-\square=6$

2 □ 안에 알맞은 수를 써넣으시오.

(1) $4-1=\square$　(2) $5-1=\square$

(3) $6-1=\square$　(4) $7-1=\square$

3 □ 안에 +와 − 중 알맞은 것을 써넣으시오.

(1) $8\ \square\ 3=5$　(2) $7\ \square\ 5=2$

· $6-2=\square$

6에서 2를 빼면 □이므로 뺄셈의 계산 결과는 니다.

STEP 2 개념 확인하기

개념9 0이 있는 덧셈과 뺄셈을 해 볼까요

■가 1부터 9까지의 수일 때

■+0=□, ■−0=□입니다.

1 □ 안에 알맞은 수를 써넣으시오.

(1) 0+7=□ (2) 9+0=□

(3) 6−0=□ (4) 3−3=□

2 계산을 하시오.

(1) 0+4 (2) 9−0

익힘책 유형

3 보기 와 같이 계산하시오.

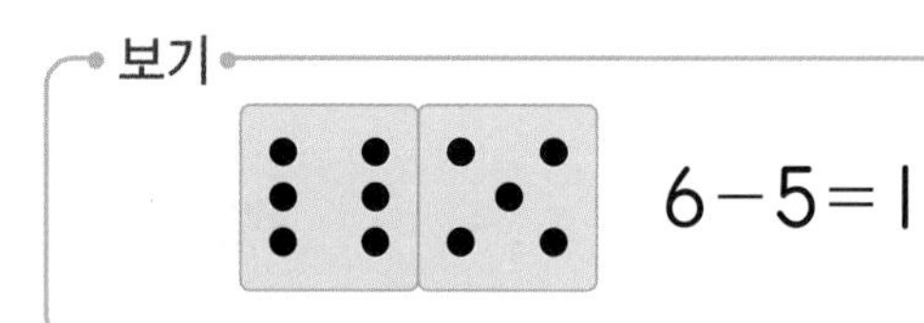

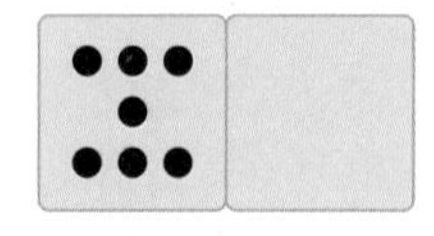

7−□=□

교과서 유형

4 □ 안에 +와 − 중 알맞은 것을 써넣으시오.

(1) 0 □ 3=3

(2) 3 □ 3=0

개념10 덧셈과 뺄셈을 해 볼까요 (1)

4를 덧셈식으로 표현하면

□+4=4, 1+3=4, 2+2=4,

3+1=4, 4+□=4입니다.

교과서 유형

5 계산을 하시오.

(1) 4+5 (2) 4+4

6 계산 결과가 다른 하나를 찾아 기호를 쓰시오.

㉠ 8+0	㉡ 7+1
㉢ 5+3	㉣ 6+3

( )

게임 학습

게임으로 학습을 즐겁게 할 수 있어요.
QR 코드를 찍어 보세요.

정답은 18쪽

익힘책 유형

7 •보기•와 같이 합이 6인 덧셈식을 두 개 써 보시오.

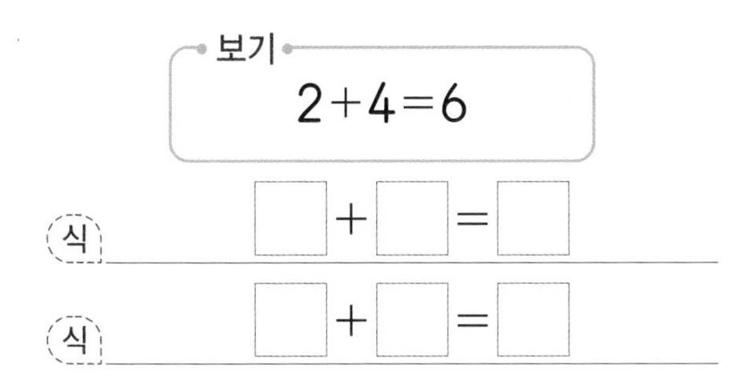

보기: $2+4=6$

식 $\square+\square=\square$

식 $\square+\square=\square$

개념11 덧셈과 뺄셈을 해 볼까요 (2)

5를 뺄셈식으로 표현하면
$5-\square=5$, $6-1=5$, $7-2=5$,
$\square-3=5$, $9-4=5$입니다.

8 계산을 하시오.

(1) $6-4$　　(2) $6-3$

9 □안에 +와 − 중 알맞은 것을 써넣으시오.

(1) $4\ \square\ 3=1$

(2) $7\ \square\ 7=0$

10 계산이 잘못된 것은 어느 것입니까? ( )

① $6+1=7$　② $6-0=6$
③ $0+9=9$　④ $7-5=1$
⑤ $2-2=0$

익힘책 유형

11 계산 결과가 같은 것끼리 이으시오.

$8-1$ •		• $3+2$
$7-2$ •		• $4+4$
$9-1$ •		• $2+5$

12 •보기•와 같이 차가 3인 뺄셈식을 두 개 써 보시오.

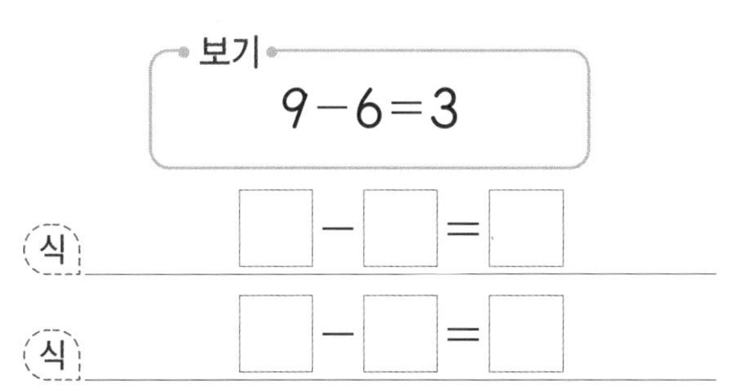

보기: $9-6=3$

식 $\square-\square=\square$

식 $\square-\square=\square$

3 덧셈과 뺄셈

3 STEP 단원 마무리 평가

3. 덧셈과 뺄셈

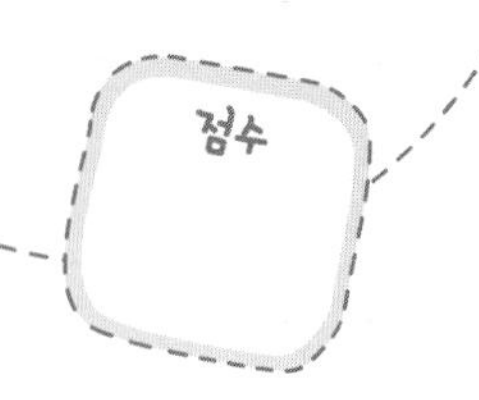

[1 ~2] **그림을 보고 □ 안에 알맞은 수를 써넣으시오.**

1

5+4=□

2

7−2=□

3 빈칸에 알맞은 수를 써넣으시오.

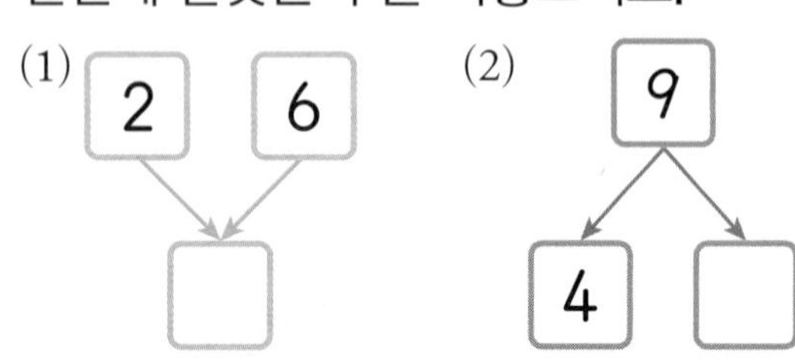

4 계산을 하시오.

(1) 2+1 (2) 9−9

5 □ 안에 +와 − 중 알맞은 것을 써넣으시오.

(1) 6 □ 2=4

(2) 3 □ 5=8

6 두 수의 합과 차를 각각 구하시오.

3 2

합 (   )

차 (   )

7 빈 곳에 알맞은 수를 써넣으시오.

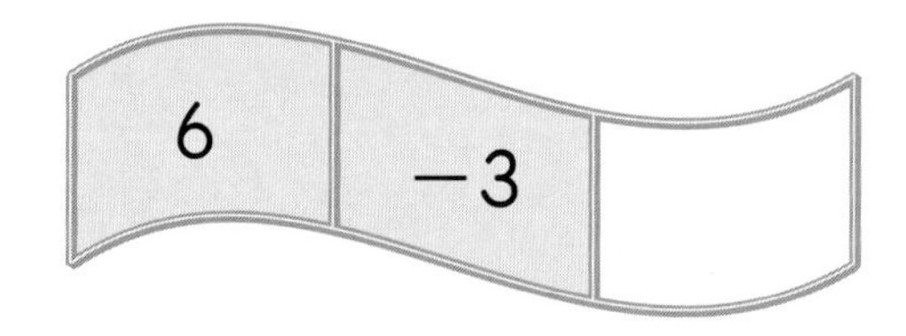

8 그림을 보고 남아 있는 물감의 수를 알아보는 뺄셈식을 써 보시오.

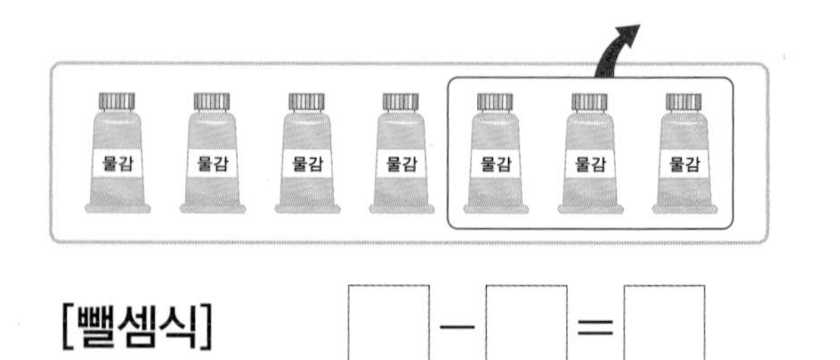

[뺄셈식] □−□=□

9 다음을 읽고 물음에 답하시오.

색연필이 1자루, 연필이 5자루 있습니다.

(1) 색연필과 연필은 모두 몇 자루인지 덧셈식으로 써 보시오.

[덧셈식] ______

(2) (1)의 덧셈식을 읽어 보시오.

(   )

10 계산 결과가 큰 것에 ○표 하시오.

1+6	9−3
(　)	(　)

11 빈 곳에 알맞은 수를 써넣으시오.

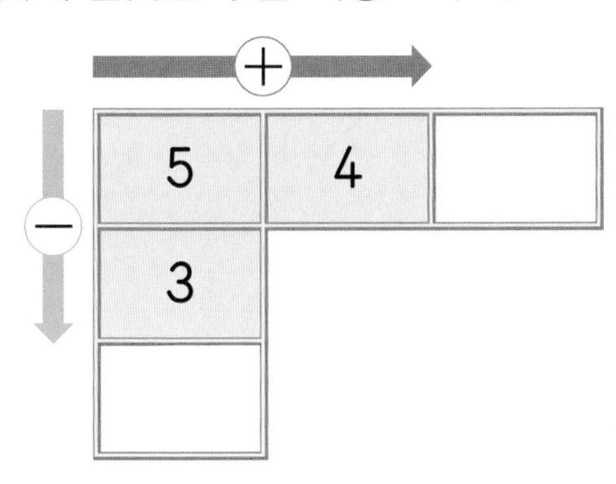

12 계산 결과가 같은 것끼리 이으시오.

3+4 ·	· 4+1
6−1 ·	· 3+3
8−2 ·	· 9−2

13 빈 곳에 알맞은 수를 써넣으시오.

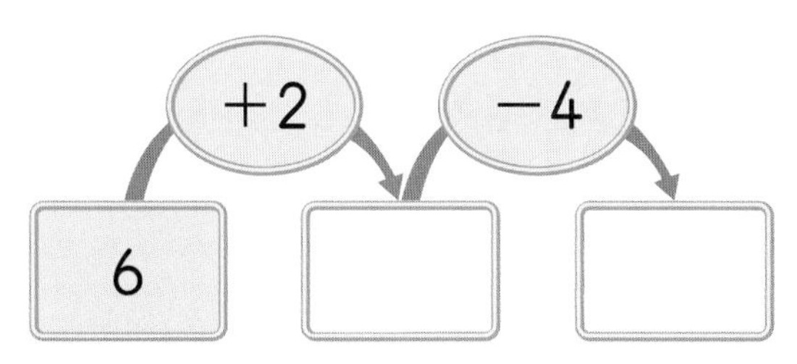

14 그림을 보고 덧셈식을 써 보려고 합니다. □ 안에 알맞은 수를 써넣으시오.

모자를 쓴 사람 수와 모자를 쓰지 않은 사람 수의 합 ⇨ 2+□=□

3 덧셈과 뺄셈

15 배가 모두 몇 개 있는지 알아보려고 합니다. 그림과 문장을 이용하여 풀이 과정을 완성하고 답을 구하시오.

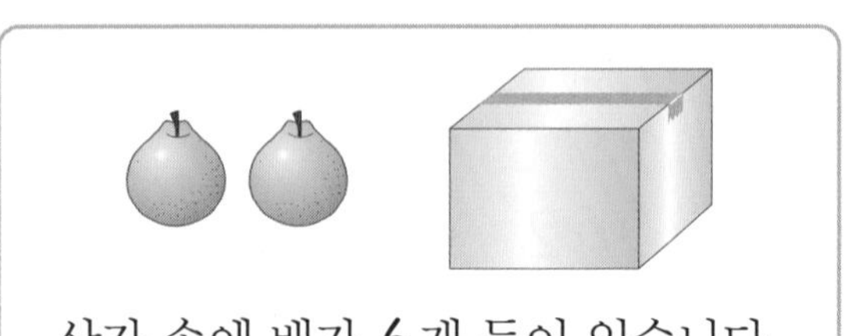

상자 속에 배가 6개 들어 있습니다.

풀이 상자 속에 배가 6개 들어 있으므로 □을 더합니다. ⇨ □+□=□

답 □개

16 □ 안에 들어갈 수가 큰 것에 ○표 하시오.

□+2=7	8−□=2
(　　)	(　　)

17 빈칸에 알맞은 수를 써넣으시오.

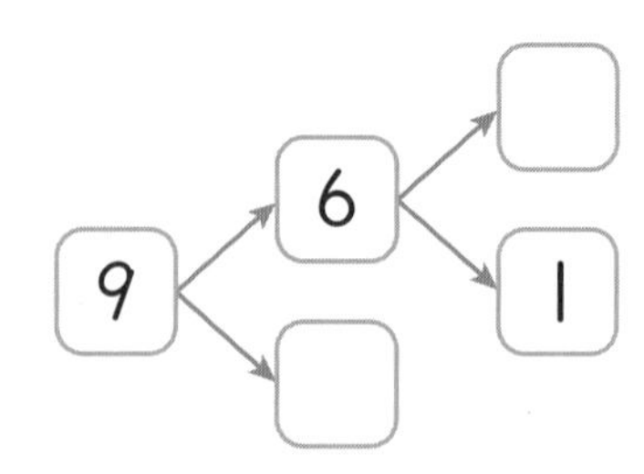

18 예지는 월요일에 종이배를 4개 접고 화요일에는 종이배를 접지 않았습니다. 예지가 2일 동안 접은 종이배는 모두 몇 개입니까?

(　　　　　　)

19 미영이와 진수는 수 카드 뽑기 놀이를 합니다. 뽑은 수의 차가 더 큰 사람이 이깁니다. □ 안에 알맞은 수를 구하시오.

수 카드: 1 2 3 4 5 6 7

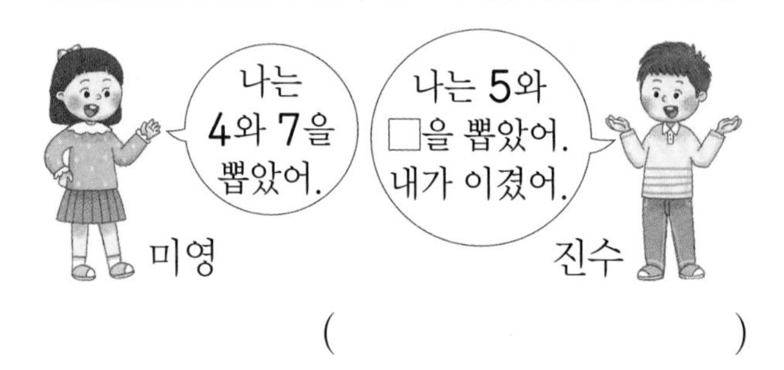

(　　　　　　)

20 수 카드 1, 3, 4, 6 중 두 장을 뽑아 뽑은 두 수를 모으면 6보다 크고 9보다 작다고 합니다. 먼저 3을 뽑았다면 다음으로 뽑아야 할 수 카드는 무엇입니까?

(　　　　　　)

QR 코드를 찍어 게임을 해 보고 이번 단원을 확실히 익혀 보세요!

정답은 20쪽

1 수가 작을수록 모으고 가르는 방법이 많아집니다. (○ , ×)

2 더하기는 ＋로, 빼기는 －로 나타냅니다. (○ , ×)

3 3＋1＝4는 '3과 1의 ☐ 은/는 4입니다.'라고 읽습니다.

4 모으기를 이용하여 덧셈을 할 수 있습니다. (○ , ×)

5 7－3＝4는 '7과 3의 ☐ 은/는 4입니다.'라고 읽습니다.

6 가르기를 이용하여 뺄셈을 할 수 있습니다. (○ , ×)

수가 클수록 모으고 가르는 방법이 많아집니다.

3＋1＝4는 '3 더하기 1은 4와 같습니다.'라고 읽습니다.

7－3＝4는 '7 빼기 3은 4와 같습니다.'라고 읽습니다.

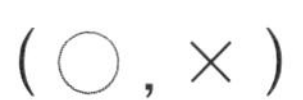

4 비교하기

제4화 하늘을 나는 기구 타기

이전에 배운 내용	이번에 배울 내용	앞으로 배울 내용
[5세 누리과정] • 일상생활에서 길이, 크기, 무게, 들이 등의 속성을 비교하고, 순서를 지어 보기	• 길이 비교하기 • 무게 비교하기 • 넓이 비교하기 • 담을 수 있는 양 비교하기	[2-1 길이 재기] • 여러 가지 단위로 길이 재기 • 1 cm 알아보기 • 자로 길이 재기 • 길이 어림하기

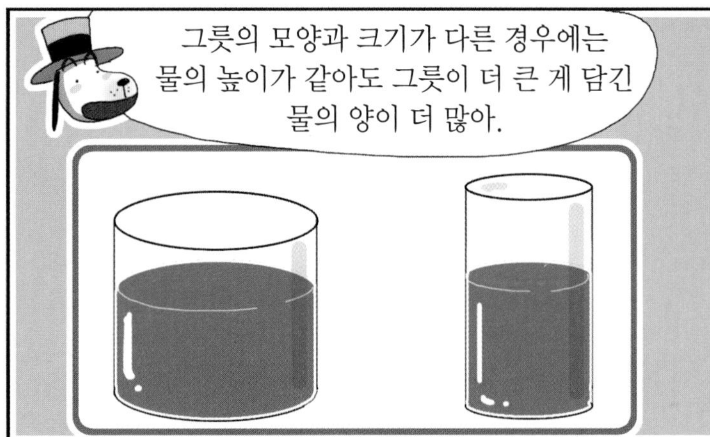

STEP 1 개념 파헤치기

개념 1 어느 것이 더 길까요

• 두 가지 물건의 길이 비교하기

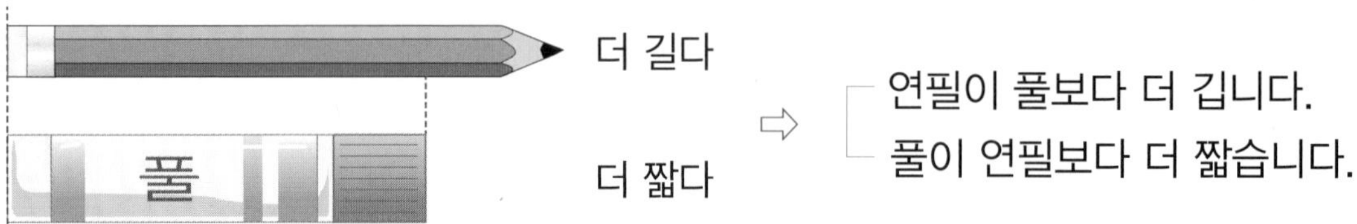

⇨ 연필이 풀보다 더 깁니다.
풀이 연필보다 더 짧습니다.

• 한쪽 끝을 맞추었을 때 반대쪽 끝이 남는 것이 더 깁니다.
• 두 가지 물건의 길이를 비교할 때에는 '**더 길다**', '**더 짧다**'로 나타냅니다.

참고 양쪽 끝이 맞추어져 있을 때에는 구부러진 것이 더 깁니다.
⇨ ㉡이 ㉠보다 더 깁니다.

㉠ ———
㉡ 〰〰〰

• 세 가지 물건의 길이 비교하기

⇨ 자가 가장 깁니다.
지우개가 가장 짧습니다.

• 세 가지 물건의 길이를 비교할 때에는 '**가장 길다**', '**가장 짧다**'로 나타냅니다.

✎ 빈칸에 글자나 수를 따라 쓰세요.

❶ 두 가지 물건의 길이를 비교할 때에는 '**더 길다**', '**더 짧다**'로 나타냅니다.

❷ 세 가지 물건의 길이를 비교할 때에는 '**가장 길다**', '**가장 짧다**'로 나타냅니다.

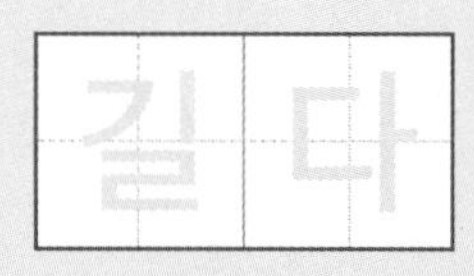

1 그림을 보고 알맞은 말에 ○표 하시오.

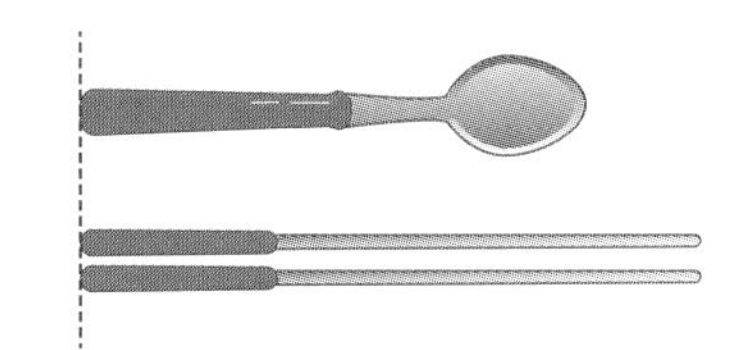

⇨ 젓가락은 숟가락보다 더
(짧습니다 , 깁니다).

2 더 짧은 것에 △표 하시오.

(1) 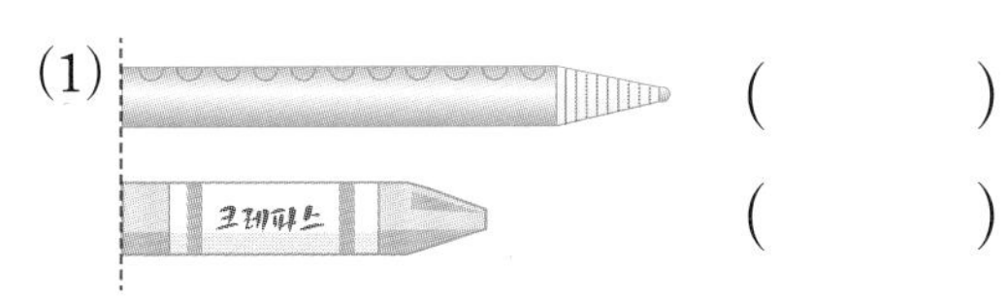

( )
( )

(2) 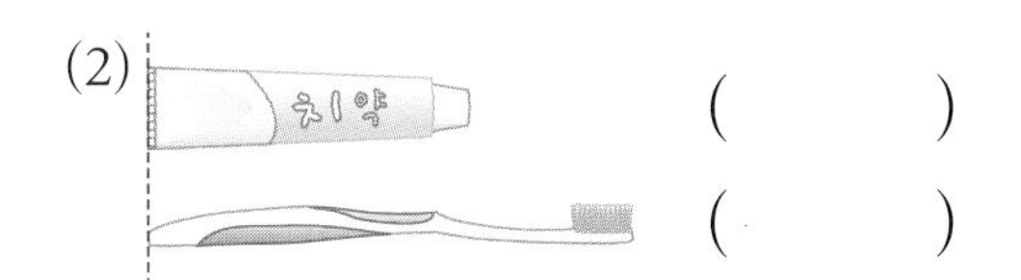

( )
( )

3 가장 긴 것에 ○표 하시오.

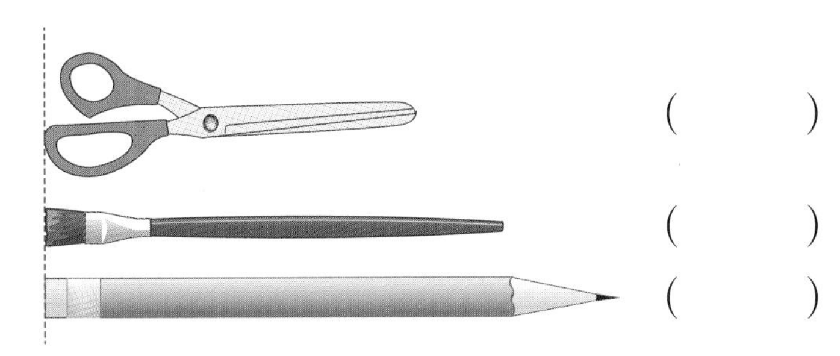

( )
( )
( )

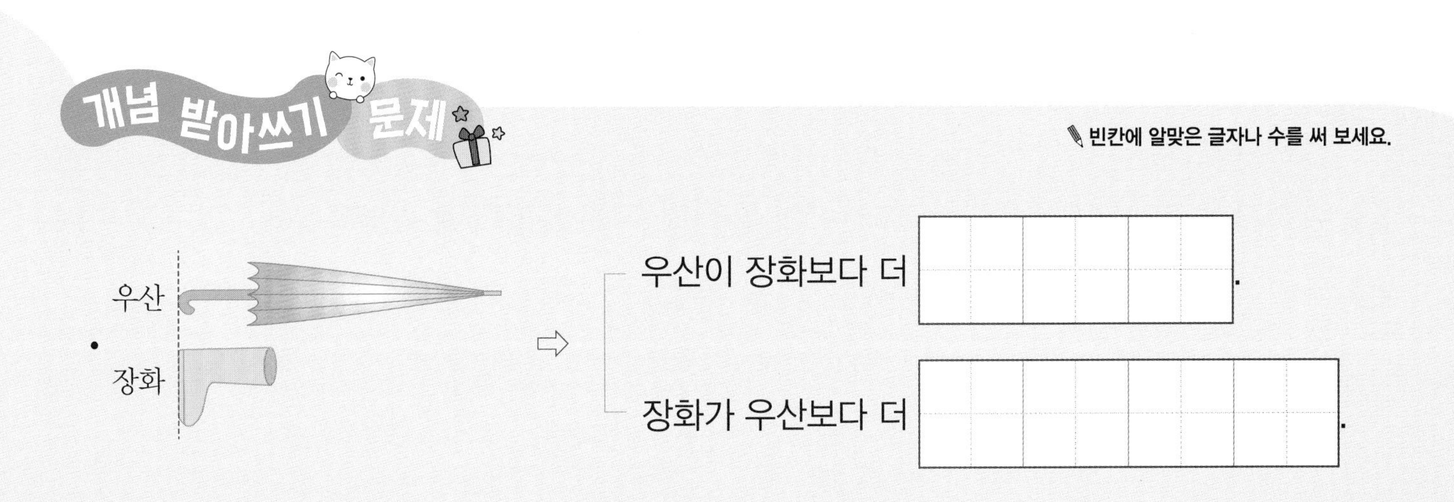

개념 파헤치기

개념 2 어느 것이 더 무거울까요

• 두 가지 물건의 무게 비교하기

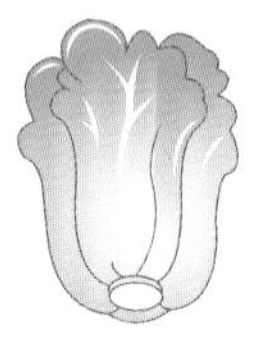

더 무겁다

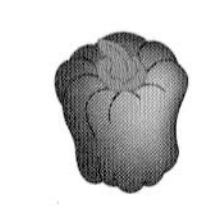

더 가볍다

⇨ 배추가 피망보다 더 무겁습니다.
피망이 배추보다 더 가볍습니다.

• 직접 들었을 때 힘이 더 드는 것이 더 무겁습니다.
• 두 가지 물건의 무게를 비교할 때에는 '**더 무겁다**', '더 가볍다'로 나타냅니다.

참고 시소에서는 무거우면 아래로 내려가고 가벼우면 위로 올라갑니다.

• 세 가지 물건의 무게 비교하기

가장 무겁다

가장 가볍다

⇨ 사과가 가장 무겁습니다.
딸기가 가장 가볍습니다.

• 세 가지 물건의 무게를 비교할 때에는 '**가장 무겁다**', '가장 가볍다'로 나타냅니다.

개념 받아쓰기

1. 두 가지 물건의 무게를 비교할 때에는 '더 무겁다', '더 가볍다'로 나타냅니다.
2. 세 가지 물건의 무게를 비교할 때에는 '가장 무겁다', '가장 가볍다'로 나타냅니다.

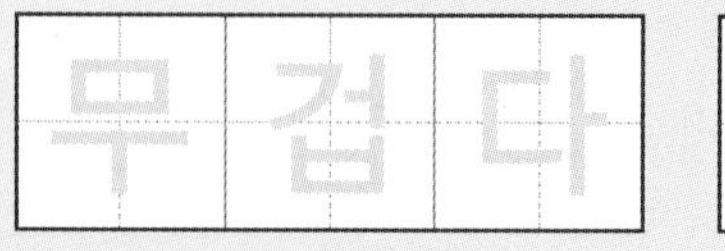

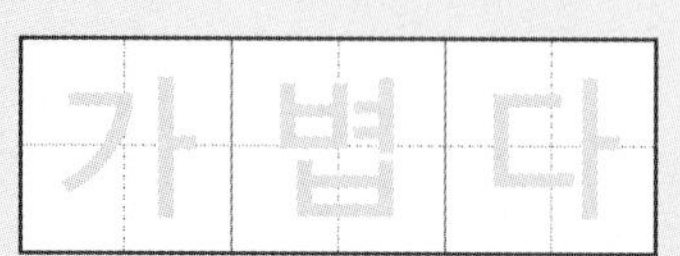

정답은 21쪽

기본 문제

1 그림을 보고 알맞은 말에 ○표 하시오.

농구공

풍선

⇨ 농구공은 풍선보다 더
(무겁습니다 , 가볍습니다).

2 더 가벼운 것에 △표 하시오.

(1)

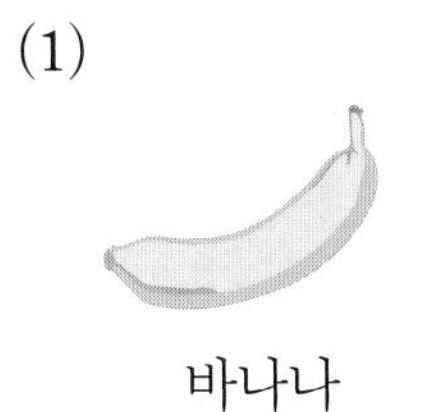
바나나
(　　　)

멜론
(　　　)

(2)

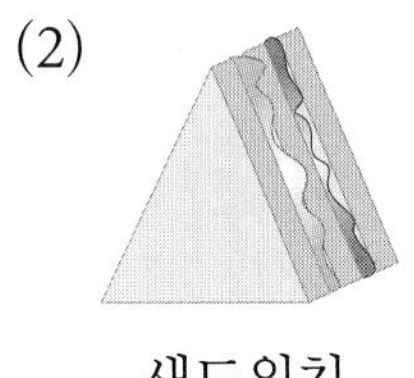
샌드위치
(　　　)

사탕
(　　　)

3 가장 무거운 것에 ○표 하시오

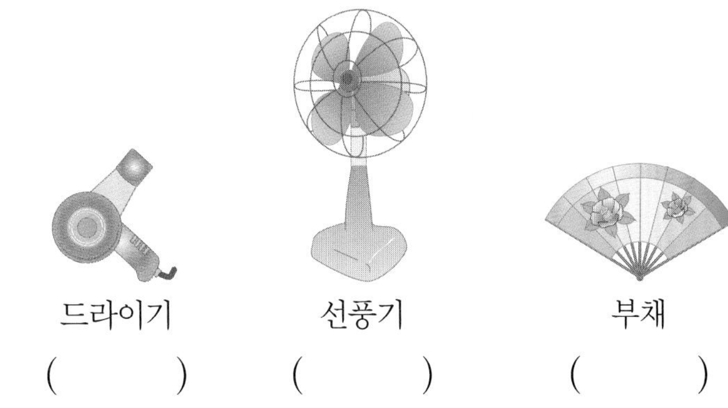
드라이기 (　　　)　선풍기 (　　　)　부채 (　　　)

수박

참외

⇨ 수박은 참외보다 더 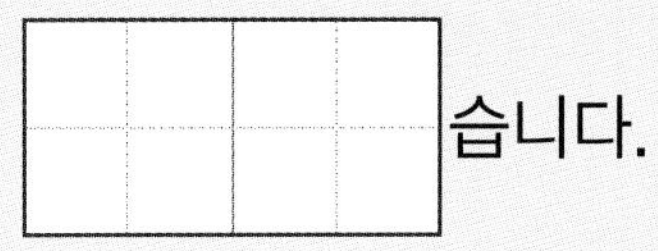 습니다.

참외는 수박보다 더 □□ 습니다.

STEP 2 개념 확인하기

개념 1 어느 것이 더 길까요

- 한쪽 끝을 맞추고 반대쪽 끝을 비교합니다.
- '길다', '   '라는 말을 사용합니다.

1 그림을 보고 알맞은 말에 ○표 하시오.

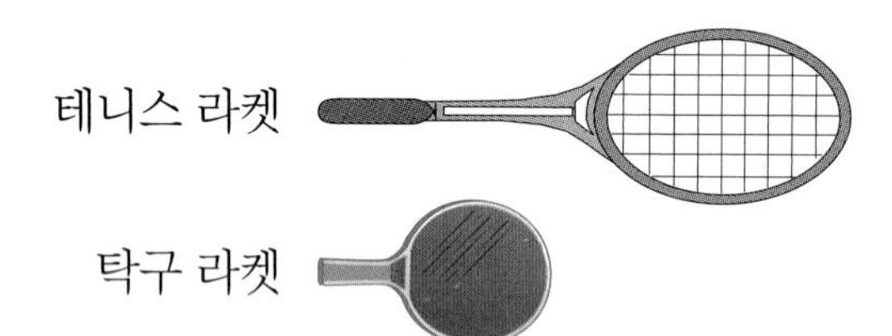

탁구 라켓은 테니스 라켓보다 더
(짧습니다 , 깁니다).

교과서 유형

2 더 짧은 것에 △표 하시오.

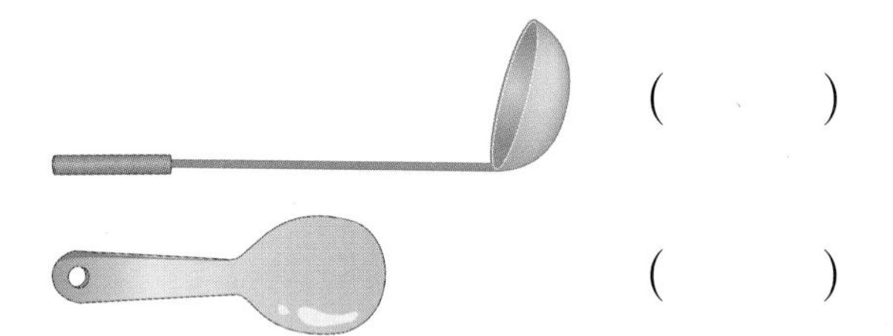

(   )

(   )

3 다음 중 길이를 비교하기 위해 바르게 놓은 것을 찾아 기호를 쓰시오.

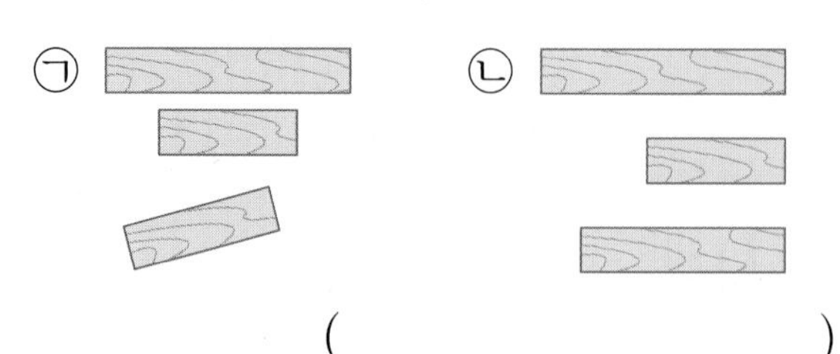

(   )

익힘책 유형

4 가장 긴 것에 ○표, 가장 짧은 것에 △표 하시오.

(   )

(   )

(   )

5 연필보다 더 긴 것에 모두 ○표 하시오.

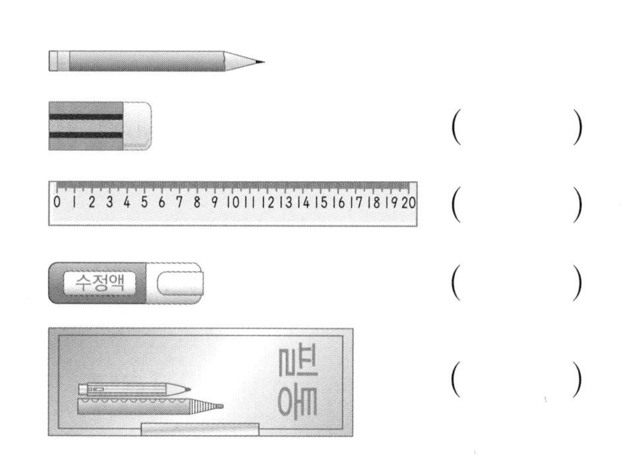

(   )

(   )

(   )

(   )

6 가장 긴 줄넘기를 찾아 기호를 쓰시오.

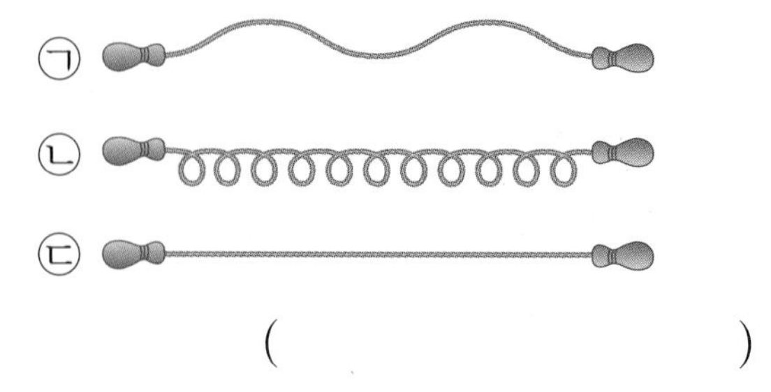

(   )

게임 학습

게임으로 학습을 즐겁게 할 수 있어요.
QR 코드를 찍어 보세요.

정답은 21쪽

개념 2 어느 것이 더 무거울까요

- 직접 들어서 비교합니다.
- '무겁다', '□'라는 말을 사용합니다.

7 그림을 보고 알맞은 말에 ○표 하시오.

배구공

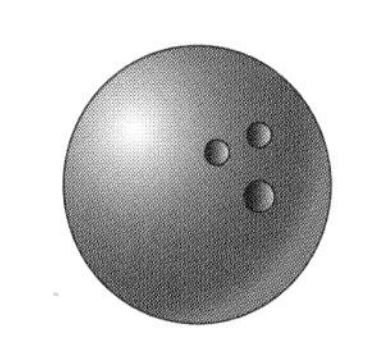

볼링공

배구공은 볼링공보다 더
(무겁습니다 , 가볍습니다).

8 더 가벼운 것에 △표 하시오.

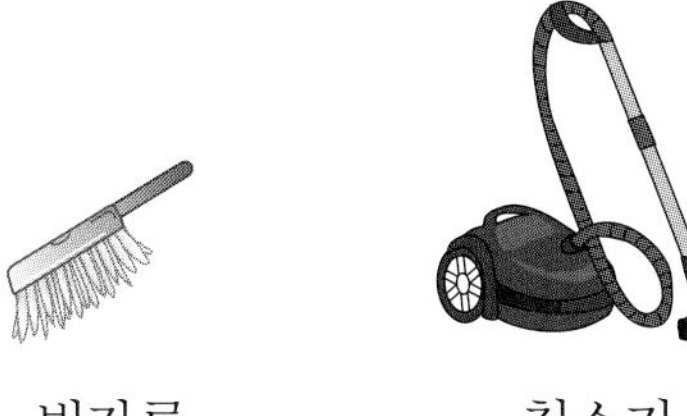

빗자루 (　　)　청소기 (　　)

교과서 유형

9 더 무거운 것에 ○표 하시오.

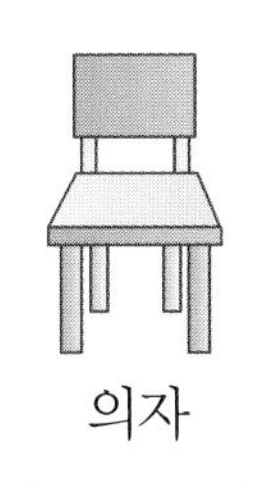

의자 (　　)　운동화 (　　)

10 가장 가벼운 것에 △표 하시오.

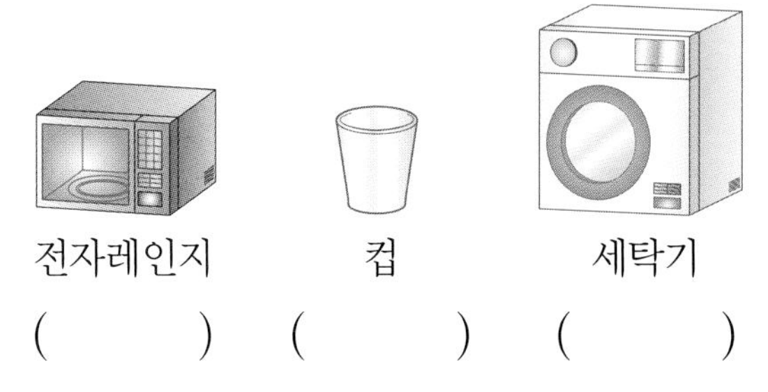

전자레인지 (　　)　컵 (　　)　세탁기 (　　)

11 가장 무거운 것에 ○표, 가장 가벼운 것에 △표 하시오.

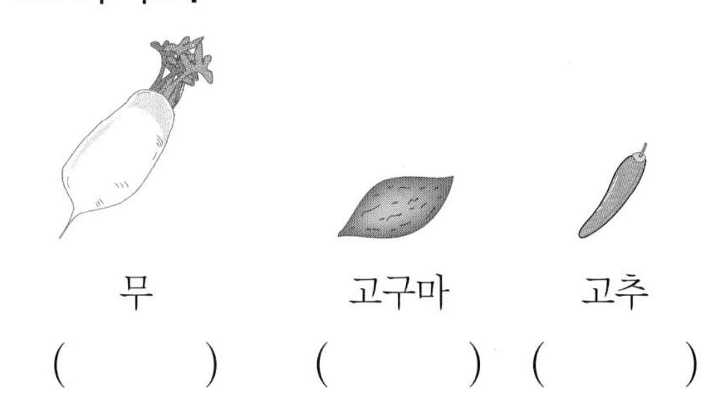

무 (　　)　고구마 (　　)　고추 (　　)

익힘책 유형

12 그림을 보고 □ 안에 알맞은 이름을 써넣으시오.

윤지　　현수

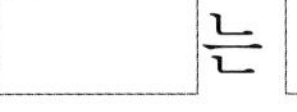

□는 □보다 더 무겁습니다.

개념 파헤치기

개념 3 어느 것이 더 넓을까요

• 두 가지 물건의 넓이 비교하기

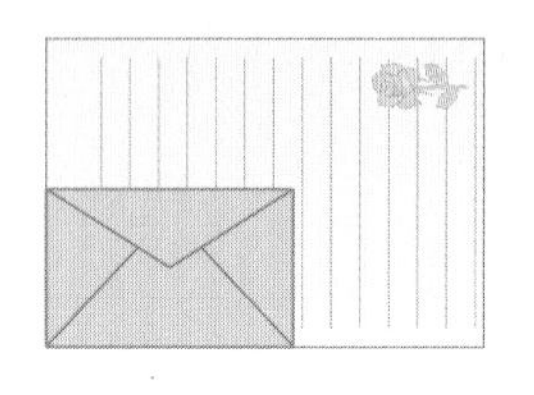

더 넓다 더 좁다

⇨ 편지지가 편지 봉투보다 더 넓습니다.
편지 봉투가 편지지보다 더 좁습니다.

• 겹쳐 보았을 때 남는 부분이 있는 것이 더 넓습니다.
• 두 가지 물건의 넓이를 비교할 때에는 '**더 넓다**', '**더 좁다**'로 나타냅니다.

• 세 가지 물건의 넓이 비교하기

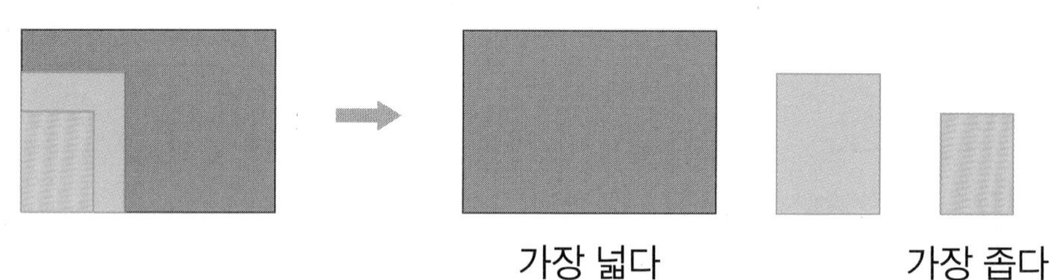

가장 넓다 가장 좁다

⇨ 빨간색 색종이가 가장 넓습니다.
초록색 색종이가 가장 좁습니다.

• 세 가지 물건의 넓이를 비교할 때에는 '**가장 넓다**', '**가장 좁다**'로 나타냅니다.

✎ 빈칸에 글자나 수를 따라 쓰세요.

❶ 두 가지 물건의 넓이를 비교할 때에는 '**더 넓다**', '**더 좁다**'로 나타냅니다.

❷ 세 가지 물건의 넓이를 비교할 때에는 '**가장 넓다**', '**가장 좁다**'로 나타냅니다.

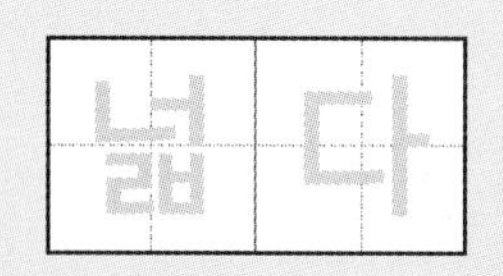

1 그림을 보고 알맞은 말에 ○표 하시오.

스마트폰

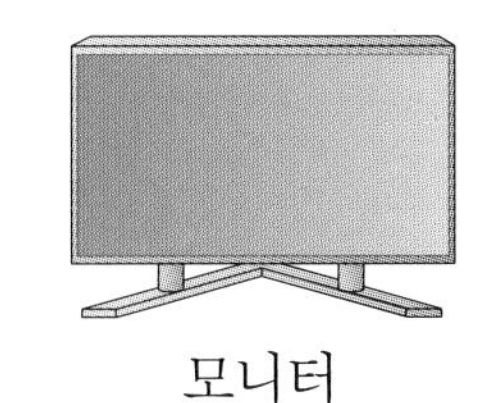
모니터

⇨ 모니터는 스마트폰보다 더
(넓습니다 , 좁습니다).

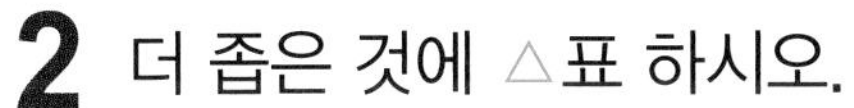

2 더 좁은 것에 △표 하시오.

(1)

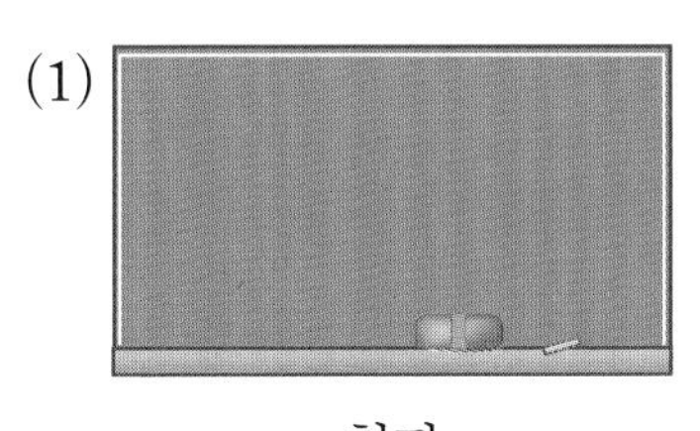
칠판
(　　　)

태극기
(　　　)

(2)

손수건
(　　　)

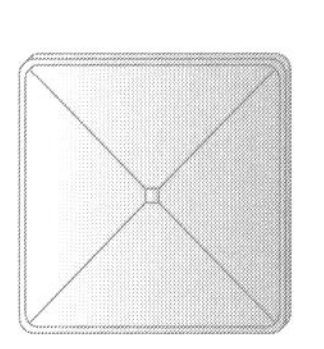
방석
(　　　)

3 가장 넓은 것에 ○표 하시오.

시계
(　　　)

액자
(　　　)

거울
(　　　)

빈칸에 알맞은 글자나 수를 써 보세요.

달력

동화책

⇨ 달력이 동화책보다 더 □□습니다.

동화책이 달력보다 더 □□습니다.

개념 4 어느 것에 더 많이 담을 수 있을까요

• 담을 수 있는 양 비교하기

두 가지 그릇인 경우

더 많다　　더 적다

세 가지 그릇인 경우

가장 많다　　가장 적다

- 그릇의 크기가 클수록 담을 수 있는 양이 더 많습니다.
- 두 가지 그릇에 담을 수 있는 양을 비교할 때에는 '**더 많다**', '더 적다'로 나타냅니다.
- 세 가지 그릇에 담을 수 있는 양을 비교할 때에는 '**가장 많다**', '가장 적다'로 나타냅니다.

• 담긴 양 비교하기

그릇이 같은 경우

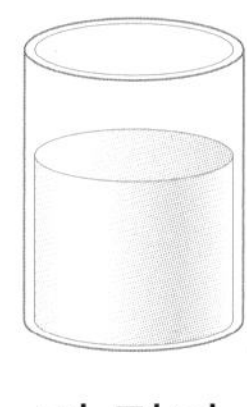

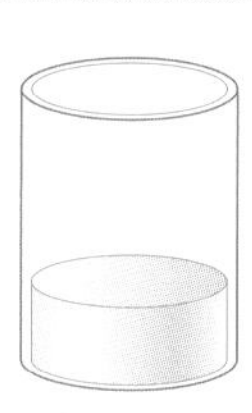

더 많다　　더 적다

높이가 같은 경우

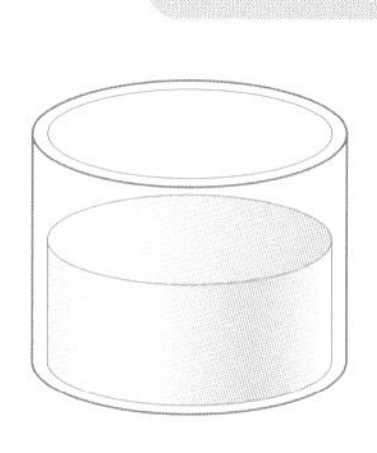

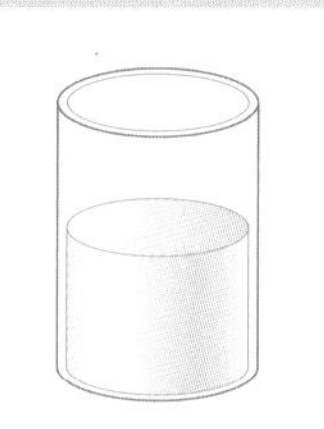

가장 많다　　가장 적다

- 그릇의 모양과 크기가 같을 때에는 물의 높이가 높을수록 담긴 물의 양이 더 많습니다.
- 물의 높이가 같을 때에는 그릇의 크기가 클수록 담긴 물의 양이 더 많습니다.

개념 받아쓰기

1. 두 가지 그릇에 담을 수 있는 양을 비교할 때에는 '더 많다', '더 적다'로 나타냅니다.
2. 세 가지 그릇에 담을 수 있는 양을 비교할 때에는 '가장 많다', '가장 적다'로 나타냅니다.

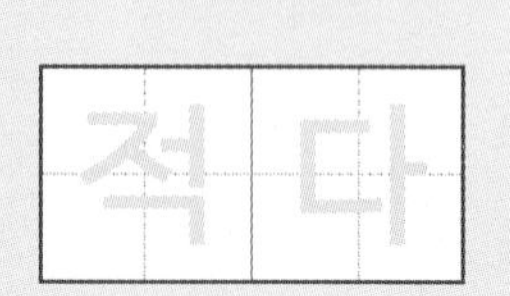

1 담을 수 있는 양이 더 많은 것에 ○표 하시오.

(1)

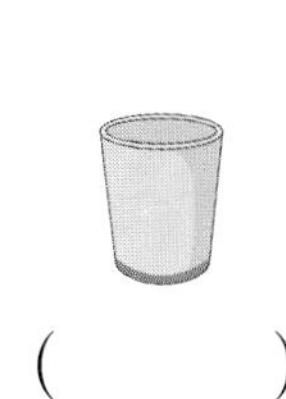

( )

( )

(2)

( )

( )

2 물이 더 적게 담긴 것에 △표 하시오.

(1)

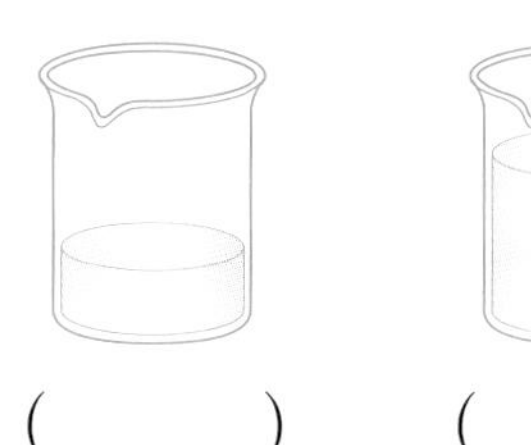

( ) ( )

(2)

( ) ( )

3 물이 더 많이 담긴 것에 ○표 하시오.

(1)

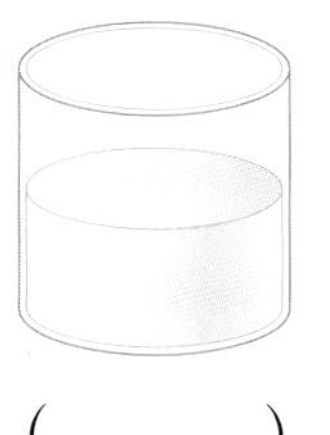

( ) ( )

(2)

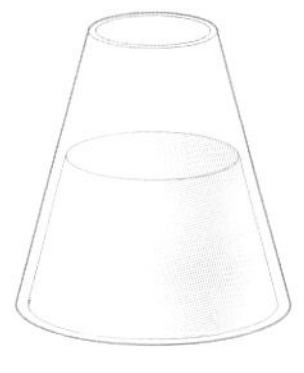

( ) ( )

항아리

주전자

⇨ 항아리는 주전자보다 담을 수 있는 양이 더  습니다.

주전자는 항아리보다 담을 수 있는 양이 더  습니다.

2 개념 확인하기

개념3 어느 것이 더 넓을까요

- 겹쳐서 비교합니다.
- '**넓다**', '　　　　'라는 말을 사용합니다.

1 그림을 보고 알맞은 말에 ○표 하시오.

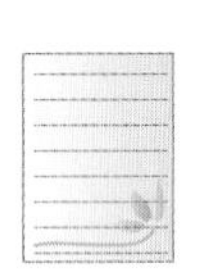

달력　　메모지

메모지는 달력보다 더
(넓습니다 , 좁습니다).

교과서 유형

2 더 넓은 것에 ○표 하시오.

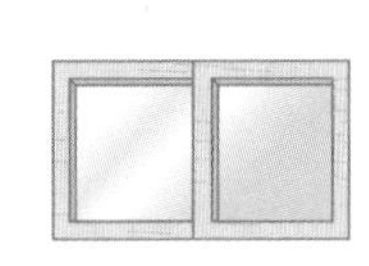

(　　　) (　　　)

3 가장 좁은 것에 △표 하시오

(　　　) (　　　) (　　　)

4 가장 넓은 것에 ○표, 가장 좁은 것에 △표 하시오.

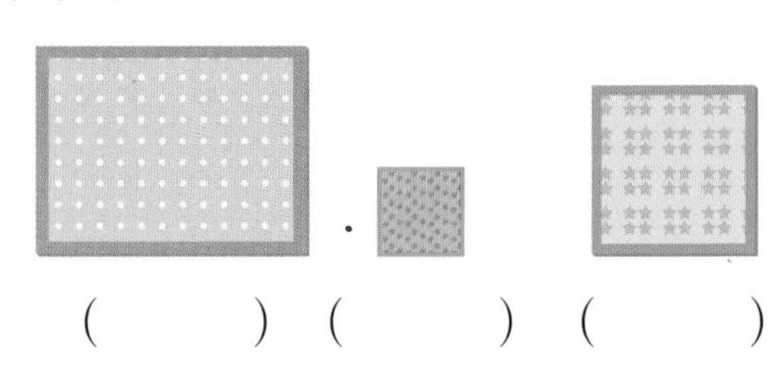

(　　　) (　　　) (　　　)

익힘책 유형

5 한 칸의 넓이는 모두 같습니다. ㉠, ㉡, ㉢ 중에서 색칠한 부분이 가장 넓은 것을 찾아 기호를 쓰시오.

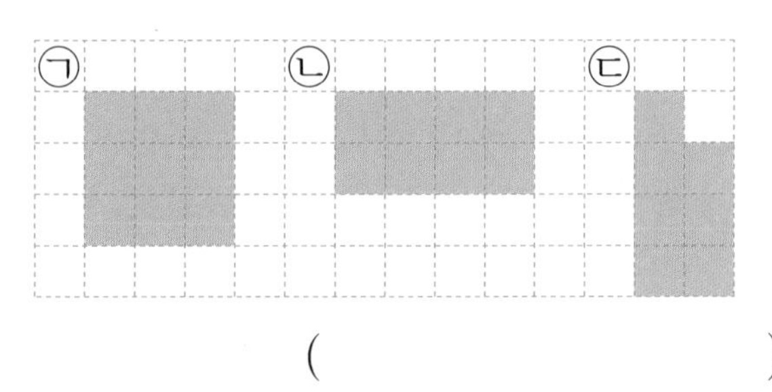

(　　　　　　)

6 □보다 넓고 ■보다 좁은 □ 모양을 그려 보시오.

게임 학습
게임으로 학습을 즐겁게 할 수 있어요.
QR 코드를 찍어 보세요.

정답은 23쪽

개념4 어느 것에 더 많이 담을 수 있을까요

- 그릇의 크기를 비교합니다.
- 담긴 높이를 비교합니다.
- '많다', [ ]'라는 말을 사용합니다.

7 담을 수 있는 양이 더 적은 것에 △표 하시오.

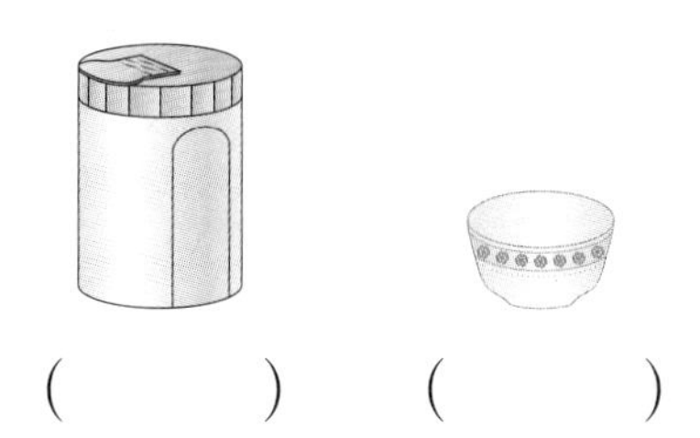

( ) ( )

교과서 유형

8 물이 더 많이 담긴 것에 ○표 하시오.

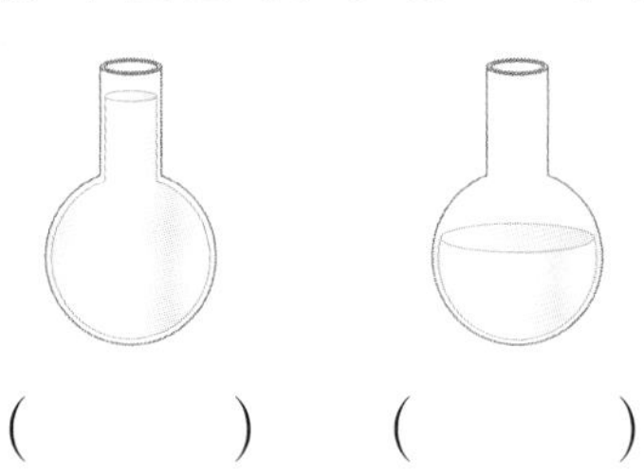

( ) ( )

9 물이 더 적게 담긴 것에 △표 하시오.

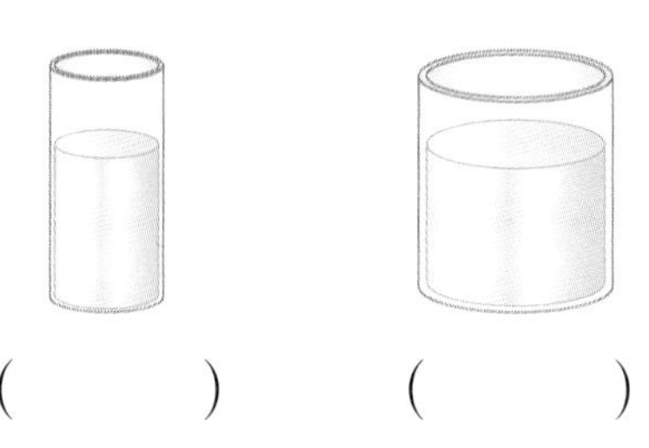

( ) ( )

10 그림을 보고 □ 안에 알맞은 말을 써넣으시오.

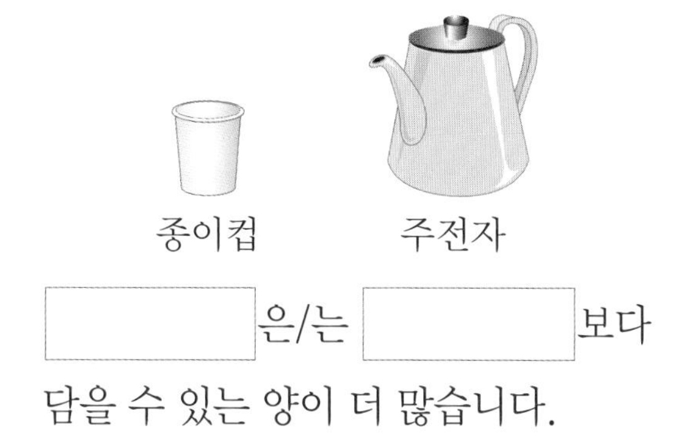

[ ]은/는 [ ]보다
담을 수 있는 양이 더 많습니다.

익힘책 유형

11 담을 수 있는 양이 가장 많은 것에 ○표, 가장 적은 것에 △표 하시오.

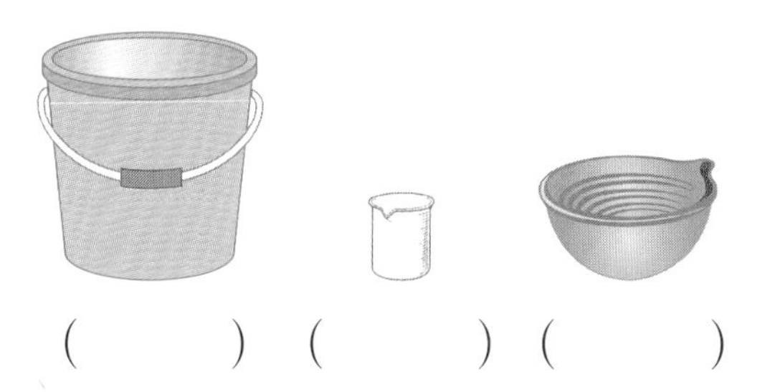

( ) ( ) ( )

12 그림을 보고 바르게 설명한 것을 찾아 기호를 쓰시오.

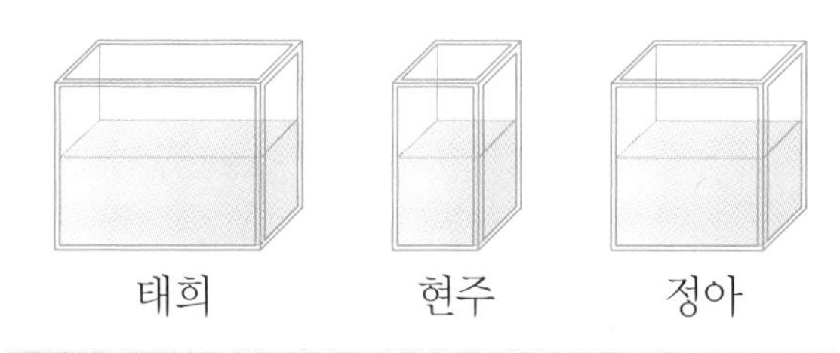

㉠ 태희가 물을 가장 많이 담았습니다.
㉡ 정아가 물을 가장 적게 담았습니다.

( )

4 비교하기

점수

STEP 3 단원 마무리 평가

4. 비교하기

1 더 짧은 것에 △표 하시오.

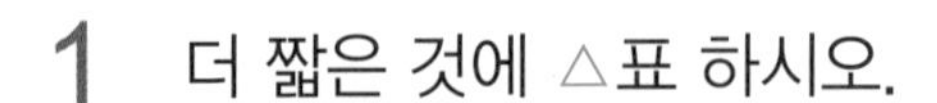

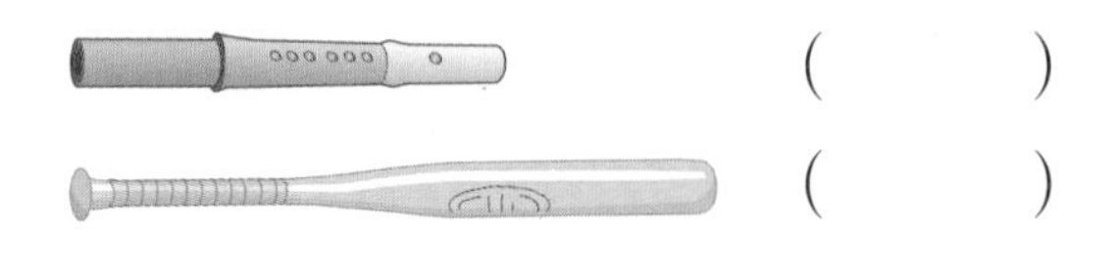

( )
( )

2 더 무거운 것에 ○표 하시오.

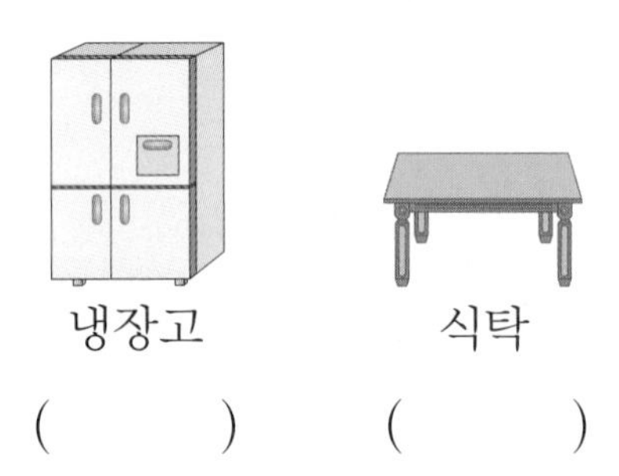

냉장고 ( )　　식탁 ( )

3 더 넓은 것에 ○표 하시오.

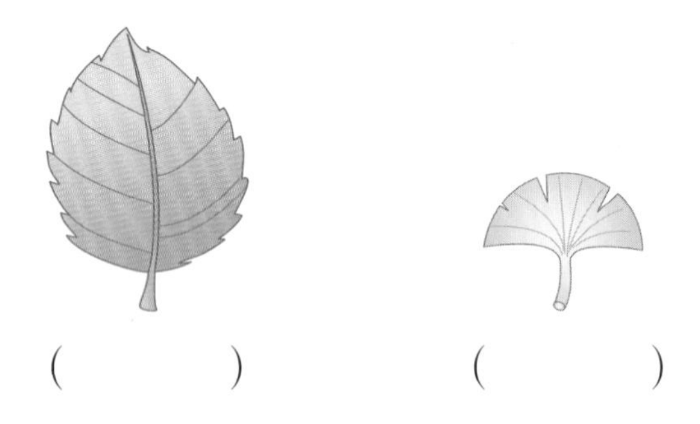

( )　　( )

4 물이 더 적게 담긴 것에 △표 하시오.

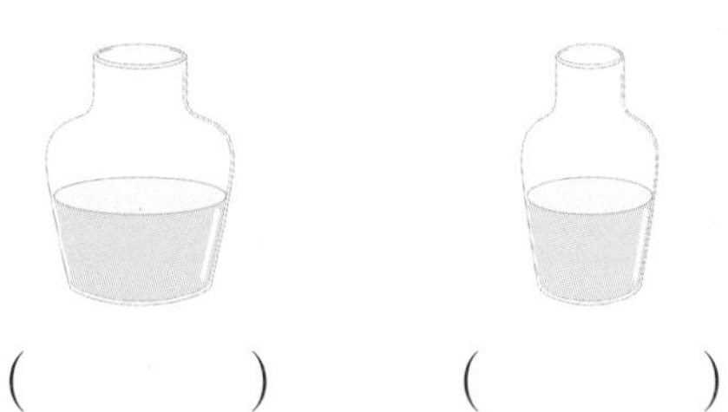

( )　　( )

5 알맞은 것끼리 이어 보시오.

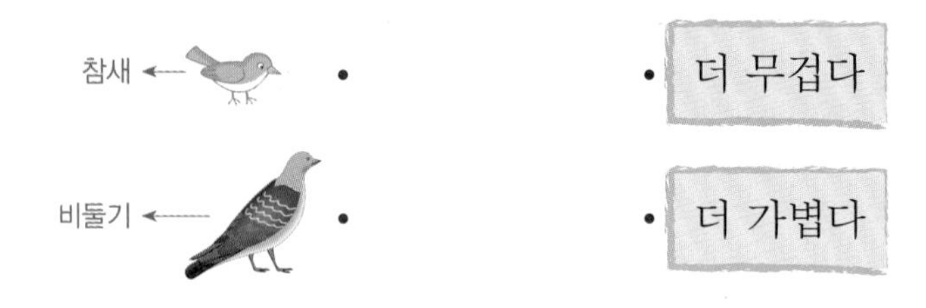

6 가장 짧은 것에 △표 하시오.

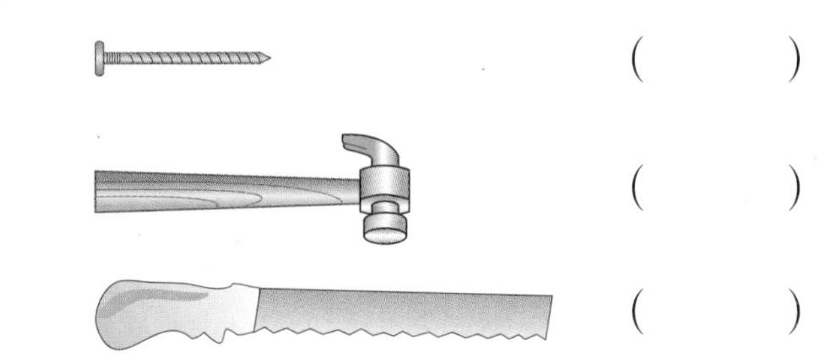

( )
( )
( )

7 가장 가벼운 것에 △표 하시오.

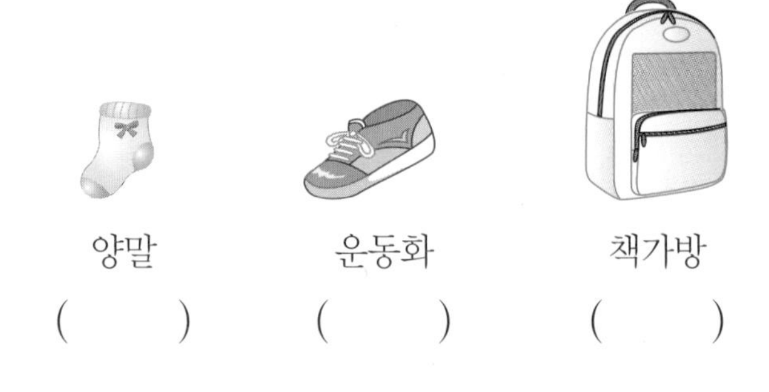

양말 ( )　　운동화 ( )　　책가방 ( )

8 가장 긴 것에 ○표, 가장 짧은 것에 △표 하시오.

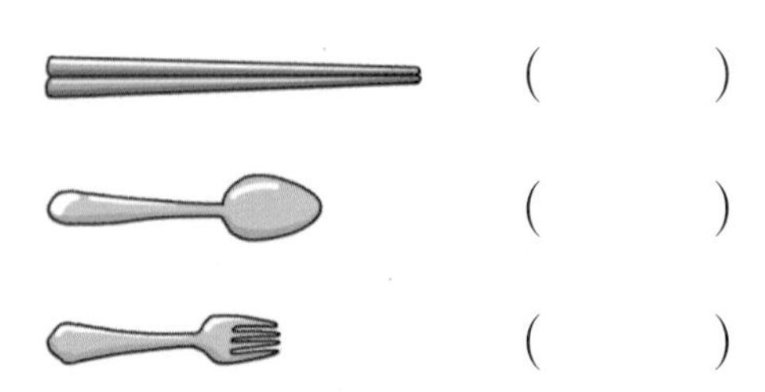

( )
( )
( )

9 가장 넓은 것에 ○표, 가장 좁은 것에 △표 하시오.

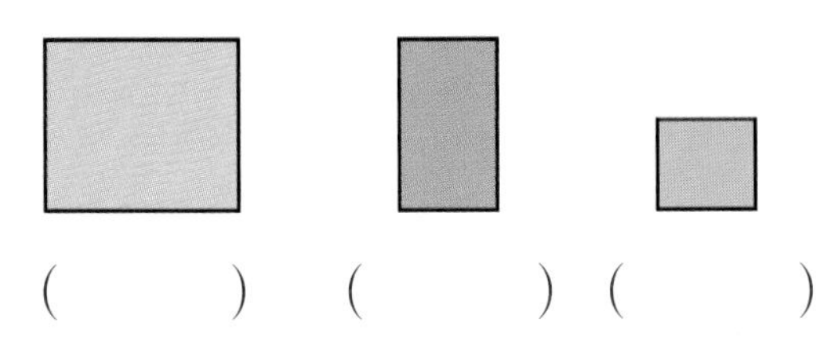

( ) ( ) ( )

10 가장 긴 것에 ○표, 가장 짧은 것에 △표 하시오.

( )
( )
( )

11 •보기•의 그릇에 담긴 물을 모두 옮겨 담았을 때 물이 넘치지 않는 것에 ○표 하시오.

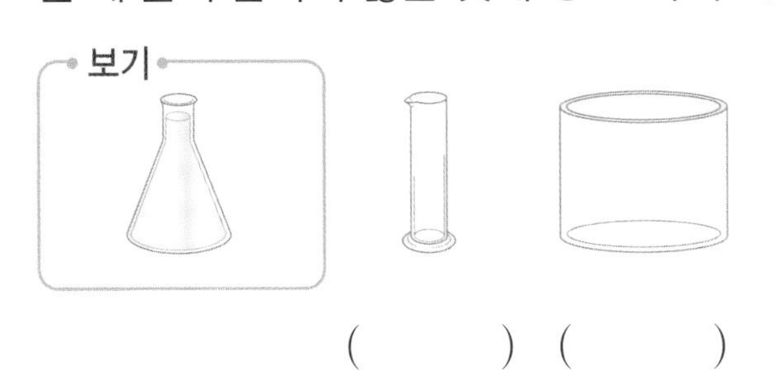

( ) ( )

12 보트에 탈 수 있는 사람은 2명까지입니다. 어떤 동물과 같이 타야 가라앉지 않습니까?

( )

유사문제

13 물이 적게 담긴 것부터 차례로 기호를 쓰시오.

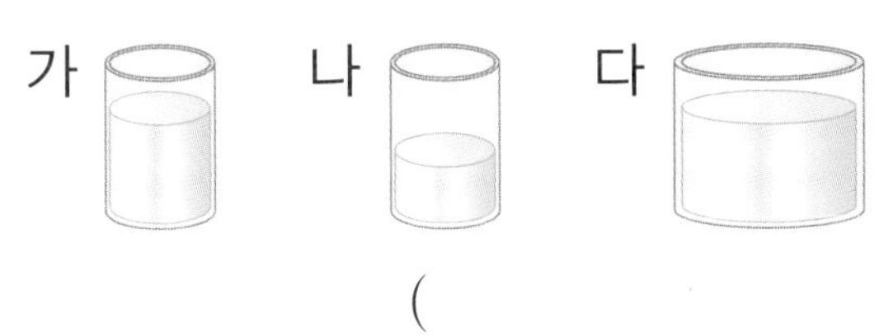

( )

14 수첩, 달력, 공책 중에서 가장 넓은 것은 어느 것인지 풀이 과정을 완성하고 답을 구하시오.

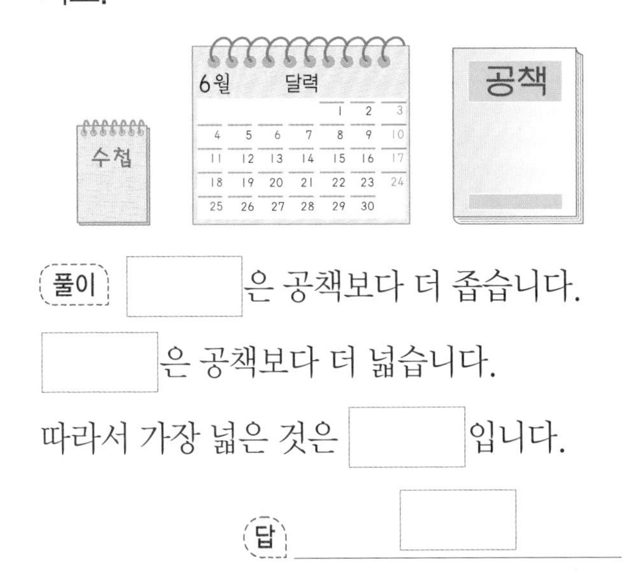

풀이 [ ]은 공책보다 더 좁습니다.

[ ]은 공책보다 더 넓습니다.

따라서 가장 넓은 것은 [ ]입니다.

답 [ ]

4 비교하기

15 왼쪽 그릇에 담긴 물을 모두 옮겨 담으면 어떻게 될지 그려 보시오.

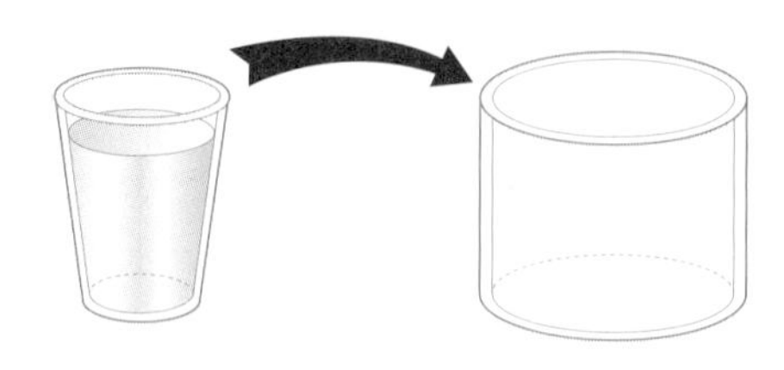

16 집에서 학교까지 가는 길이 다음과 같습니다. 어느 길이 가장 깁니까?

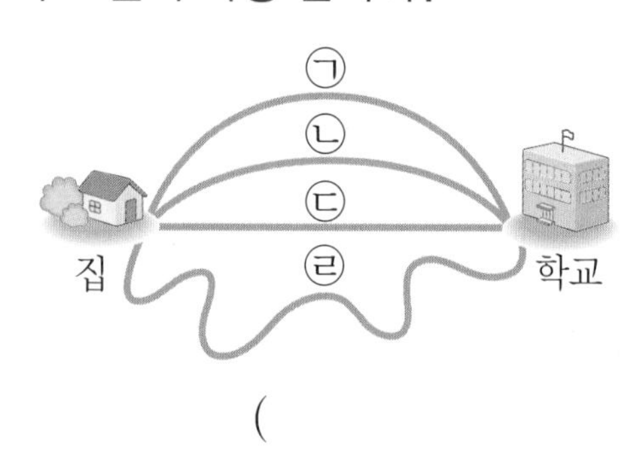

( )

17 똑같은 색종이를 선을 따라 모두 잘랐을 때 가장 넓은 조각을 갖게 되는 사람은 누구입니까?

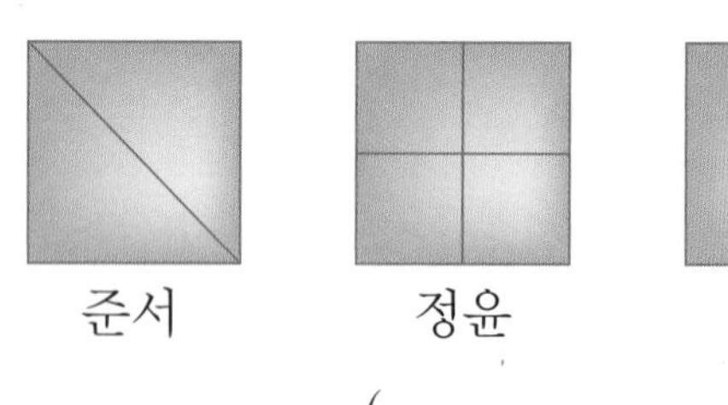

( )

18 자루 안에 어떤 물건이 들어 있는지 알맞게 이어 보시오.

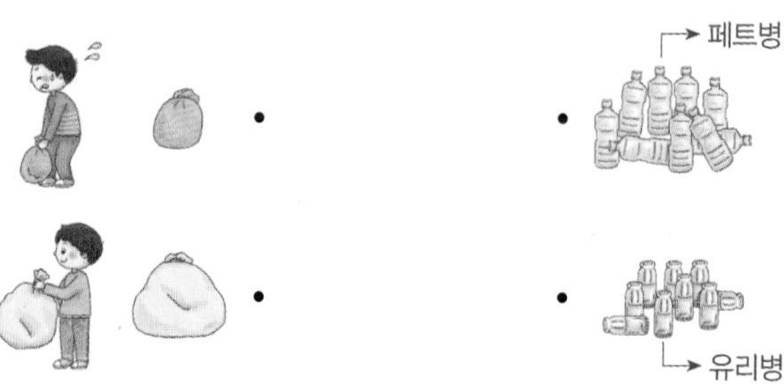

19 한 칸의 넓이는 모두 같습니다. ㉠과 ㉡ 중에서 어느 것이 더 넓습니까?

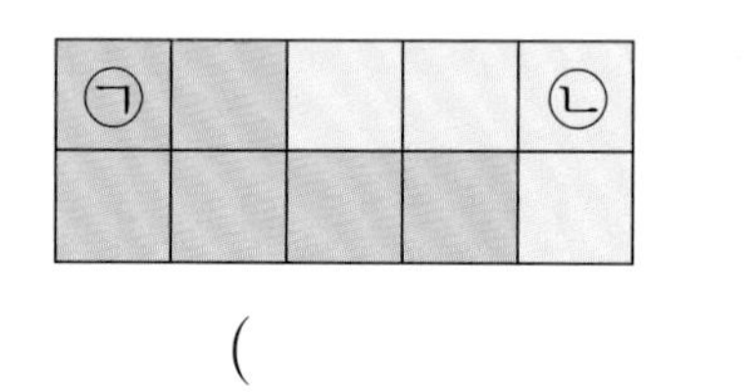

( )

20 정환이와 지혜는 똑같은 음료수를 1병씩 사서 다음과 같이 음료수 병보다 작은 컵에 가득 따랐습니다. 음료수 병에 남은 음료수가 더 많은 사람은 누구입니까?

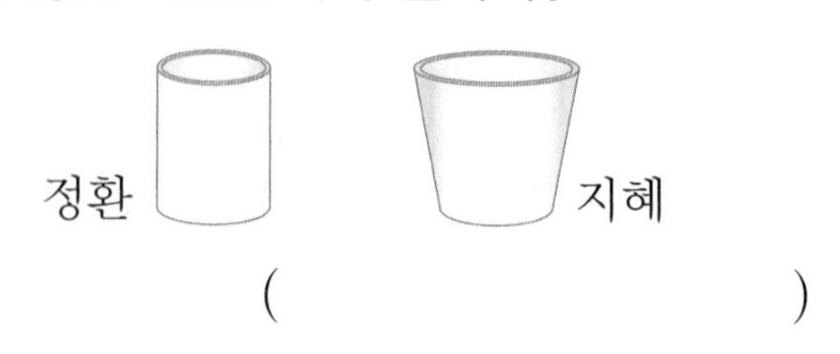

( )

QR 코드를 찍어 게임을 해 보고 이번 단원을 확실히 익혀 보세요!

마무리 개념완성

정답은 24쪽

1 길이를 비교할 때에는 한쪽 끝을 맞추고 반대쪽 끝을 비교합니다. (○ , ×)

2 세 가지 물건의 길이를 비교할 때에는 '가장 길다', '가장 [　　　]'로 나타냅니다.

두 가지 물건의 길이를 비교할 때에는 '더 길다', '더 짧다'로 나타냅니다.

3 무게를 비교할 때에는 직접 들어서 비교합니다. (○ , ×)

4 세 가지 물건의 무게를 비교할 때에는 '가장 무겁다', '가장 [　　　]'로 나타냅니다.

두 가지 물건의 무게를 비교할 때에는 '더 무겁다', '더 가볍다'로 나타냅니다.

5 서로 겹쳐 보았을 때 남는 부분이 있는 것이 더 좁습니다. (○ , ×)

6 세 가지 물건의 넓이를 비교할 때에는 '가장 넓다', '가장 [　　　]'로 나타냅니다.

두 가지 물건의 넓이를 비교할 때에는 '더 넓다', '더 좁다'로 나타냅니다.

7 그릇의 크기가 클수록 담을 수 있는 양이 더 많습니다. (○ , ×)

8 세 가지 그릇에 담을 수 있는 양을 비교할 때에는 '가장 많다', '가장 [　　　]'로 나타냅니다.

두 가지 그릇에 담을 수 있는 양을 비교할 때에는 '더 많다', '더 적다'로 나타냅니다.

개념 공부를 완성했다!

50까지의 수

제5화 겨울 식량으로 모은 도토리의 수

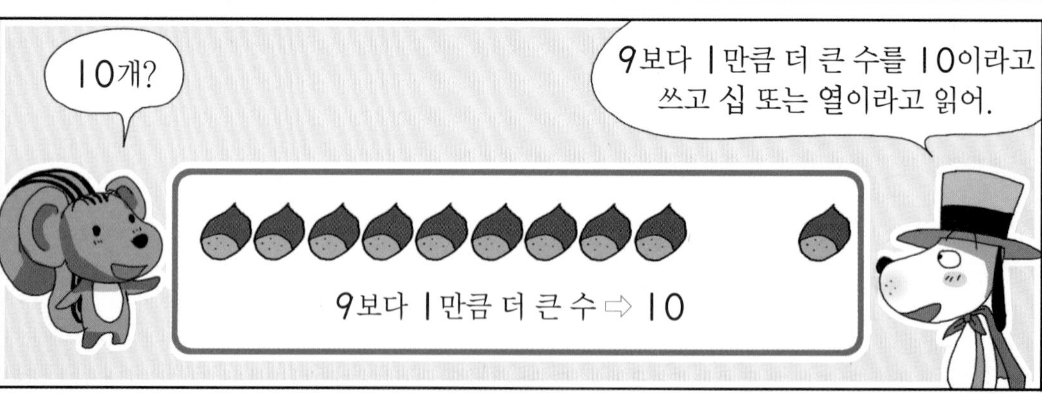

이전에 배운 내용	이번에 배울 내용	앞으로 배울 내용
[1-1 9까지의 수] • 9까지의 수와 수의 순서 • 9까지의 수의 크기 비교 [1-1 덧셈과 뺄셈] • 2부터 9까지의 수 모으기와 가르기	• 10, 십몇 알아보기 • 10, 십몇 모으기와 가르기 • 10개씩 묶어 세기 • 50까지의 수 세기 • 수의 순서, 수의 크기 비교	[1-2 100까지의 수] • 몇십 알아보기 • 100까지의 수 알아보기 • 수의 순서, 수의 크기 비교 • 짝수, 홀수 알아보기

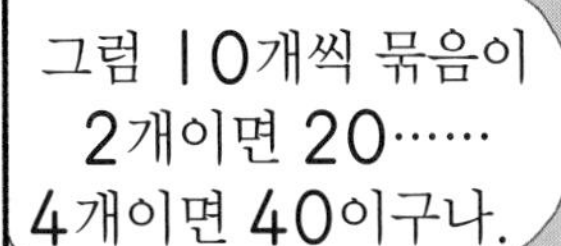

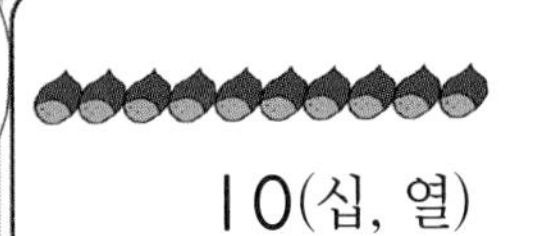

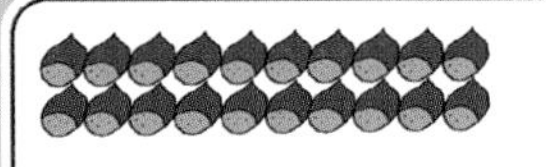

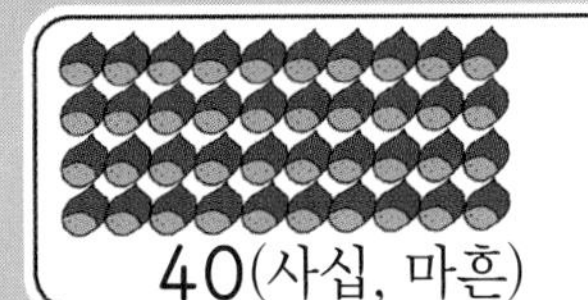

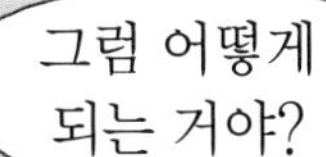

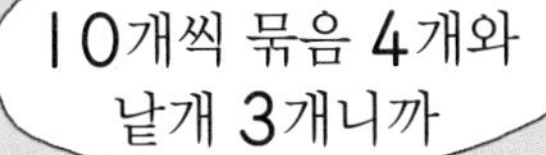

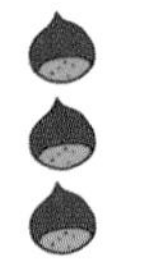

43

사십삼
마흔셋

개념 파헤치기

개념 1 10을 알아볼까요

개념 동영상

• 10 알아보기

1 2 3 4 5 6 7 8 9

9 구 아홉

9보다 1만큼 더 큰 수 →

1 2 3 4 5 6 7 8 9 10

10 십 열

• 10의 크기 알아보기

10 — 9보다 1만큼 더 큰 수입니다.
8보다 2만큼 더 큰 수입니다.
7보다 3만큼 더 큰 수입니다.

• 10 모으기와 가르기

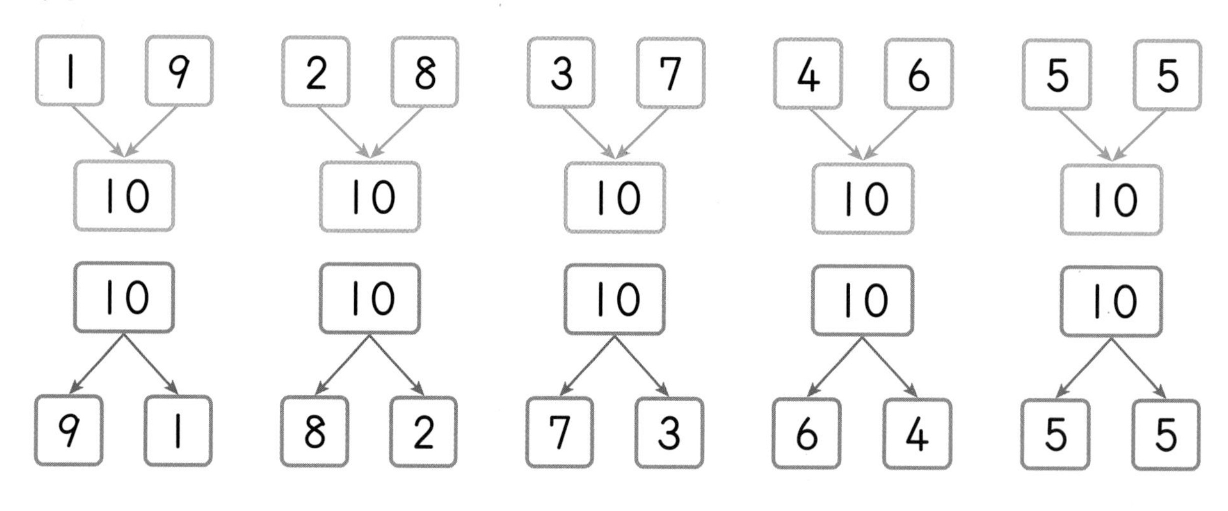

빈칸에 글자나 수를 따라 쓰세요.

❶ 9보다 1만큼 더 큰 수를 [1 0] 이라고 합니다.

❷ 10은 [십] 또는 [열] 이라고 읽습니다.

정답은 25쪽

기본 문제

1 그림을 보고 □ 안에 알맞은 수를 써넣으시오.

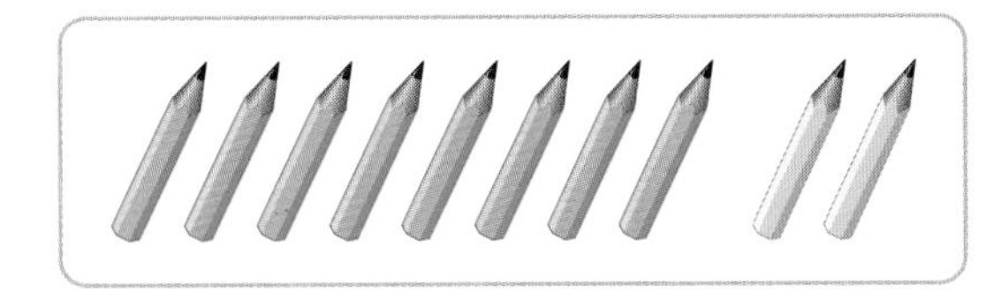

8보다 2만큼 더 큰 수를 □이라고 합니다.

2 그림을 보고 빈칸에 알맞은 수를 써넣으시오.

(1)

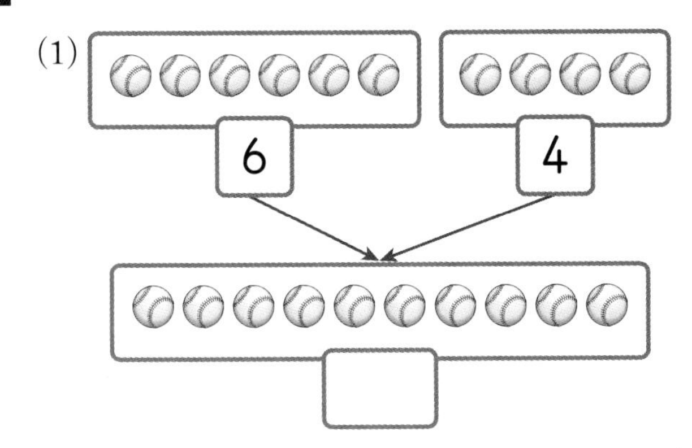

(2)

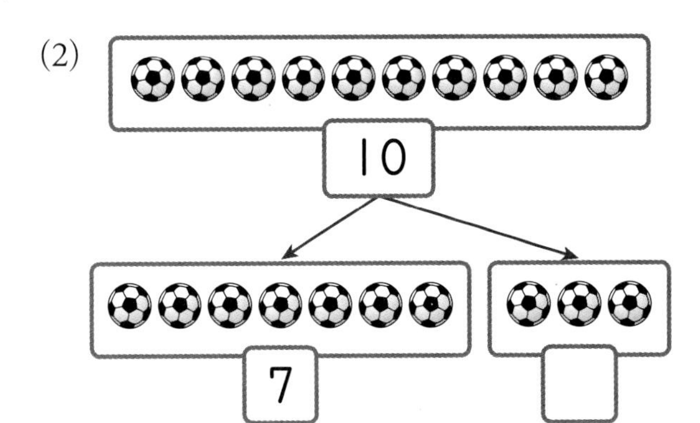

3 10개인 것을 모두 찾아 십이라 써 보시오.

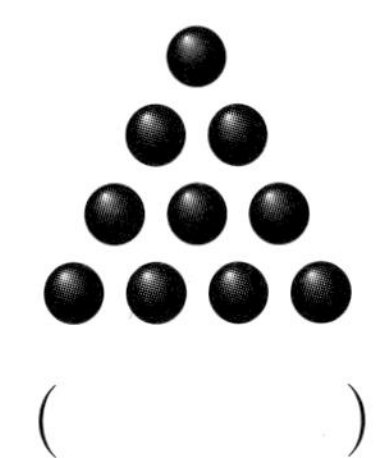

( ) ( ) ( )

빈칸에 알맞은 글자나 수를 써 보세요.

• 9보다 1만큼 더 큰 수를 이라고 합니다.

• 10은  또는 □이라고 읽습니다.

STEP 1 개념 파헤치기

개념 2 십몇을 알아볼까요

• 십몇 알아보기

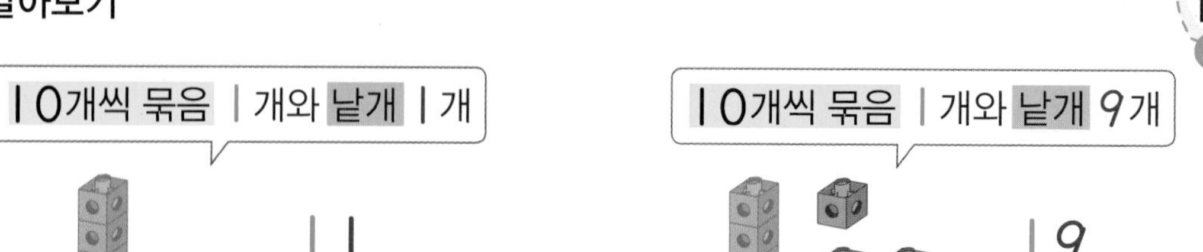

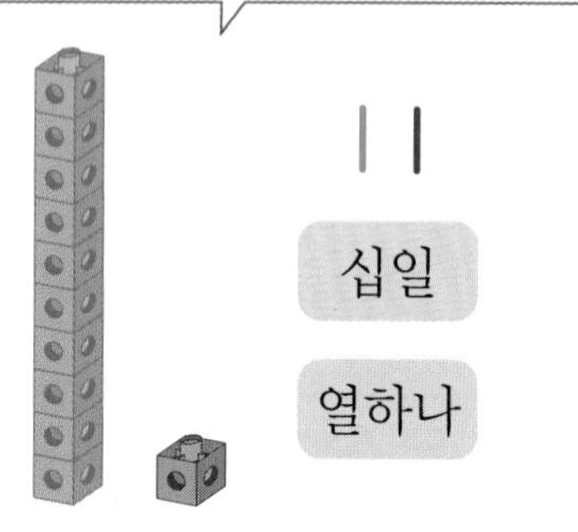

• 11부터 19까지의 수 쓰고 읽기

11	12	13	14	15	16	17	18	19
십일	십이	십삼	십사	십오	십육	십칠	십팔	십구
열하나	열둘	열셋	열넷	열다섯	열여섯	열일곱	열여덟	열아홉

주의 11을 십하나 또는 열일과 같이 읽지 않습니다.

• 10개씩 묶음 1개와 낱개로 나타내기

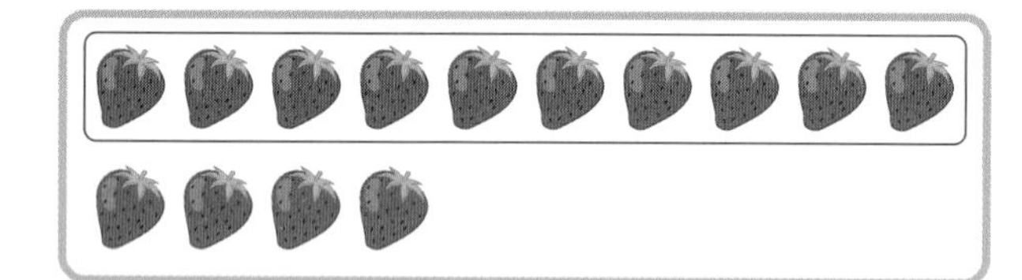

10개씩 묶음 1개, 낱개 4개 ⇨ 14

❶ 10개씩 묶음 1개와 낱개 2개는 [1][2] 입니다.

❷ 12는 [십][이] 또는 [열][둘] 이라고 읽습니다.

정답은 25쪽

기본 문제

1 그림을 보고 □ 안에 알맞은 수를 써넣으시오.

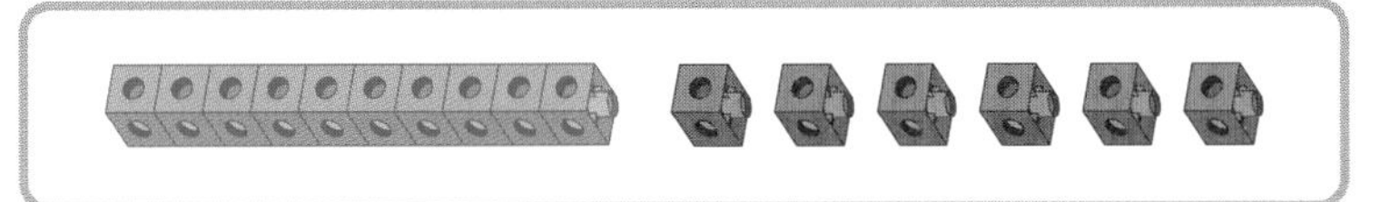

10개씩 묶음 1개와 낱개 6개는 □ 입니다.

2 10개씩 묶어서 세어 보고 □ 안에 알맞은 수를 써넣으시오.

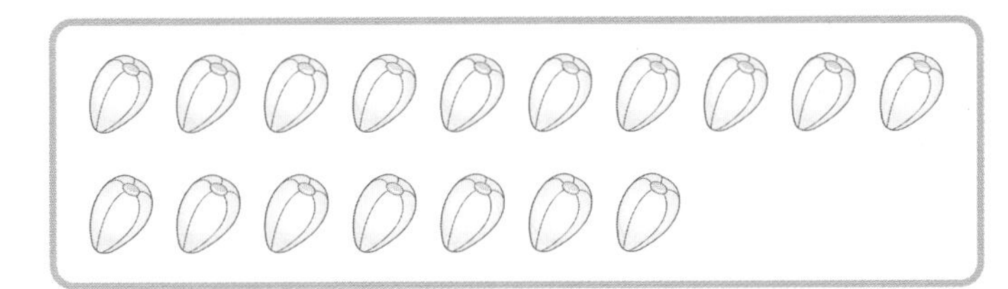

10개씩 묶음 □ 개
낱개 □ 개
⇨ □

3 같은 수끼리 이어 보시오.

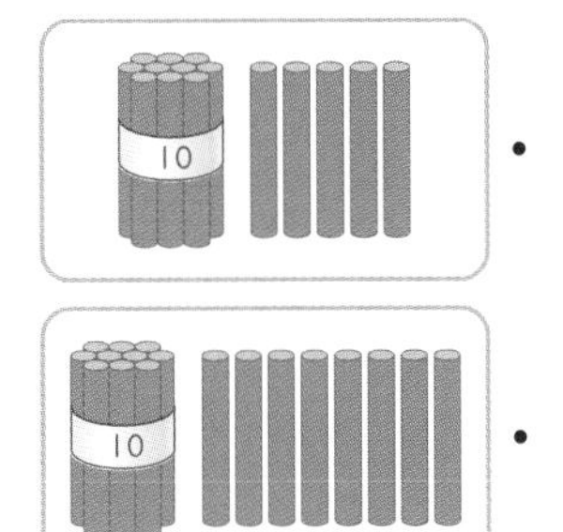

•	• 15 •	• 열아홉
•	• 18 •	• 열여덟
	• 19 •	• 열다섯

• 10개씩 묶음 1개와 낱개 3개는 □ 입니다.

• 13은 □ 또는 □ 이라고 읽습니다.

개념 파헤치기

개념 3 모으기를 해 볼까요

개념 동영상

• 그림을 이용하여 수 모으기

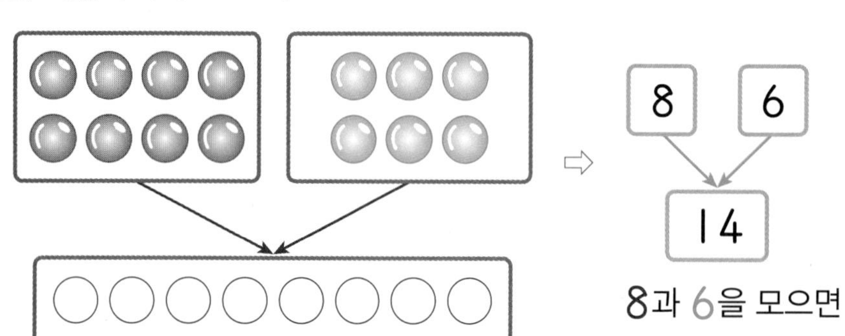

8과 6을 모으면
14입니다.

빨간 구슬 8개와 파란 구슬 6개만큼 ○를 그려서 수를 세어 보면 14개입니다.

• 이어서 세기로 수 모으기

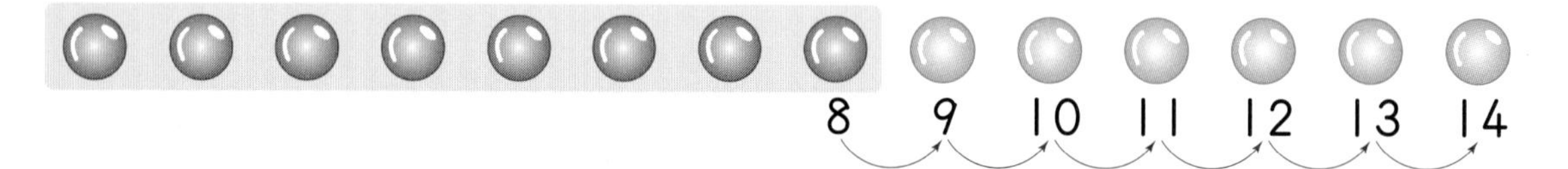

8 바로 뒤의 수부터 6개의 수를 이어서 세면 9, 10, 11, 12, 13, 14입니다.
⇨ 8과 6을 모으면 14입니다.

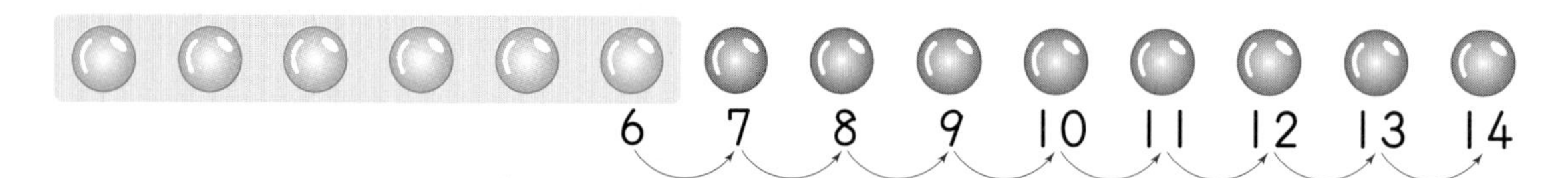

6 바로 뒤의 수부터 8개의 수를 이어서 세면 7, 8, 9, 10, 11, 12, 13, 14입니다.
⇨ 6과 8을 모으면 14입니다.

개념 받아쓰기

1 5와 7을 모으면 [1 2] 이고 4와 9를 모으면 [1 3] 입니다.

2 9 바로 뒤의 수부터 2개의 수를 이어서 세면 10, 11이므로 9와 2를 모으면

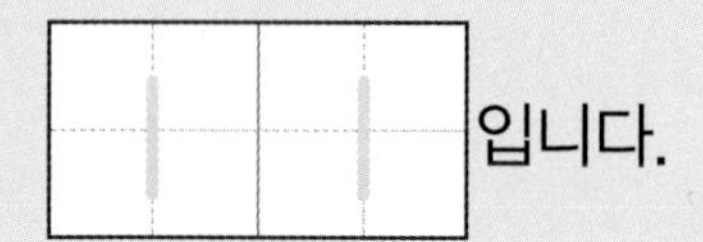

입니다.

기본 문제

1 빈 곳에 알맞은 수만큼 ○를 그려 넣고 빈칸에 알맞은 수를 써넣으시오.

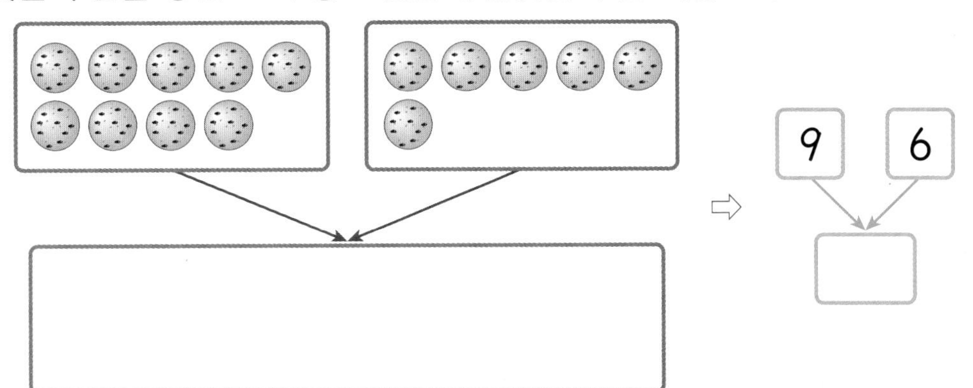

⇨ 9 6 → □

2 이어서 세기로 7과 5를 모으려고 합니다. □ 안에 알맞은 수를 써넣으시오.

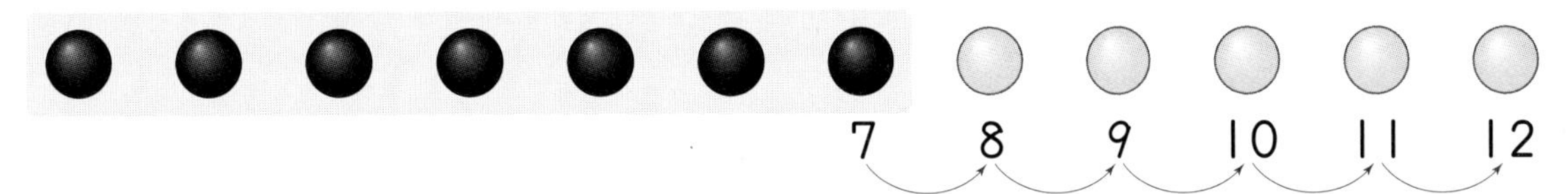

7 8 9 10 11 12

7 바로 뒤의 수부터 5개의 수를 이어서 세면 8, 9, □, □, □입니다.

⇨ 7과 5를 모으면 □입니다.

3 빈칸에 알맞은 수를 써넣으시오.

(1) 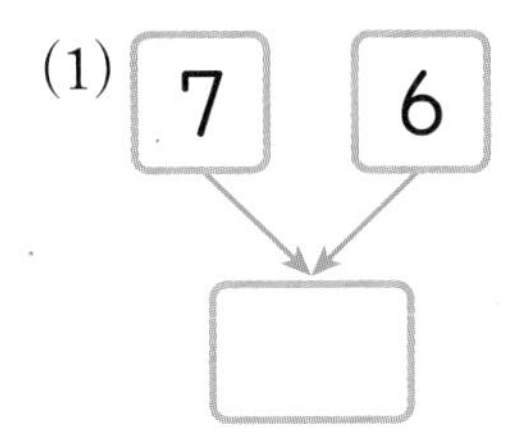

(2) 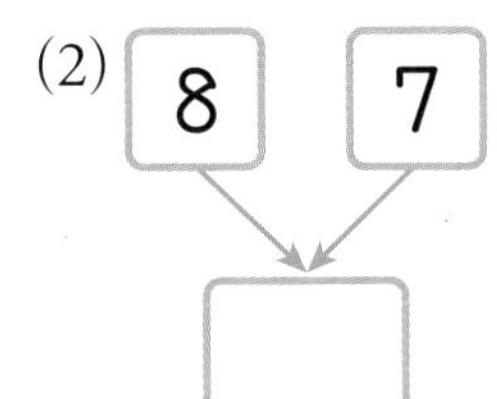

(3) 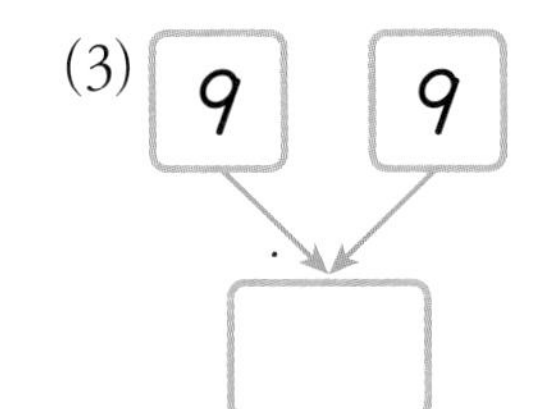

• 6과 7을 모으면 □이고 5와 9를 모으면 □입니다.

• 8 바로 뒤의 수부터 4개의 수를 이어서 세면 9, 10, 11, 12이므로 8과 4를 모으면

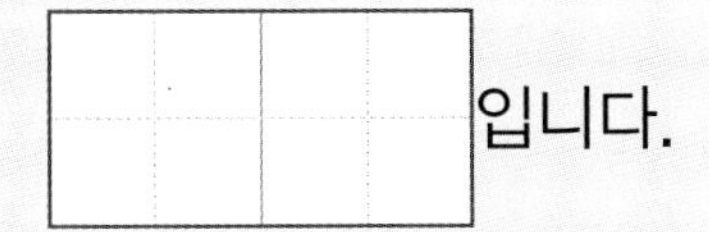입니다.

2 개념 확인하기

개념 1 10을 알아볼까요

- 9보다 1만큼 더 큰 수는 □입니다.
- 10은 십 또는 □이라고 읽습니다.

1 그림을 보고 □ 안에 알맞은 수를 써넣으시오.

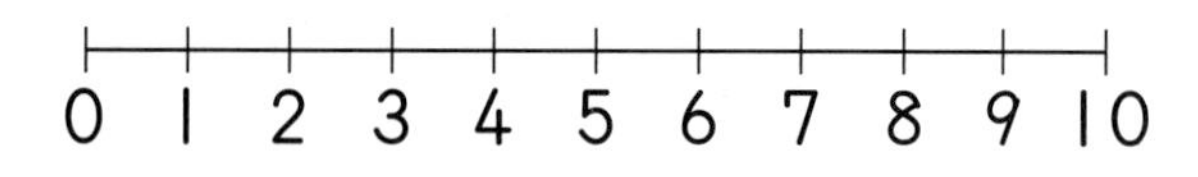

(1) 7보다 3만큼 더 큰 수는 □입니다.

(2) 10은 5보다 □만큼 더 큽니다.

2 색칠한 □ 모양이 10개가 되도록 색칠해 보시오.

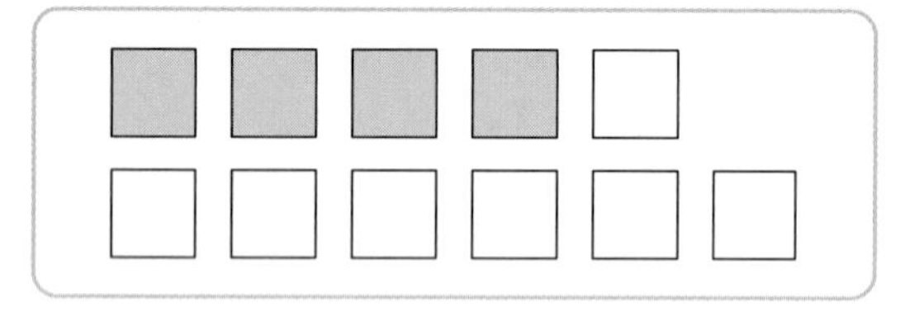

익힘책 유형

3 10이 되도록 ○를 더 그려 보시오.

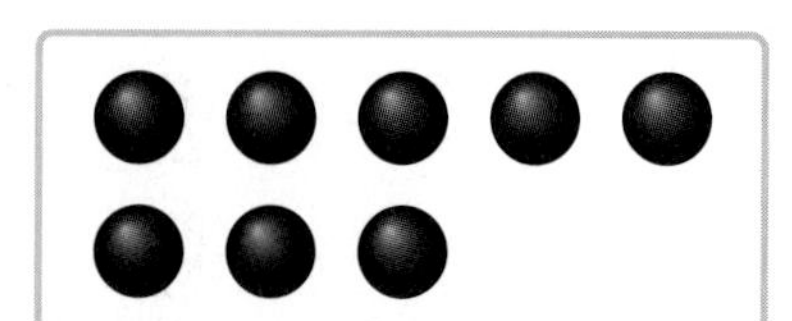

교과서 유형

4 10을 어떻게 읽어야 하는지 알맞은 말에 ○표 하시오.

(1) 우리 집은 10(십 , 열)층입니다.

(2) 우리 형은 10(십 , 열)살입니다.

개념 2 십몇을 알아볼까요

- 10개씩 묶음 1개와 5개는 □입니다.
- 15는 십오 또는 □이라고 읽습니다.

5 수를 잘못 읽은 것에 ×표 하시오.

14 ⇨ 열넷	17 ⇨ 십일곱
(　　)	(　　)

6 주어진 수가 되도록 ○를 더 그리고 □ 안에 알맞은 수를 써넣으시오.

16

10개씩 묶음 □개와 낱개 □개

게임 학습

게임으로 학습을 즐겁게 할 수 있어요.
QR 코드를 찍어 보세요.

정답은 26쪽

7 같은 수끼리 이어 보시오.

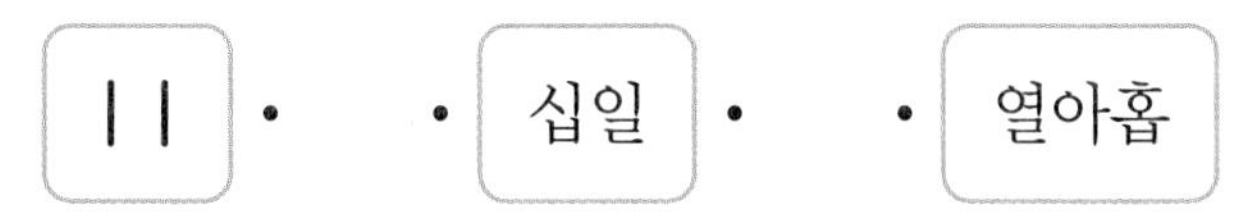

교과서 유형

8 10개씩 묶어서 세어 보고 □ 안에 알맞은 수를 써넣으시오.

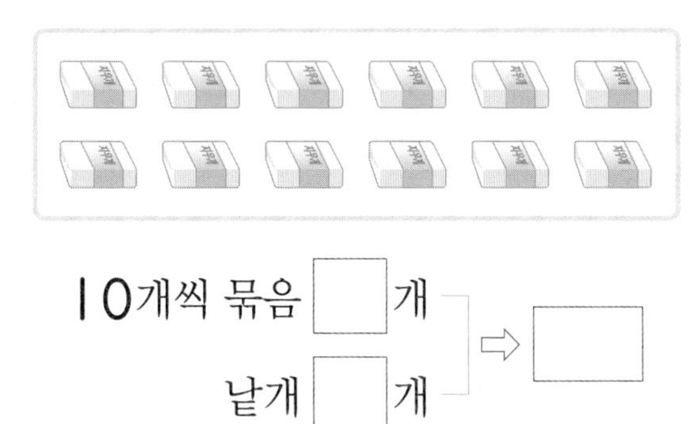

개념3 모으기를 해 볼까요

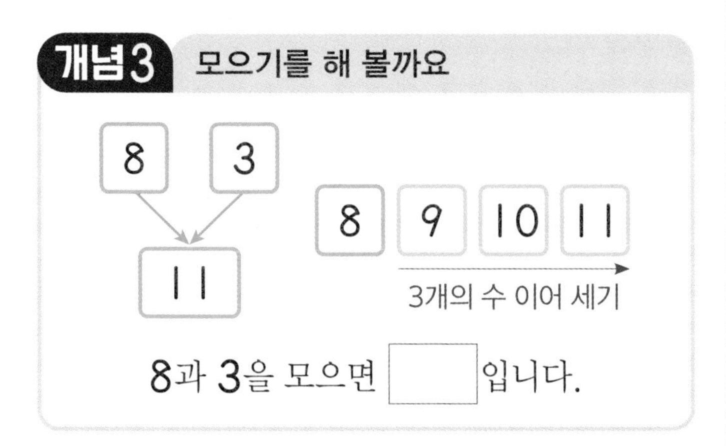

8과 3을 모으면 □입니다.

9 이어서 세기로 9와 3을 모으려고 합니다. □ 안에 알맞은 수를 써넣으시오.

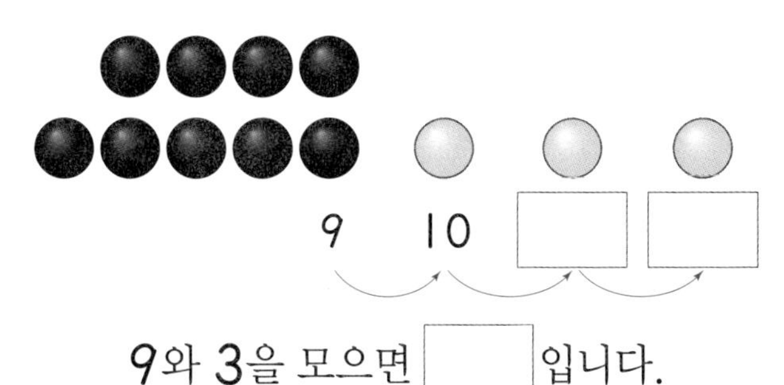

9와 3을 모으면 □입니다.

익힘책 유형

10 빈칸에 알맞은 수를 써넣으시오.

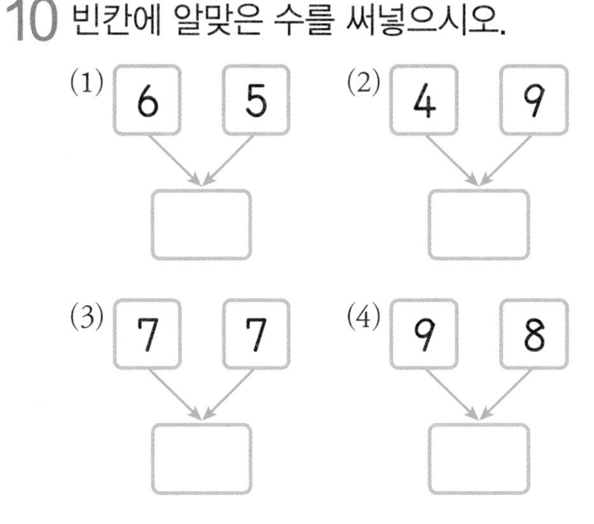

11 모아서 15가 되는 수끼리 이어 보시오.

12 두 수를 모은 수가 나머지 둘과 다른 하나를 찾아 기호를 쓰시오.

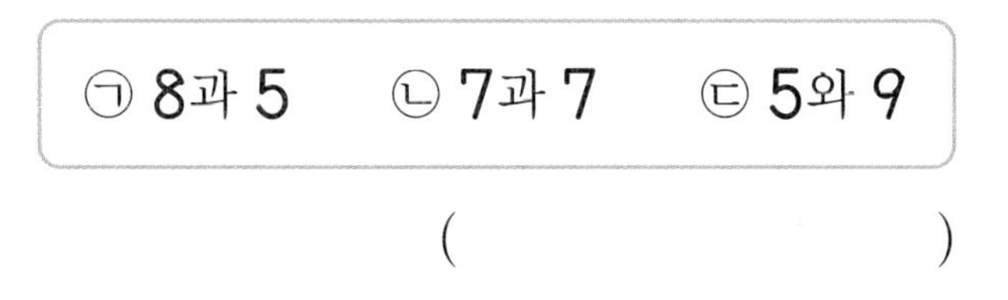

( )

5

50까지의 수

개념 파헤치기

개념 4 가르기를 해 볼까요

• 그림을 이용하여 수 가르기

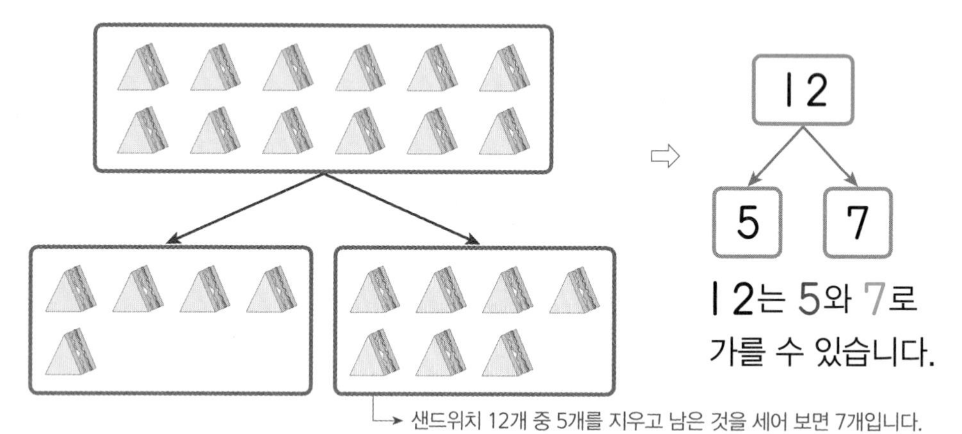

⇨ 12 → 5, 7

12는 5와 7로 가를 수 있습니다.

→ 샌드위치 12개 중 5개를 지우고 남은 것을 세어 보면 7개입니다.

• 거꾸로 세기로 수 가르기

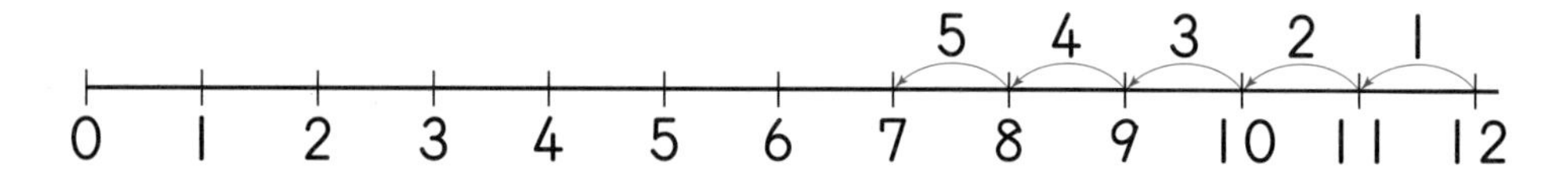

12 바로 앞의 수부터 5개의 수를 거꾸로 세면 11, 10, 9, 8, 7입니다.

⇨ 12는 5와 7로 가를 수 있습니다.

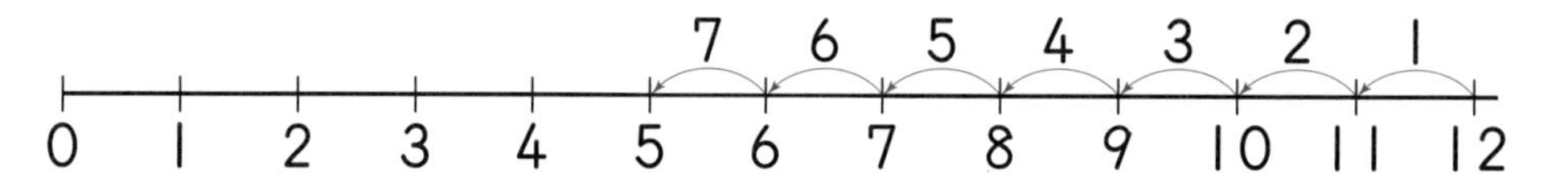

12 바로 앞의 수부터 7개의 수를 거꾸로 세면 11, 10, 9, 8, 7, 6, 5입니다.

⇨ 12는 7과 5로 가를 수 있습니다.

빈칸에 글자나 수를 따라 쓰세요.

❶ 13은 9와 [4]로 가를 수 있고 15는 8과 [7]로 가를 수 있습니다.

❷ 11 바로 앞의 수부터 2개의 수를 거꾸로 세면 10, 9이므로 11은 2와 [9]로 가를 수 있습니다.

1 빈 곳에 알맞은 수만큼 ○를 그려 넣고 빈칸에 알맞은 수를 써넣으시오.

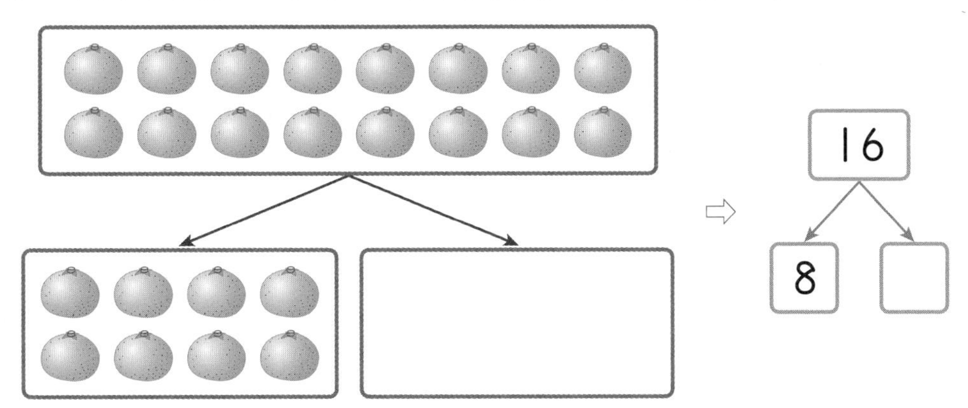

2 거꾸로 세기로 13을 가르기하려고 합니다. □ 안에 알맞은 수를 써넣으시오.

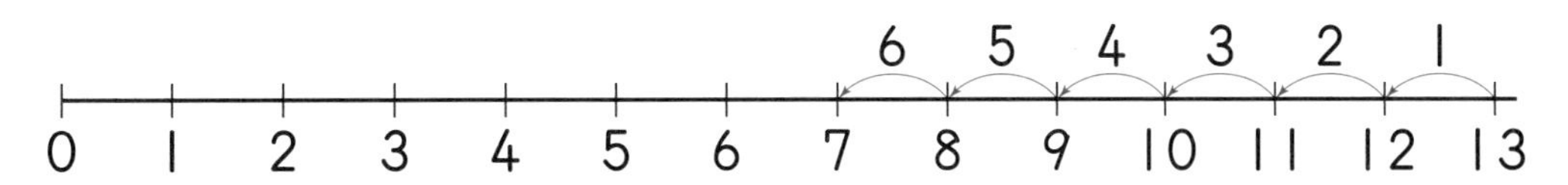

13 바로 앞의 수부터 6개의 수를 거꾸로 세면 12, 11, 10, 9, □, □입니다.

⇨ 13은 6과 □로 가를 수 있습니다.

3 빈칸에 알맞은 수를 써넣으시오.

(1)
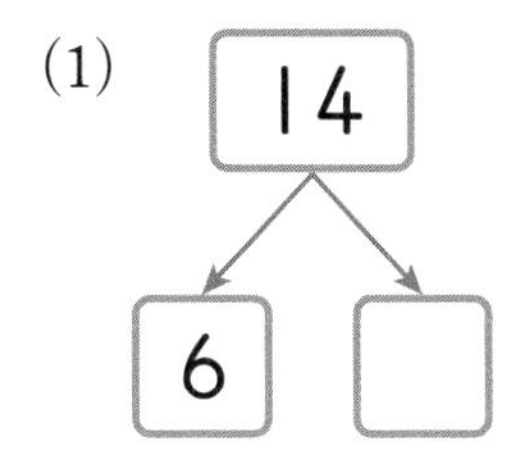

(2)
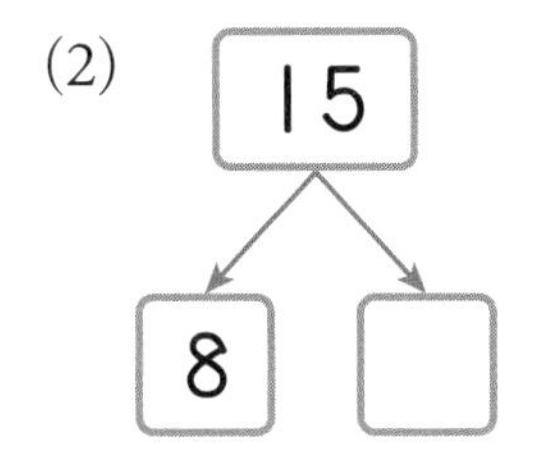

(3)
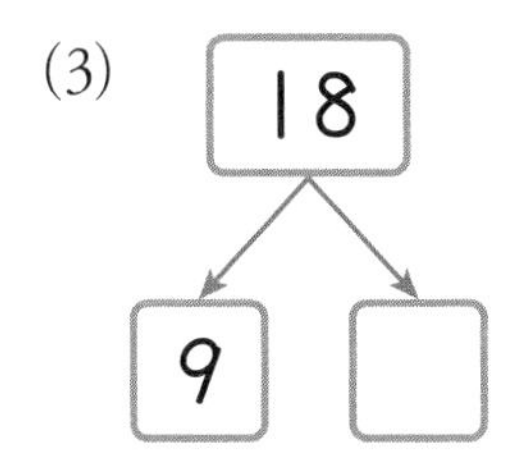

빈칸에 알맞은 글자나 수를 써 보세요.

• 12는 4와 □로 가를 수 있고 15는 6과 □로 가를 수 있습니다.

• 11 바로 앞의 수부터 **4개의 수를 거꾸로 세면** 10, 9, 8, 7이므로 11은 4와 □로 가를 수 있습니다.

개념 파헤치기

개념 5 10개씩 묶어 세어 볼까요

• 20, 30, 40, 50 알아보기

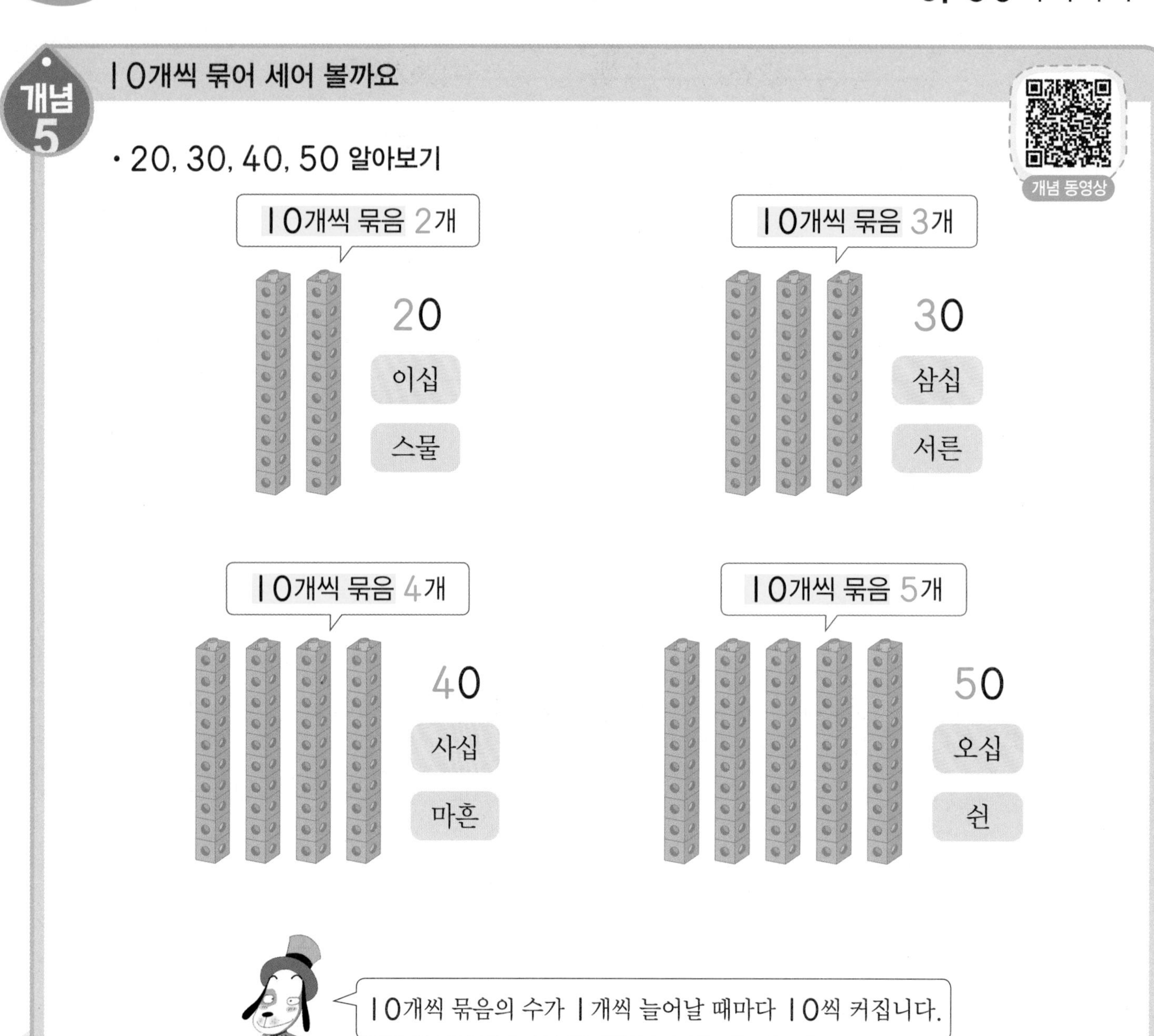

❶ 10개씩 묶음 2개는 [2 0]입니다.

❷ 20은 [이 십] 또는 [스 물]이라고 읽습니다.

정답은 27쪽

1 그림을 보고 □ 안에 알맞은 수를 써넣으시오.

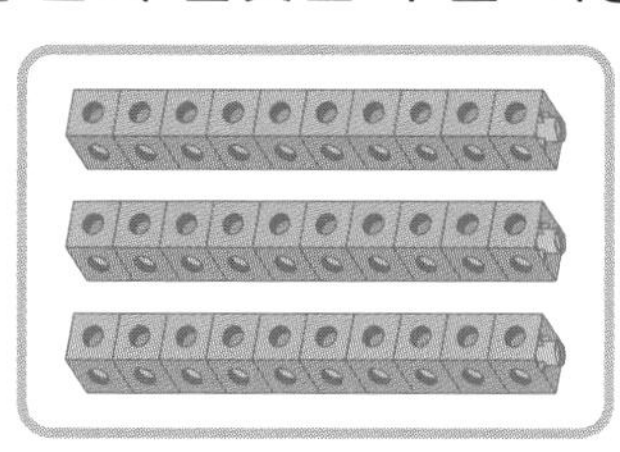

10개씩 묶음 3개는 □ 입니다.

2 수를 세어 쓰고 읽어 보시오.

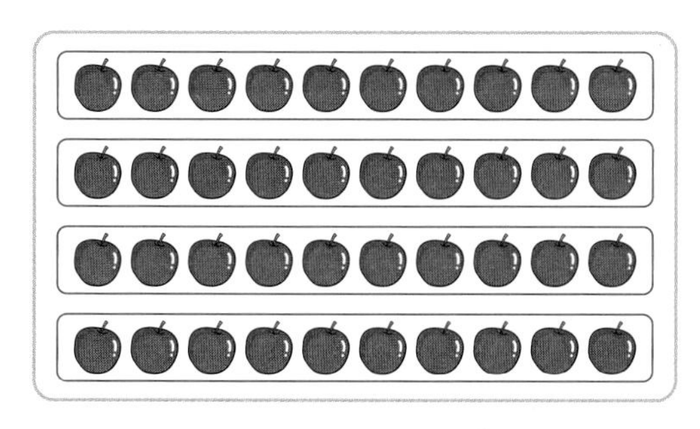

쓰기 □

읽기 □ 또는 □

3 같은 수끼리 이어 보시오.

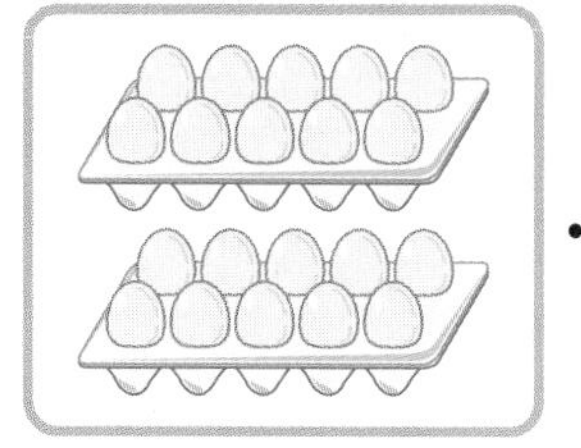

10 10 10 10 10

20		쉰
40		마흔
50		스물

개념 받아쓰기 문제

• 10개씩 묶음 3개는 □ 입니다.

• 30은 □ 또는 □ 이라고 읽습니다.

개념 파헤치기

개념 6 50까지의 수를 세어 볼까요

개념 동영상

• 몇십몇 알아보기

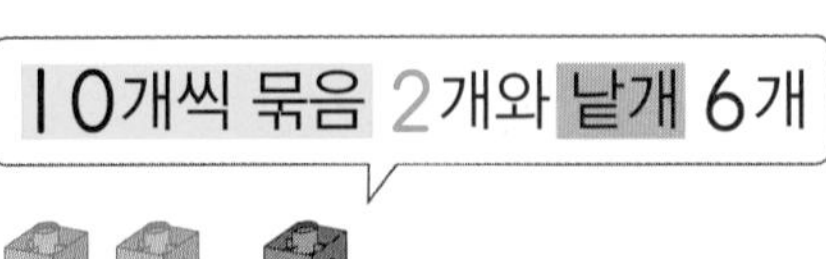

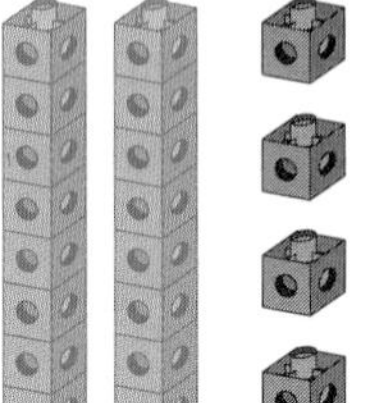

26
이십육
스물여섯

10개씩 묶음 2개와 낱개 9개

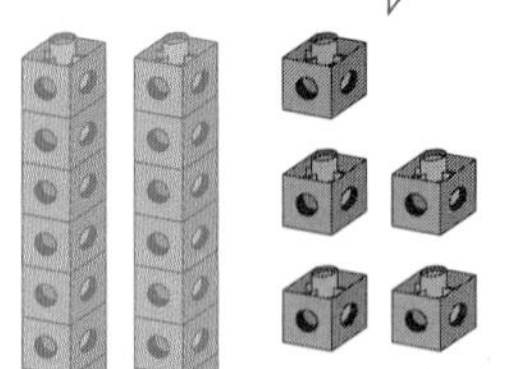

29
이십구
스물아홉

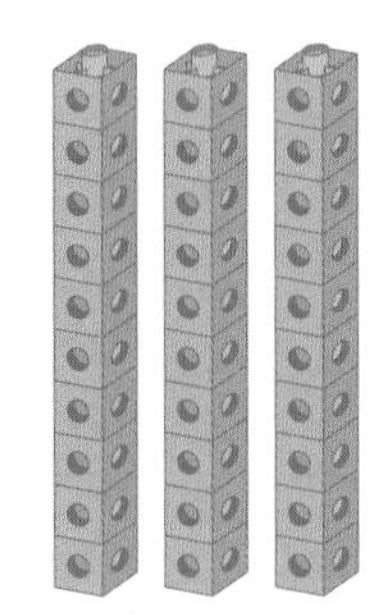

34
삼십사
서른넷

10개씩 묶음 4개와 낱개 2개

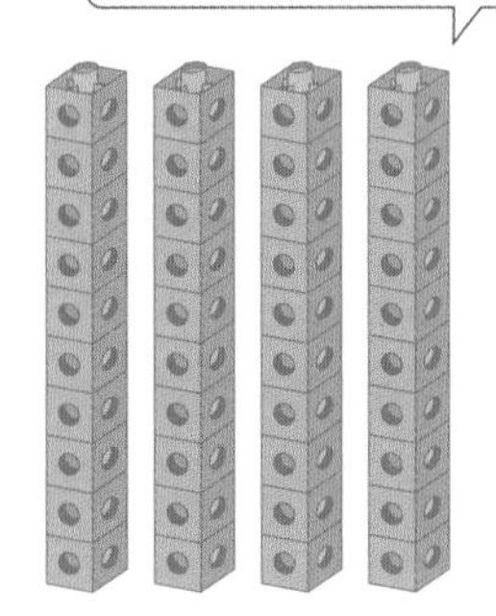

42
사십이
마흔둘

• 10개씩 묶음과 낱개로 나타내기

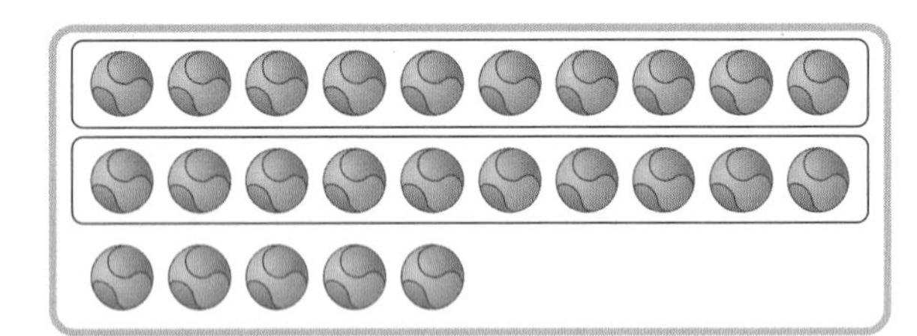

10개씩 묶음 2개
낱개 5개 ⇨ 25

❶ 10개씩 묶음 2개와 낱개 1개는  21 입니다.

❷ 21은 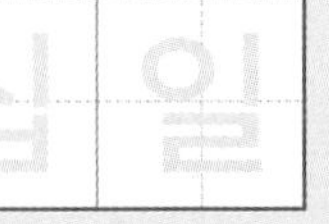 이십일 또는 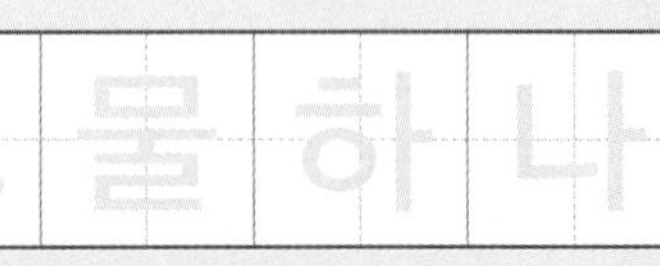 스물하나 라고 읽습니다.

1 그림을 보고 □ 안에 알맞은 수를 써넣으시오.

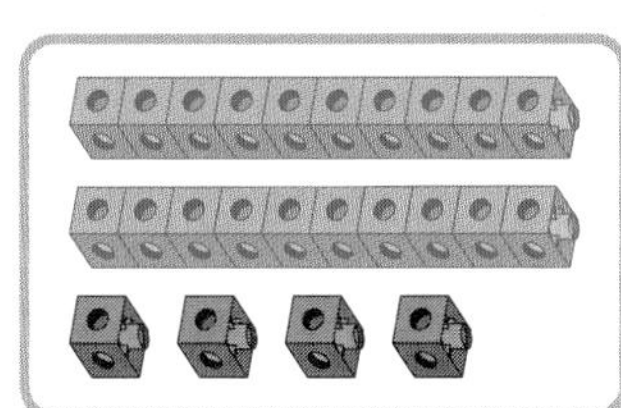

10개씩 묶음 2개와 낱개 4개는 □입니다.

2 그림을 보고 □ 안에 알맞은 수를 써넣으시오.

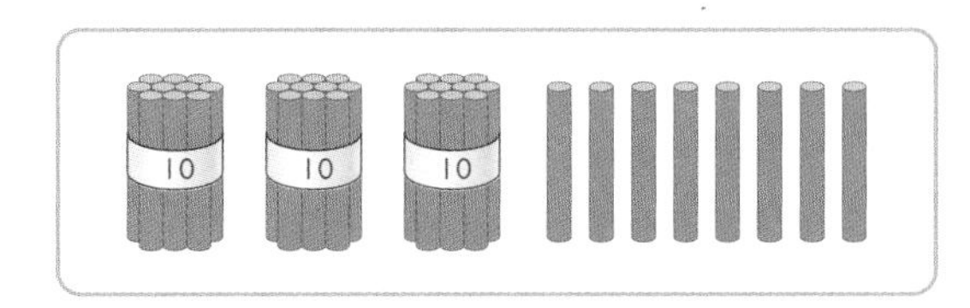

10개씩 묶음 □개
낱개 □개
⇨ □

3 빈 곳에 알맞은 수를 써넣으시오.

(1)

28	10개씩 묶음	
	낱개	

(2)

36	10개씩 묶음	
	낱개	

(3)

41	10개씩 묶음	
	낱개	

(4)

45	10개씩 묶음	
	낱개	

• 10개씩 묶음 2개와 낱개 3개는 □입니다.

• 23은 □ 또는 □이라고 읽습니다.

2 STEP 개념 확인하기

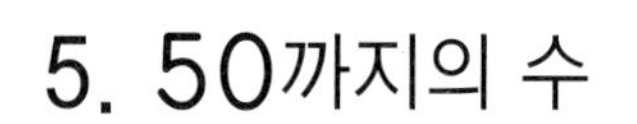

개념4 가르기를 해 볼까요

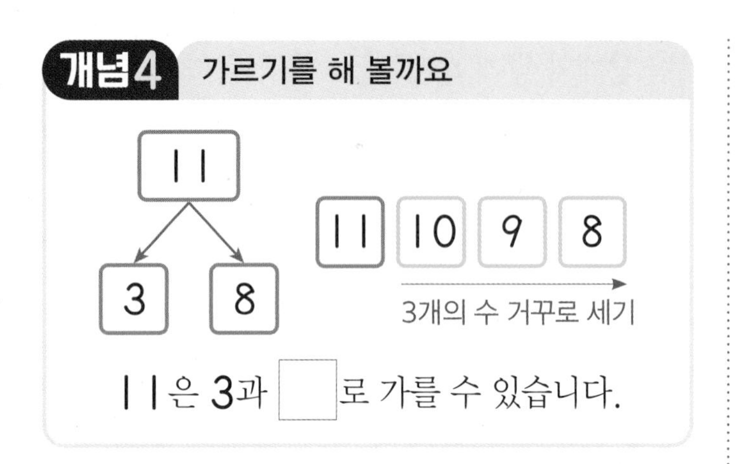

11은 3과 □로 가를 수 있습니다.

1 거꾸로 세기로 11을 가르기하려고 합니다. □ 안에 알맞은 수를 써넣으시오.

11은 4와 □로 가를 수 있습니다.

2 빈칸에 알맞은 수를 써넣으시오.

(1) (2)

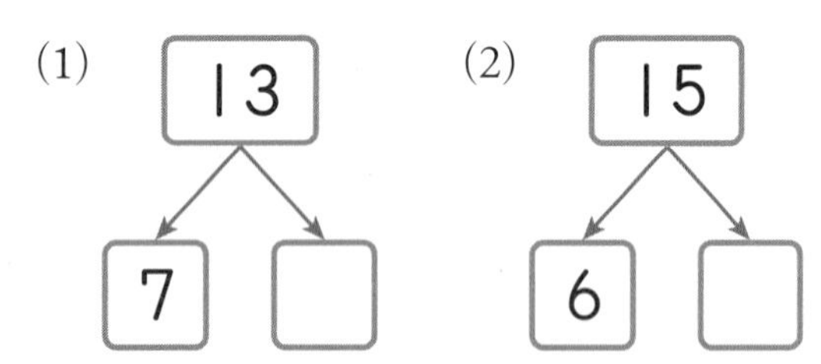

익힘책 유형

3 서로 다른 방법으로 가르기를 해 보시오.

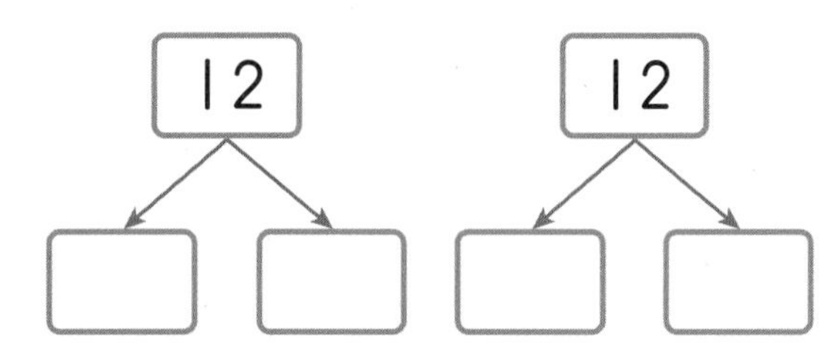

4 ㉠과 ㉡ 중에서 더 큰 수는 어느 것인지 기호를 쓰시오.

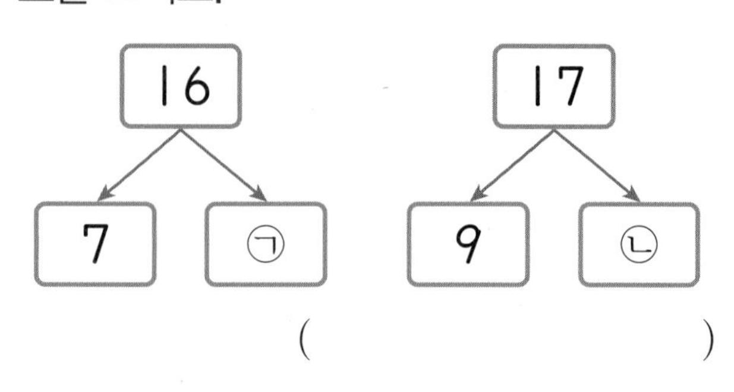

( )

개념5 10개씩 묶어 세어 볼까요

- 10개씩 묶음 3개는 □입니다.
- 30은 삼십 또는 □이라고 읽습니다.

5 그림을 보고 □ 안에 알맞은 수를 써넣으시오.

⇨ □

교과서 유형

6 빈 곳에 알맞은 수나 말을 써넣으시오.

	쓰기	읽기
10개씩 묶음 5개		

게임 학습

게임으로 학습을 즐겁게 할 수 있어요. QR 코드를 찍어 보세요.

정답은 27쪽

7 40개가 되도록 빈칸에 ○를 더 그려 보시오.

☆	☆	☆	☆	☆					
☆	☆	☆	☆	☆					
☆	☆	☆	☆	☆					

개념6 50까지의 수를 세어 볼까요

- 10개씩 묶음 4개와 낱개 6개는 □ 입니다.
- 46은 사십육 또는 □ 이라고 읽습니다.

8 그림을 보고 □ 안에 알맞은 수를 써넣으시오.

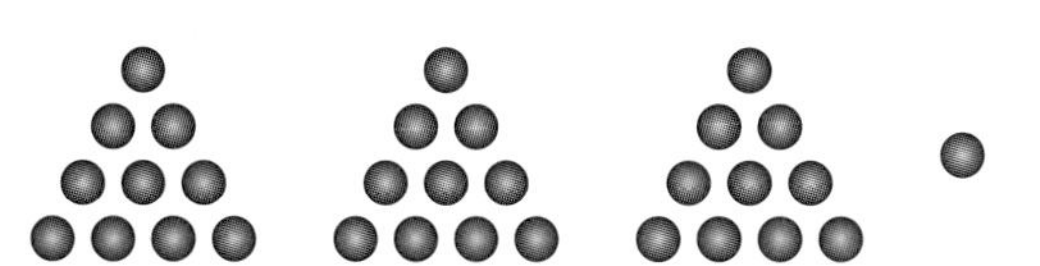

10개씩 묶음 □ 개와 낱개 □ 개는 □ 입니다.

교과서 유형

9 빈 곳에 알맞은 수를 써넣으시오.

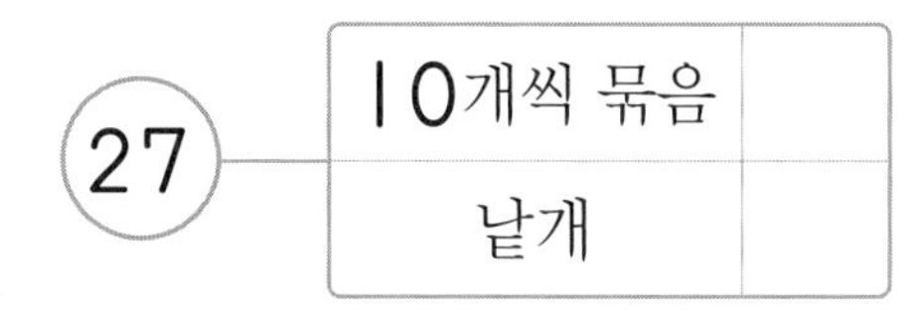

27	10개씩 묶음	
	낱개	

10 같은 수끼리 이어 보시오.

스물아홉 •	• 47
서른여덟 •	• 38
마흔일곱 •	• 29

익힘책 유형

11 수를 세어 쓰고 읽어 보시오.

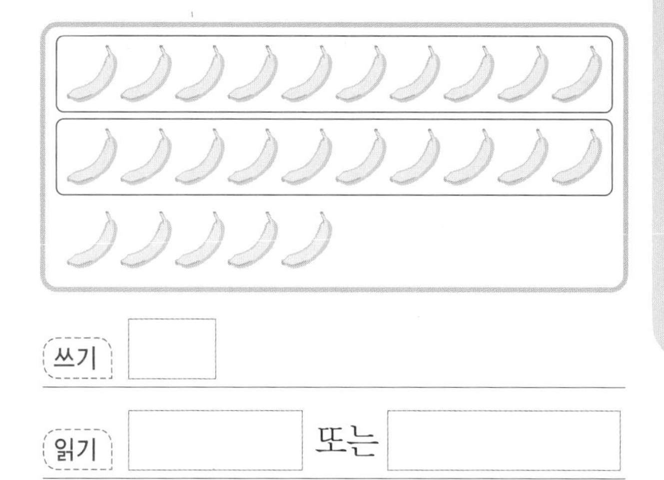

쓰기 □

읽기 □ 또는 □

12 상혁이는 오른쪽과 같은 과녁에 화살을 5개 쏘았습니다. 상혁이가 얻은 점수는 몇 점입니까?

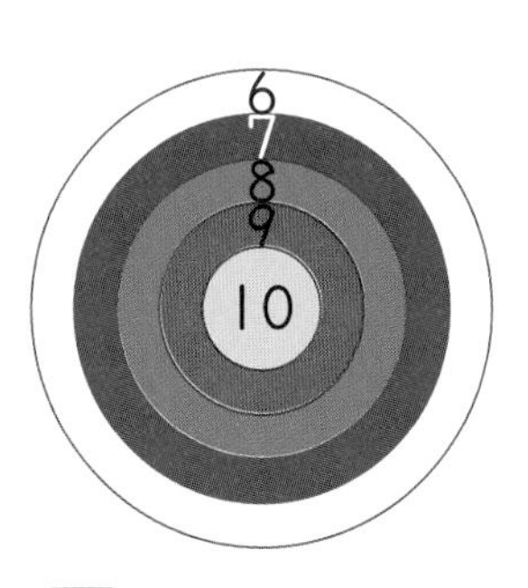

(　　　　　　　　)

5 50까지의 수

개념 파헤치기

개념 7 50까지 수의 순서를 알아볼까요

• 50까지 수의 순서 알아보기

1만큼 더 큰 수

1	2	3	4	5	6	7	8	9	10
11	12	13	14	15	16	17	18	19	20
21	**22**	23	24	25	26	27	28	**29**	**30**
31	32	33	34	35	36	37	38	39	40
41	42	43	44	45	46	47	48	49	50

1만큼 더 작은 수

30보다 1만큼 더 작은 수는 30 바로 앞의 수인 29입니다.

⇨ 수를 순서대로 썼을 때
- **1만큼 더 큰 수**는 **바로 뒤의 수**입니다.
- 1만큼 더 작은 수는 바로 앞의 수입니다.

• 사이의 수 알아보기

⇨ 33과 35 사이의 수는 34입니다.

✎ 빈칸에 글자나 수를 따라 쓰세요.

❶ 23 바로 앞의 수는 [22]이고 23 바로 뒤의 수는 [24]입니다.

❷ 수를 순서대로 쓰면 16, 17, 18이므로 16과 18 사이의 수는 [17]입니다.

1 알맞은 수에 ○표 하시오.

(1) 12보다 1만큼 더 큰 수는 (11 , 13)입니다.

(2) 16보다 1만큼 더 작은 수는 (15 , 17)입니다.

2 수를 순서대로 쓰려고 합니다. 빈칸에 알맞은 수를 써넣으시오.

(1)

16	17	18			21
22		24	25	26	
28	29		31	32	33
34		36	37		39

(2)

	24	25		27	28
29			32	33	34
35	36	37		39	
		43	44		46

3 빈칸에 알맞은 수를 써넣으시오.

(1)
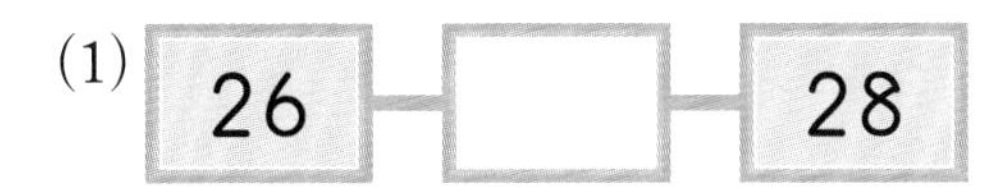

(2)
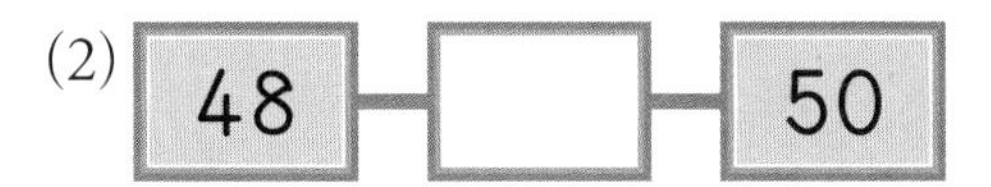

빈칸에 알맞은 글자나 수를 써 보세요.

• 25 바로 앞의 수는 ☐ 이고 25 바로 뒤의 수는 ☐ 입니다.

• 수를 순서대로 쓰면 31, 32, 33이므로 31과 33 사이의 수는 ☐ 입니다.

개념 파헤치기

수의 크기를 비교해 볼까요

• 10개씩 묶음의 수가 다른 두 수의 크기 비교하기

10개씩 묶음의 수가 다를 때에는 **10개씩 묶음의 수가 클수록 큰 수**입니다.

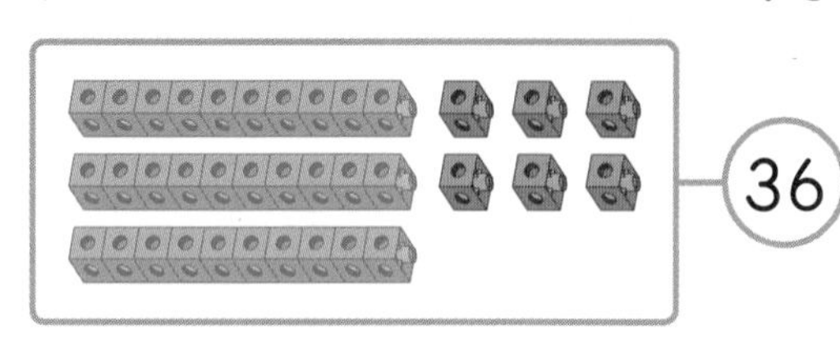

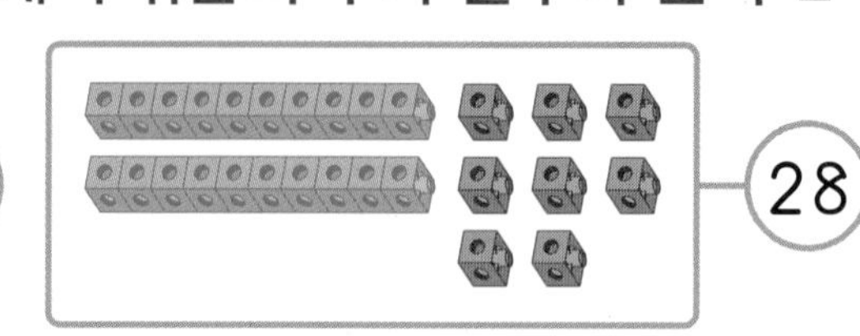

① 10개씩 묶음의 수를 비교하면 3이 2보다 크므로 36은 28보다 큽니다.

② 10개씩 묶음의 수를 비교하면 2가 3보다 작으므로 28은 36보다 작습니다.

• 10개씩 묶음의 수가 같은 두 수의 크기 비교하기

10개씩 묶음의 수가 같을 때에는 **낱개의 수가 클수록 큰 수**입니다.

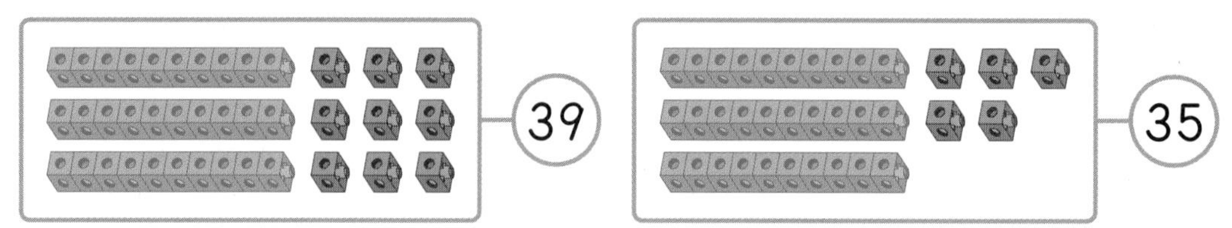

① 10개씩 묶음의 수가 같으므로 낱개의 수를 비교하면 9가 5보다 크므로 39는 35보다 큽니다.

② 10개씩 묶음의 수가 같으므로 낱개의 수를 비교하면 5가 9보다 작으므로 35는 39보다 작습니다.

1 31과 29의 **10개씩 묶음의 수를 비교**하면 3이 2보다 크므로

31은 29보다 큽니다.

2 43과 45의 10개씩 묶음의 수가 같으므로 **낱개의 수를 비교**하면 3이 5보다 작으므로

43은 45보다 작습니다.

정답은 29쪽

기본 문제

1 그림을 보고 알맞은 말에 ○표 하시오.

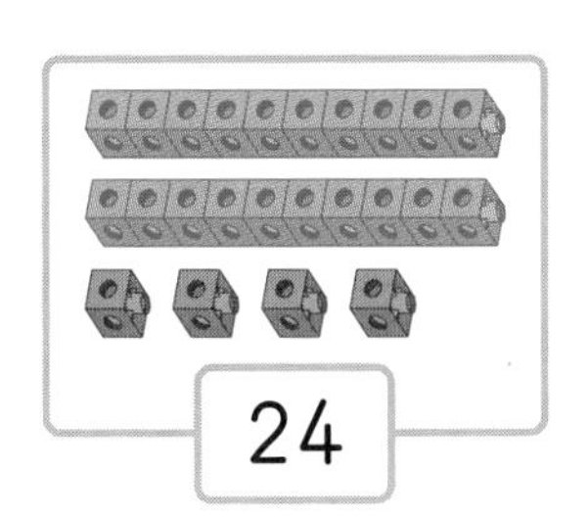

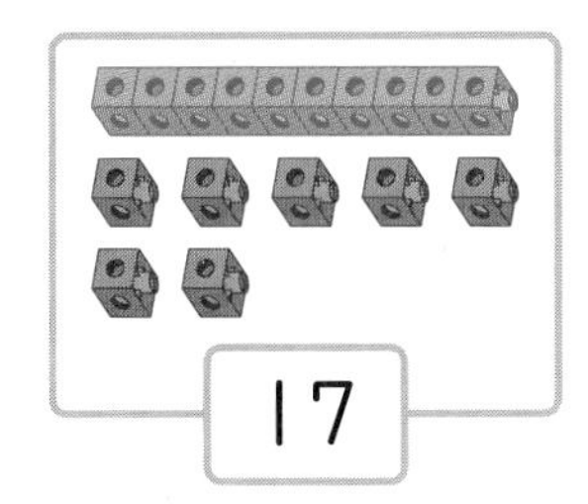

24는 17보다 (큽니다 , 작습니다).

2 그림을 보고 □ 안에 알맞은 수를 써넣으시오.

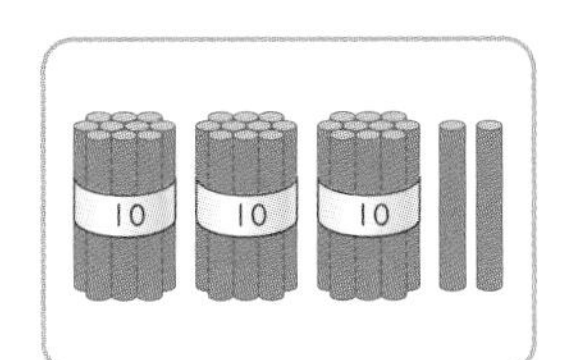

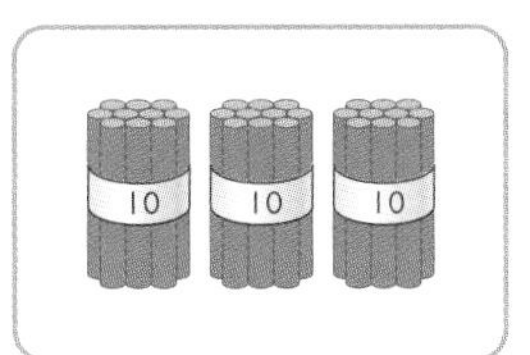

□은/는 □보다 작습니다.

3 더 큰 수에 ○표 하시오.

(1)

50	46

(2)

25	27

• 42와 31의 **10개씩 묶음의 수를 비교**하면 4가 3보다 크므로

42는 31보다 □□□□□□.

• 23과 28의 10개씩 묶음의 수가 같으므로 **낱개의 수를 비교**하면 3은 8보다 작으므로

23은 28보다 □□□□□□□□.

STEP 2 개념 확인하기

개념 7 50까지 수의 순서를 알아볼까요

수를 순서대로 썼을 때
- □만큼 더 큰 수는 바로 뒤의 수입니다.
- □만큼 더 작은 수는 바로 앞의 수입니다.

1 □ 안에 알맞은 수를 써넣으시오.

16보다 1만큼 더 큰 수는 □이고

16보다 1만큼 더 작은 수는 □입니다.

교과서 유형

2 수를 순서대로 쓰려고 합니다. 빈 곳에 알맞은 수를 써넣으시오.

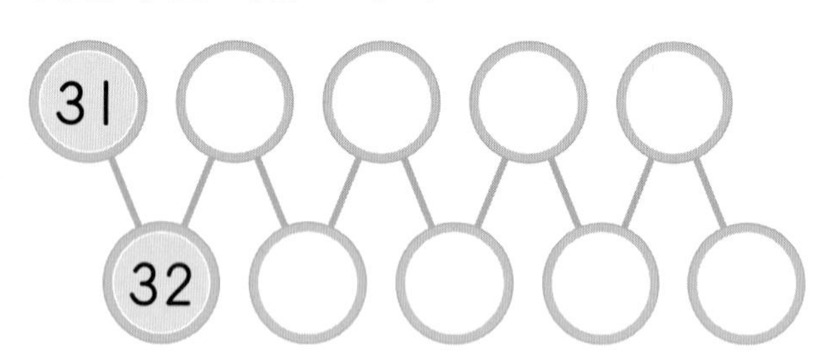

3 순서를 거꾸로 하여 수를 쓰려고 합니다. 빈 곳에 알맞은 수를 써넣으시오.

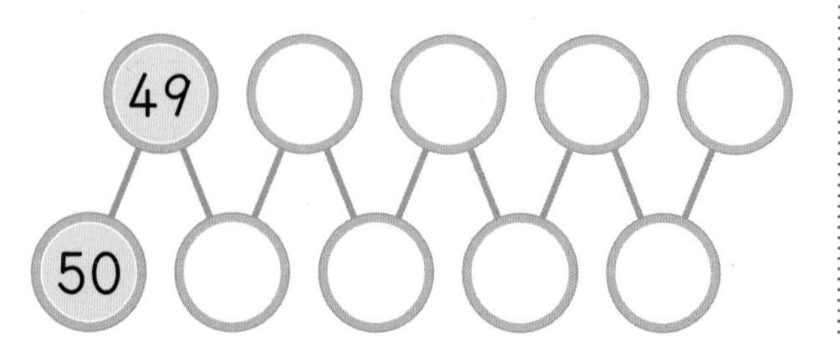

익힘책 유형

4 수를 순서대로 이어서 그림을 완성해 보시오.

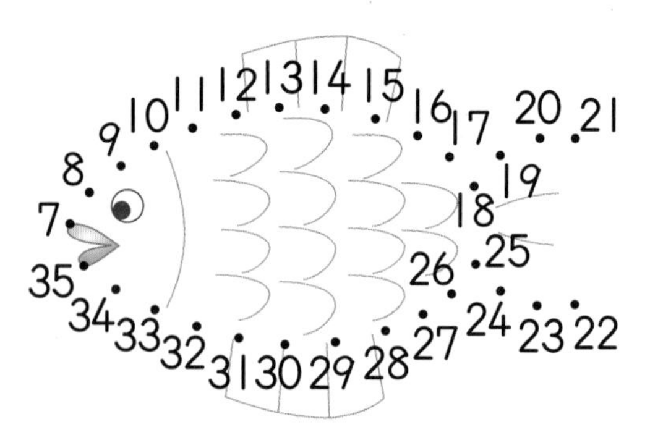

5 □ 안에 알맞은 수를 써넣으시오.

(1) 1만큼 더 작은 수　　1만큼 더 큰 수

(2) 1만큼 더 작은 수　　1만큼 더 큰 수

□ ← 40 → □

6 ㉠과 ㉡ 사이에 있는 수는 모두 몇 개입니까?

㉠ 서른일곱　　㉡ 사십삼

(　　　　　　)

게임 학습
게임으로 학습을 즐겁게 할 수 있어요.
QR 코드를 찍어 보세요.

정답은 29쪽

개념8 수의 크기를 비교해 볼까요

- 46과 27의 10개씩 묶음의 수를 비교하면 4가 2보다 크므로 46은 27보다 ☐.
- 34와 37의 10개씩 묶음의 수가 같으므로 낱개의 수를 비교하면 4가 7보다 작으므로 34는 37보다 ☐.

7 그림을 보고 더 작은 수에 △표 하시오.

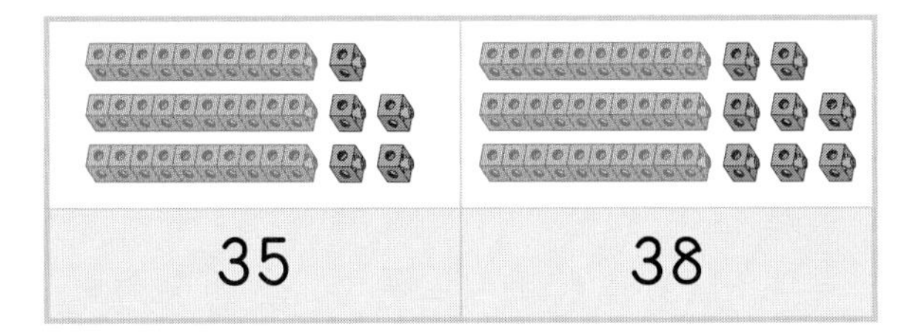

35	38

교과서 유형

8 그림을 보고 ☐ 안에 알맞은 수를 써넣으시오.

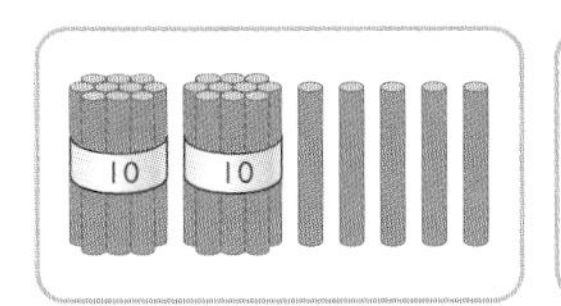
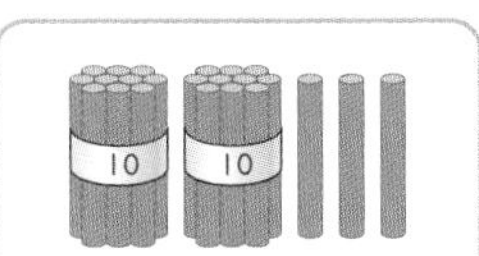

⇨ ☐ 은/는 ☐ 보다 큽니다.

익힘책 유형

9 더 큰 수에 ○표 하시오.

26	18

10 구슬을 더 많이 가지고 있는 사람은 누구입니까?

(　　　　　　　　　　)

11 가장 큰 수에 ○표, 가장 작은 수에 △표 하시오.

17	27	37

12 가장 작은 수를 찾아 기호를 쓰시오.

㉠ 삼십구
㉡ 10개씩 묶음 3개와 낱개 5개
㉢ 서른일곱

(　　　　　　　　　　)

5
50까지의 수

3 단원 마무리 평가

5. 50까지의 수

점수

1 10이 되도록 ○를 더 그려 보시오.

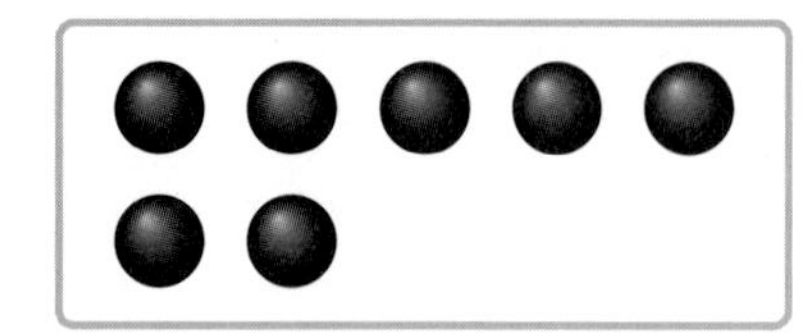

2 그림을 보고 □ 안에 알맞은 수를 써넣으시오.

10개씩 묶음 1개와 낱개 □개는 □입니다.

3 수로 써 보시오.

삼십삼	

4 수를 두 가지 방법으로 읽어 보시오.

46	

5 빈칸에 알맞은 수를 써넣으시오.

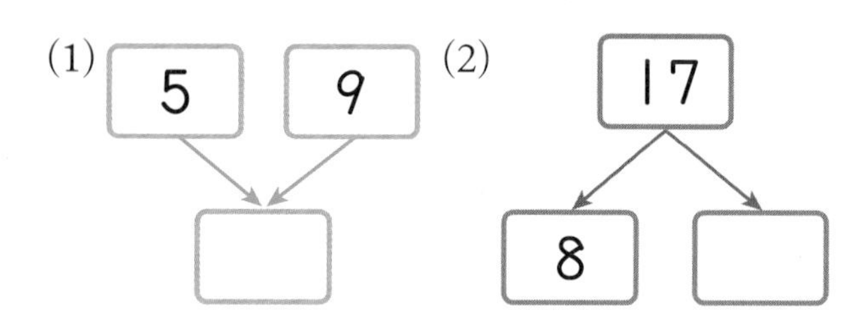

6 같은 수끼리 이어 보시오.

7 모아서 16이 되는 수끼리 이어 보시오.

8 빈 곳에 알맞은 수를 써넣으시오.

10개씩 묶음	낱개

27

9 그림을 보고 □ 안에 알맞은 수를 써넣으시오.

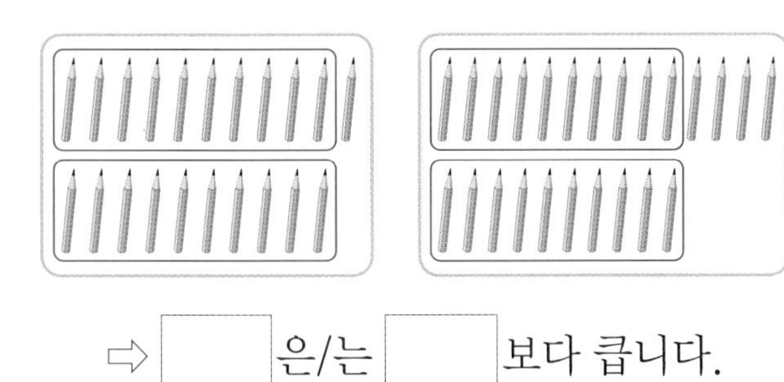

⇨ □ 은/는 □ 보다 큽니다.

10 수를 순서대로 쓰려고 합니다. 빈칸에 알맞은 수를 써넣으시오.

18				22	23	24
25	26			29		
	33	34				38
39			42			45

유사문제

11 보기 의 수보다 더 큰 수에 ○표 하시오.

보기
38

19 26 41

유사문제

12 수의 순서를 생각하며 □ 안에 알맞은 수를 써넣으시오.

(1) □ −20− □ −22

(2) □ −24− □ −22

13 10을 어떻게 읽어야 하는지 알맞은 말에 ○표 하시오.

14 주어진 구슬로 보기 의 팔찌를 몇 개까지 만들 수 있습니까?

보기

(   )

15 진주의 사물함은 29번입니다. 진주의 사물함을 찾아 ○표 하시오.

11	13		17		21				
12	14								

5

50까지의 수

16 가장 작은 수가 써 있는 풍선을 터뜨리려고 합니다. 무슨 색 풍선을 터뜨려야 하는지 풀이 과정을 완성하고 답을 구하시오.

풀이 세 수의 10개씩 묶음의 수를 비교하면 □ 이/가 가장 크고 29와 25의 낱개의 수를 비교하면 □ 이/가 더 작습니다.
따라서 터뜨려야 하는 풍선은 □ 색 풍선입니다.

답 □ 색 풍선

17 어떤 수를 10개씩 묶음의 수와 낱개의 수를 바꾸어 읽으면 십삼입니다. 어떤 수를 바르게 읽으려고 합니다. 두 가지 방법으로 읽어 보시오.

(　　　　　　), (　　　　　　)

유사문제

18 ㉠과 ㉡을 모으면 얼마입니까?

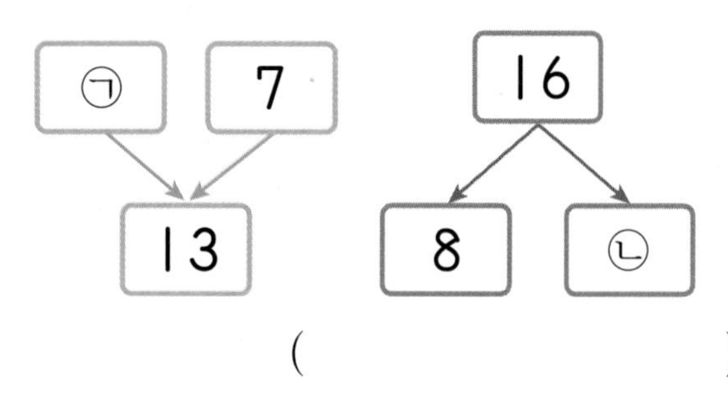

(　　　　　　)

19 ㉠과 ㉡에 알맞은 수의 차는 얼마인지 풀이 과정을 완성하고 답을 구하시오.

- 10은 5보다 ㉠ 만큼 더 큰 수입니다.
- 50은 10개씩 묶음 ㉡ 개입니다.

풀이 10은 5보다 □ 만큼 더 큰 수이므로 ㉠은 □ 입니다. 50은 10개씩 묶음 □ 개이므로 ㉡은 □ 입니다.
따라서 ㉠과 ㉡에 알맞은 수의 차는
□ − □ = □ 입니다.

답 □

유사문제

20 ㉠과 ㉡ 사이에 있는 수는 모두 몇 개입니까?

㉠ 10개씩 묶음 3개와 낱개 1개
㉡ 40보다 1만큼 더 작은 수

(　　　　　　)

QR 코드를 찍어 게임을 해 보고
이번 단원을 확실히 익혀 보세요!

정답은 31쪽

생각의 방향

1 9보다 1만큼 더 큰 수는 10입니다. (○ , ×)

2 10개씩 묶음 1개와 낱개 5개를 [ ](이)라고 합니다.

10개씩 묶음 1개와 낱개 ㉠개는 1㉠입니다.

3 4와 9를 모으면 [ ]입니다.

4 16은 7과 [ ](으)로 가를 수 있습니다.

5 10개씩 묶음 3개는 [ ]입니다.

10개씩 묶음 ㉠개는 ㉠0입니다.

6 10개씩 묶음 4개와 낱개 6개는 [ ]입니다.

10개씩 묶음 ㉠개와 낱개 ㉡개는 ㉠㉡입니다.

7 28과 30 사이의 수는 31입니다. (○ , ×)

8 41은 35보다 작습니다. (○ , ×)

10개씩 묶음의 수를 먼저 비교하고 같을 때는 낱개의 수를 비교합니다.

개념 공부를 완성했다!

사다리타기 게임

출발점에서 밑(↓)으로 이동하여 내려가다가 만나는 곳에서 왼쪽(←) 또는 오른쪽(→)으로 이동한 뒤 다시 밑(↓)으로 이동하여 목적지에 도착하는 게임

문제에 알맞은 동물을 찾고 그 동물에서 출발하여 사다리를 타고 내려오세요. 도착한 곳에는 행운이나 벌칙이 기다리고 있어요. 여러분도 각자 문제를 만들어 보세요. 그럼 한 번 해 볼까요?

나는 어떤 동물일까요?
첫째, 나는 다리가 4개야.
둘째, 나는 힘이 세.
셋째, 나는 코를 이용하여 먹이를 먹어.

나는 어떤 동물일까요?
첫째, 나는 ______
둘째, 나는 ______
셋째, 나는 ______
______

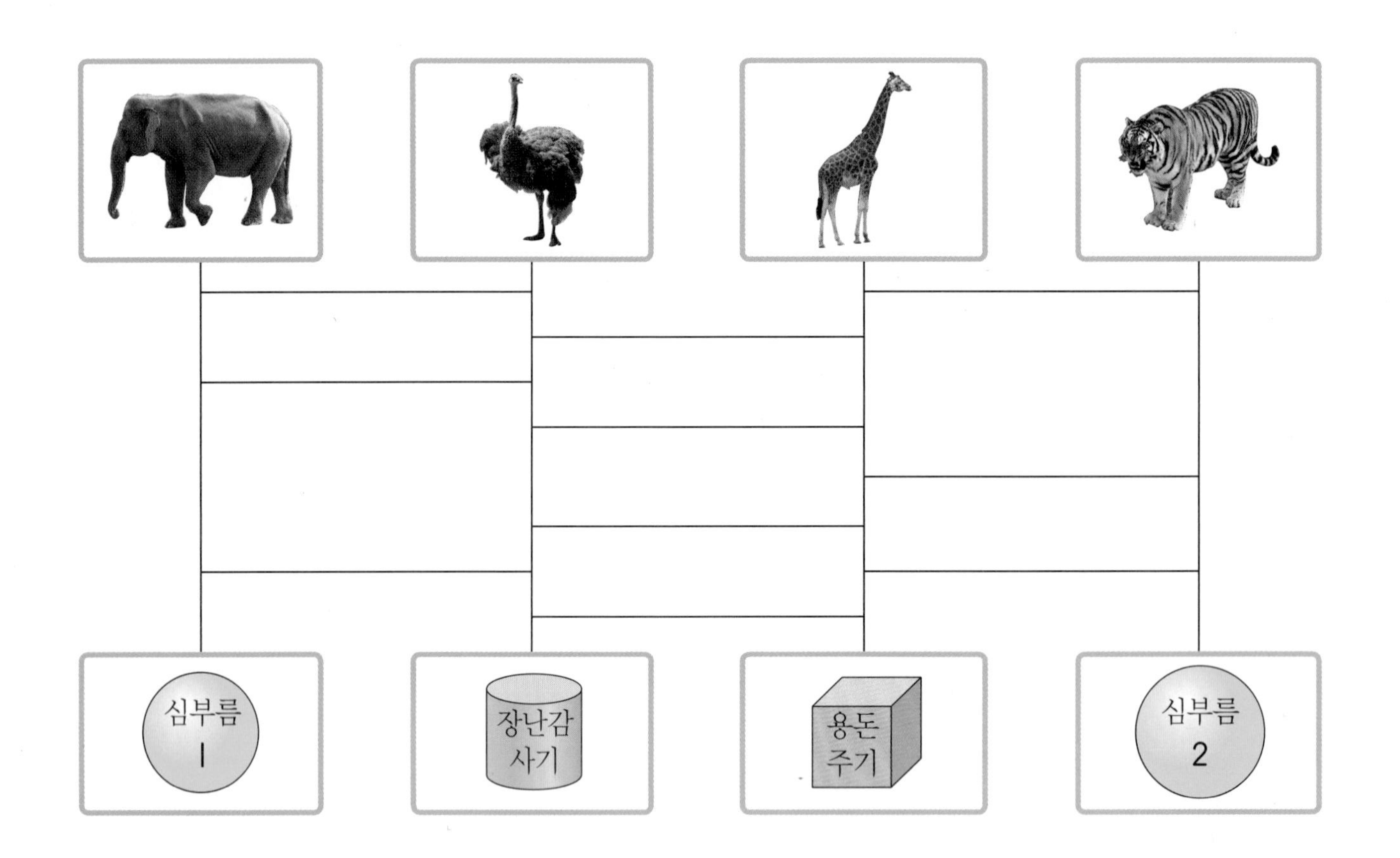

심부름 1 10분 동안 부모님(어른) 안마 해 드리기

심부름2 동네에 있는 쓰레기 줍기

정답은 코끼리군요. 코끼리에서 출발하여 사다리를 타고 내려오면 심부름2가 나오네요. 심부름2에 있는 내용을 읽고 그대로 하면 됩니다.

꼭 알아야 할
사자성어

言	行	一	致
말씀	다닐	하나	이를
언	행	일	치

'언행일치'는 '말과 행동이 같아야 한다'는 뜻을 가진 단어에요.
이것은 곧 말한 대로 지키는 것이
중요하다는 걸 의미하기도 해요.
오늘부터 부모님, 선생님, 친구와의 약속과
내가 세운 공부 계획부터 꼭 지켜보는 건 어떨까요?

모든 개념을
다 보는
해결의 법칙

개념 해결의 법칙

꼼꼼 풀이집

수학 1·1

천재교육

개념 해결의 법칙

1-1

꼼꼼 풀이집

1. 9까지의 수

1 STEP 개념 파헤치기 9쪽

1 (1) 4, 4, 4 (2) 5, 5, 5

2 ( )( )(○)

3 (1) 2에 ○표 (2) 3에 ○표

개념 받아쓰기 문제

3, 5, 다섯, 오

2 3은 셋 또는 삼이라고 읽습니다.

3 (1) 비행기를 세어 보면 하나, 둘이므로 2입니다.
(2) 자동차를 세어 보면 하나, 둘, 셋이므로 3입니다.

1 STEP 개념 파헤치기 11쪽

1 (1) 7, 7, 7 (2) 8, 8, 8

2 (1) 여섯, 육 (2) 아홉, 구

3 7에 ○표

개념 받아쓰기 문제

일곱, 아홉, 육, 팔

2 (1) 6은 여섯 또는 육이라고 읽습니다.
(2) 9는 아홉 또는 구라고 읽습니다.

3 강아지를 세어 보면 하나, 둘, 셋, 넷, 다섯, 여섯, 일곱이므로 7입니다.

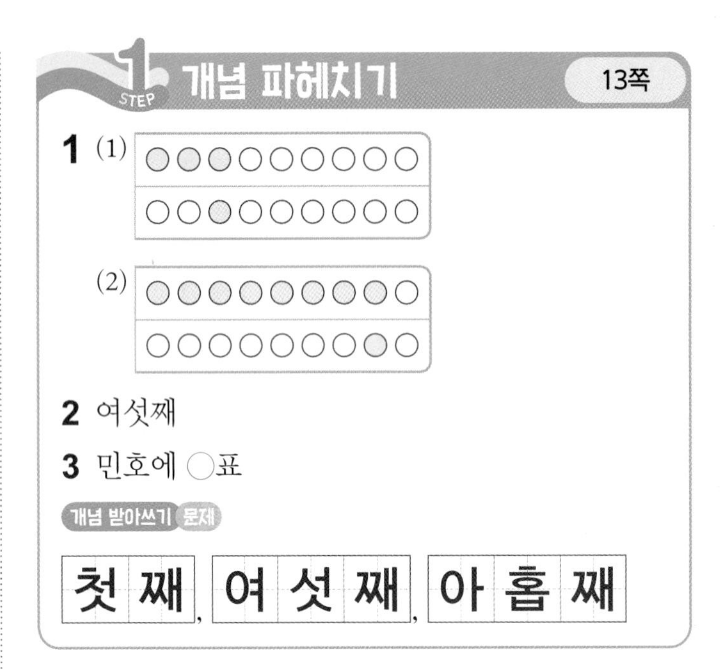

1 STEP 개념 파헤치기 13쪽

1 (1)

(2)

2 여섯째

3 민호에 ○표

개념 받아쓰기 문제

첫째, 여섯째, 아홉째

1 (1) 셋은 수를 나타내므로 하나씩 세어 세 개에 모두 색칠하고 셋째는 순서를 나타내므로 차례로 세어 셋째 한 개에만 색칠합니다.
(2) 여덟은 수를 나타내므로 하나씩 세어 여덟 개에 모두 색칠하고 여덟째는 순서를 나타내므로 차례로 세어 여덟째 한 개에만 색칠합니다.

2 왼쪽에서 세면 색칠한 칸은 첫째－둘째－셋째－넷째－다섯째－여섯째입니다.

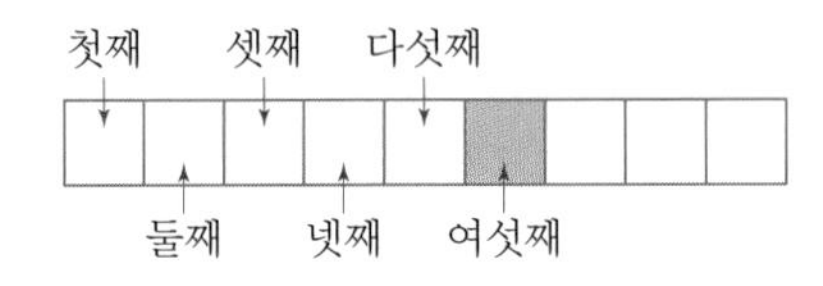

3 생각 열기 첫째가 되는 기준이 오른쪽입니다.
오른쪽에서 첫째에 있는 친구는 성수입니다.
따라서 성수부터 첫째, 둘째, 셋째, 넷째, 다섯째, 여섯째로 세어 보면 여섯째에 서 있는 친구는 민호입니다.

주의 왼쪽부터 첫째, 둘째, 셋째, ...로 세지 않도록 주의합니다.

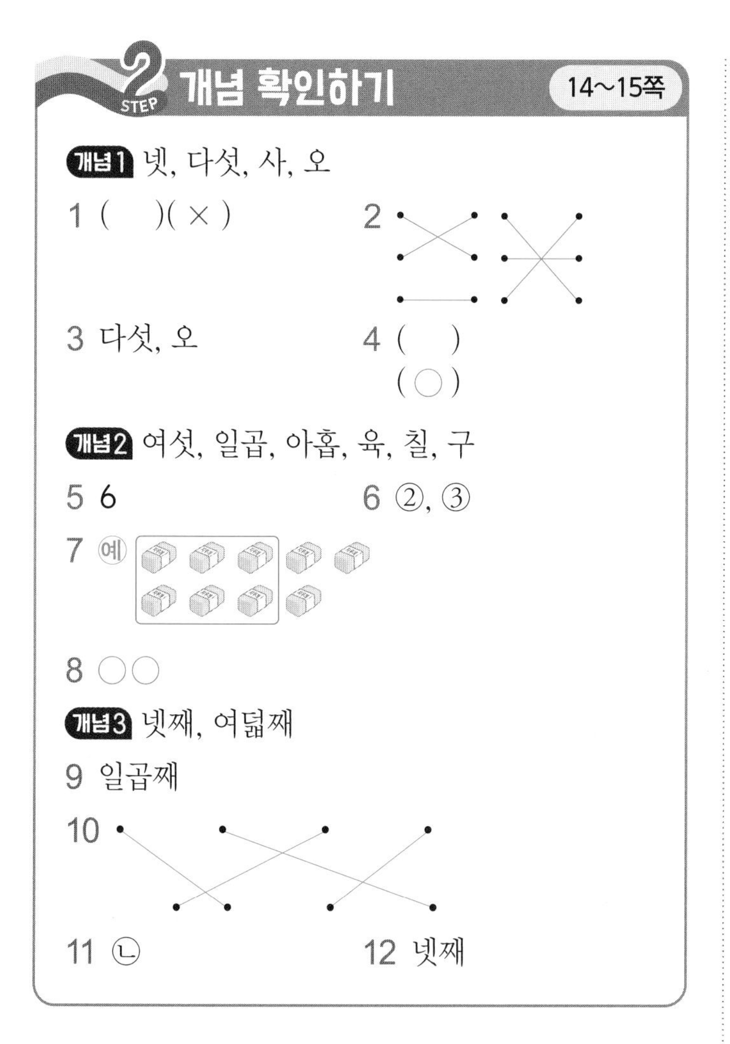

2 STEP 개념 확인하기 14~15쪽

개념1 넷, 다섯, 사, 오

1 ( )(×)

2 (선 잇기)

3 다섯, 오

4 ( )
(○)

개념2 여섯, 일곱, 아홉, 육, 칠, 구

5 6

6 ②, ③

7 예

8 ○○

개념3 넷째, 여덟째

9 일곱째

10 (선 잇기)

11 ㉡

12 넷째

1 4는 넷 또는 사라고 읽습니다.

2 생각 열기 주사위 눈의 수를 세어 읽어 봅니다.
⇨ 5(오), ⇨ 1(일), ⇨ 2(이)

3 수박의 수는 5입니다.
5는 다섯 또는 오라고 읽습니다.

4 원숭이는 4마리, 얼룩말은 3마리입니다.
따라서 바르게 말하고 있는 친구는 영호입니다.

5 양을 세어 보면 하나, 둘, 셋, 넷, 다섯, 여섯이므로 6입니다.

6 ① 일곱 ⇨ 7
② ●●●●●●●●● ⇨ 8
③ 팔 ⇨ 8
④ 여섯 ⇨ 6
⑤ 칠 ⇨ 7

7 하나부터 여섯까지 세면서 표시한 다음 표시한 것을 묶어 봅니다.
참고 지우개를 6만큼 묶는 방법은 여러 가지입니다.

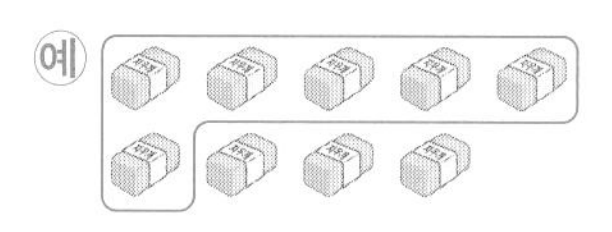

8 사과의 수는 7입니다. 따라서 여덟, 아홉까지 ○를 2개 그려야 합니다.

9 오른쪽에서 세면 색칠한 칸은 일곱째입니다.

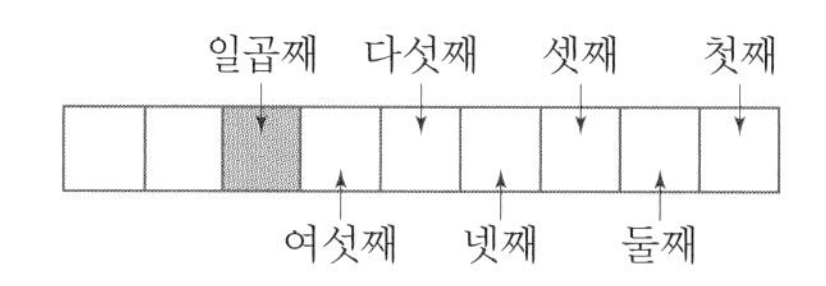

10 왼쪽에서 첫째, 둘째, 셋째, 넷째, 다섯째, 여섯째, 일곱째입니다.

11

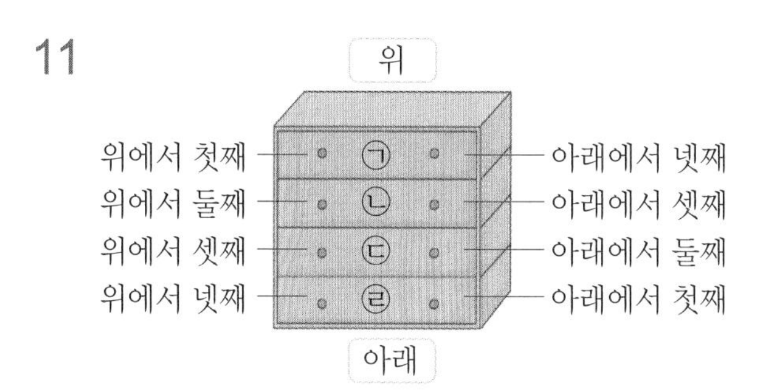

위에서 둘째 서랍은 ㉡입니다.
주의 첫째가 되는 기준이 무엇인지에 따라 순서가 달라지므로 주의합니다.

12 생각 열기 먼저 은진이와 지후 사이에 서 있는 친구가 누구인지 찾아봅니다.

은진이와 지후 사이에 서 있는 친구는 영아입니다.
영아는 오른쪽에서 넷째입니다.

1 STEP 개념 파헤치기 17쪽

1 (　)(○)

2 (1) 2, 6　(2) 7, 1

3 (1)

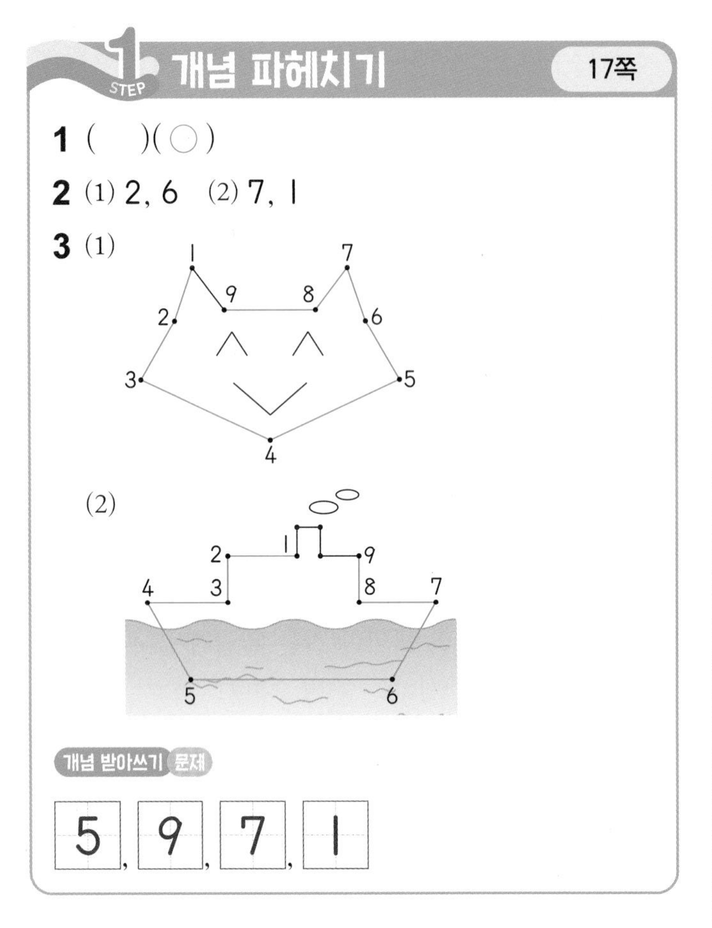

개념 받아쓰기 문제

5, 9, 7, 1

1 수를 순서대로 쓰면 1, 2, 3, 4, 5, 6입니다.

2 (1) 수를 순서대로 쓰면 1, 2, 3, 4, 5, 6, 7, 8, 9입니다.
(2) 순서를 거꾸로 하여 수를 쓰면 9, 8, 7, 6, 5, 4, 3, 2, 1입니다.

3 1, 2, 3, 4, 5, 6, 7, 8, 9의 순서대로 이어 봅니다.

1 STEP 개념 파헤치기 19쪽

1 4, 5, 6

2 (1) 4, 큰에 ○표　(2) 9, 큰에 ○표

3 (1) 3, 작은에 ○표　(2) 6, 작은에 ○표

개념 받아쓰기 문제

작은, 큰

1 사과의 수는 5입니다.
5보다 1만큼 더 작은 수는 5 바로 앞의 수인 4이고 1만큼 더 큰 수는 5 바로 뒤의 수인 6입니다.

2 (1) 수를 순서대로 썼을 때 3 바로 뒤의 수는 4입니다.
⇨ 3보다 1만큼 더 큰 수는 4입니다.
(2) 수를 순서대로 썼을 때 8 바로 뒤의 수는 9입니다.
⇨ 8보다 1만큼 더 큰 수는 9입니다.

3 (1) 수를 순서대로 썼을 때 4 바로 앞의 수는 3입니다.
⇨ 4보다 1만큼 더 작은 수는 3입니다.
(2) 수를 순서대로 썼을 때 7 바로 앞의 수는 6입니다.
⇨ 7보다 1만큼 더 작은 수는 6입니다.

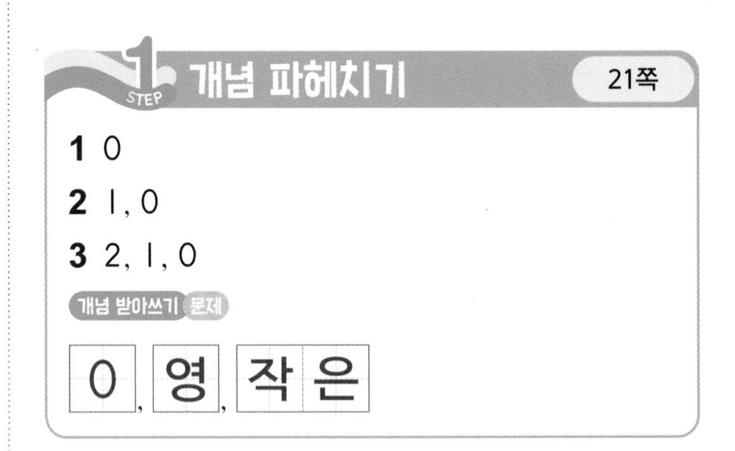

1 STEP 개념 파헤치기 21쪽

1 0

2 1, 0

3 2, 1, 0

개념 받아쓰기 문제

0, 영, 작은

1 접시 위에 담겨 있는 만두가 한 개도 없습니다.
아무것도 없으므로 0이라고 씁니다.

2 달팽이가 한 마리 있으므로 1이라고 씁니다.
달팽이가 한 마리도 없으면 0이라고 씁니다.

3 꽃이 한 송이씩 줄어들고 있습니다.
꽃이 한 송이도 없으면 0이라고 씁니다.

STEP 1 개념 파헤치기 23쪽

1 (1) 앞에 ○표 (2) 작습니다에 ○표
2 (1) (○)(   ) (2) (○)(   )
3 (1) (   )(△) (2) (△)(   )

개념 받아쓰기 문제

큽니다, 큽니다,
작습니다, 작습니다

1 1, 2, 3, 4, 5, 6, 7, 8, 9
(1) 6은 8보다 앞에 있습니다.
(2) 6은 8보다 작습니다.

2 (1) 수를 순서대로 썼을 때 9는 5보다 뒤에 있습니다.
⇨ 9는 5보다 큽니다.
(2) 수를 순서대로 썼을 때 8은 7보다 뒤에 있습니다.
⇨ 8은 7보다 큽니다.

3 (1) 수를 순서대로 썼을 때 3은 7보다 앞에 있습니다.
⇨ 3은 7보다 작습니다.
(2) 수를 순서대로 썼을 때 1은 4보다 앞에 있습니다.
⇨ 1은 4보다 작습니다.

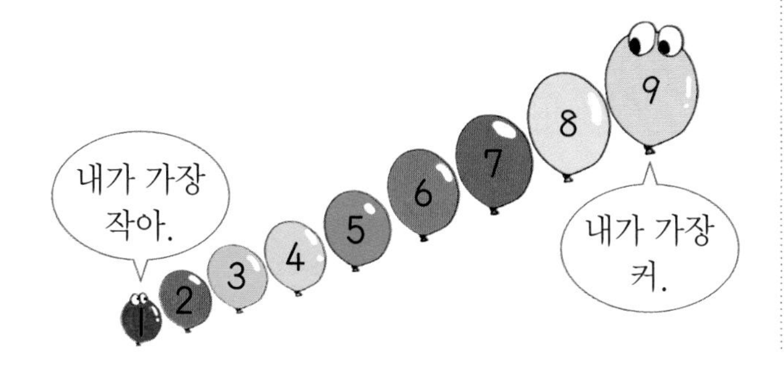

STEP 2 개념 확인하기 24~25쪽

개념4 4, 8
1 3, 5, 6, 9　　2 8, 5, 4, 3, 1
3 1, 4, 2
개념5 4, 6
4 3, 5　　5 (   )(   )(○)
6 7, 9　　7 9
개념6 0, 영
8 작은에 ○표　　9 ㉠, ㉣
개념7 뒤, 앞
10 (1) 큽니다 (2) 작습니다
11 1, 2, 3, 4, 5　　12 5, 6, 7

1 수를 순서대로 쓰면
1, 2, 3, 4, 5, 6, 7, 8, 9입니다.

2 순서를 거꾸로 하여 수를 쓰면
9, 8, 7, 6, 5, 4, 3, 2, 1입니다.

3 수를 순서대로 쓰면 1, 2, 3, 4, 5입니다.

4 4보다 1만큼 더 작은 수는 4 바로 앞의 수인 3이고 1만큼 더 큰 수는 4 바로 뒤의 수인 5입니다.

5 2보다 1만큼 더 작은 수는 1이므로 1을 나타내는 것을 찾습니다.

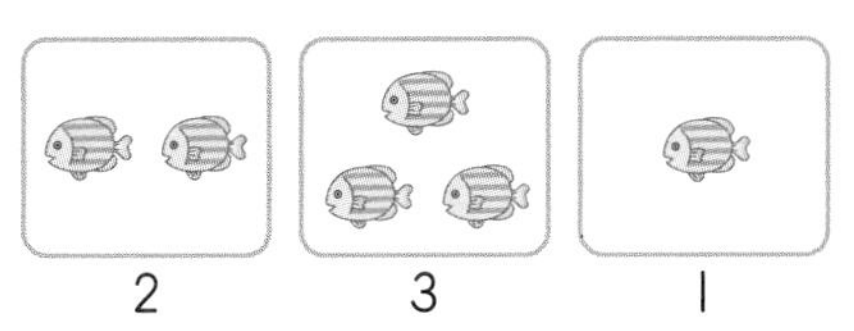

6 8보다 1만큼 더 작은 수는 7이고
8보다 1만큼 더 큰 수는 9입니다.

7 성룡: 7보다 1만큼 더 큰 수 ⇨ 8
현철: 8보다 1만큼 더 큰 수 ⇨ 9

8 1보다 1만큼 더 작은 수는 0입니다.

9 금붕어는 한 마리도 없으므로 0입니다.
0은 영이라고 읽습니다.

10 (1) 8은 3보다 뒤에 있으므로 8은 3보다 큽니다.
(2) 6은 7보다 앞에 있으므로 6은 7보다 작습니다.

11 수를 순서대로 썼을 때 앞에 있는 수가 뒤에 있는 수보다 작은 수입니다.

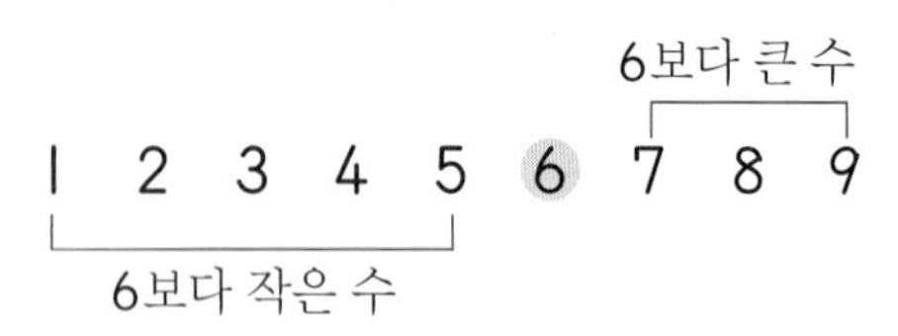

⇨ 6보다 작은 수는 1, 2, 3, 4, 5입니다.

12 수를 순서대로 썼을 때 4보다 뒤에 있는 수를 주어진 수 중에서 찾습니다.

4보다 큰 수
1 2 3 4 5 6 7 8 9
4보다 작은 수

⇨ 주어진 수에는 5, 6, 7이 있습니다.

3 STEP 단원 마무리 평가 26~28쪽

1 토끼 ○○○○
다람쥐 ○○○○○○

2 (1) 적습니다에 ○표 (2) 작습니다에 ○표

3 둘째, 넷째

4 5

5 일곱, 칠

6

여섯(육)	○○○○○○○○○
여섯째	○○○○○○○○○

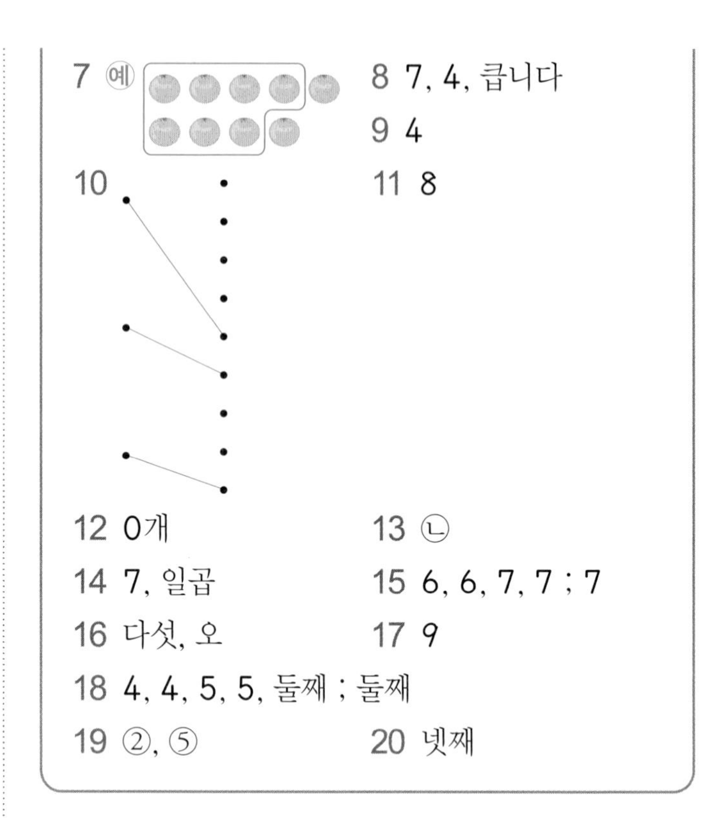

7 예

8 7, 4, 큽니다

9 4

10

11 8

12 0개

13 ㉡

14 7, 일곱

15 6, 6, 7, 7 ; 7

16 다섯, 오

17 9

18 4, 4, 5, 5, 둘째 ; 둘째

19 ②, ⑤

20 넷째

1 • 토끼는 하나, 둘, 셋, 넷이므로 ○를 4개 그립니다.
• 다람쥐는 하나, 둘, 셋, 넷, 다섯, 여섯이므로 ○를 6개 그립니다.

2 (1) 1에서 토끼는 다람쥐보다 ○가 적습니다.
(2) ○가 적은 4가 6보다 작습니다.

3 생각 열기 순서는 뒤에 '째'를 붙입니다.
왼쪽에서부터 첫째, 둘째, 셋째, 넷째, 다섯째입니다.

4 귤을 세어 보면 하나, 둘, 셋, 넷, 다섯이므로 5입니다.

5 돌고래의 수는 7입니다.
7은 일곱 또는 칠이라고 읽습니다.

6 여섯은 수를 나타내므로 하나씩 세어 여섯 개에 모두 색칠하고 여섯째는 순서를 나타내므로 차례로 세어 여섯째 한 개에만 색칠합니다.

7 하나부터 일곱까지 세면서 표시한 다음 표시한 것을 묶어 봅니다.

8 7과 4의 크기를 비교하면 7은 4보다 큽니다.

9 승아가 펼친 손가락은 5개입니다.
⇨ 5보다 1만큼 더 작은 수는 4입니다.

10

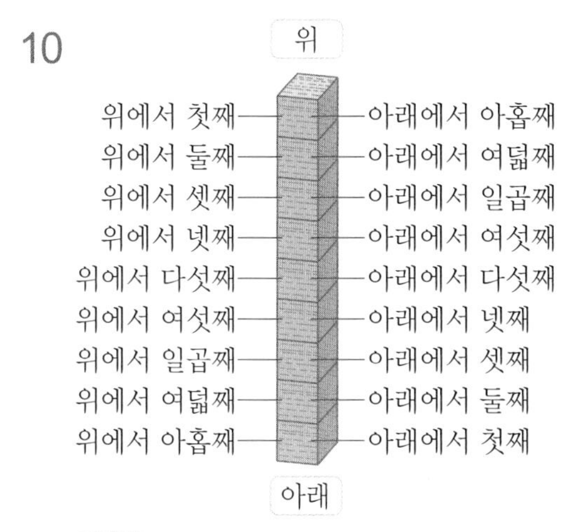

주의 첫째가 되는 기준이 무엇인지에 따라 순서가 달라지므로 주의합니다.

11 5보다 1만큼 더 큰 수 ⇨ 6
6보다 1만큼 더 큰 수 ⇨ 7
7보다 1만큼 더 큰 수 ⇨ 8(㉠)

12 3개 중에서 3개를 먹으면 남은 것은 아무것도 없으므로 초콜릿은 0개가 되었습니다.

13 ㉠ 7은 8보다 1만큼 더 작은 수입니다.
㉡ 2는 9보다 작습니다.
㉢ 6보다 1만큼 더 작은 수는 5입니다.
따라서 바르게 설명한 것은 ㉡입니다.

14 8보다 1만큼 더 작은 수는 7이고
7은 일곱 또는 칠이라고 읽습니다.

15 수를 순서대로 썼을 때 1만큼 더 큰 수는 바로 뒤의 수이고 1만큼 더 작은 수는 바로 앞의 수입니다.
서술형 가이드 풀이 과정에 들어 있는 □ 안을 모두 알맞게 채웠는지 확인합니다.

채점 기준		
	□ 안을 모두 채우고 답을 바르게 구함.	상
	□ 안을 모두 채우지 못했지만 답을 바르게 구함.	중
	□ 안을 모두 채우지 못하고 답을 잘못 구함.	하

16 1 2 3 4 5 6 7 8 9
(2보다 큰 수: 3~9, 6보다 작은 수: 1~5)
2보다 크고 6보다 작은 수는 3, 4, 5입니다.
⇨ 3, 4, 5 중에서 4보다 큰 수는 5입니다.
5는 다섯 또는 오라고 읽습니다.

17 경수가 1부터 9까지의 수 중에서 가장 큰 수인 9를 말했을 때 미호는 9보다 작은 수를 말하게 됩니다. 따라서 경수가 미호를 항상 이깁니다.

18 서술형 가이드 풀이 과정에 들어 있는 □ 안을 모두 알맞게 채웠는지 확인합니다.

채점 기준		
	□ 안을 모두 채우고 답을 바르게 구함.	상
	□ 안을 모두 채우지 못했지만 답을 바르게 구함.	중
	□ 안을 모두 채우지 못하고 답을 잘못 구함.	하

19 생각 열기 가에는 나보다 큰 수가 들어가야 합니다.
① 2는 3보다 큽니다. (×)
② 5는 1보다 큽니다. (○)
③ 3은 4보다 큽니다. (×)
④ 7은 8보다 큽니다. (×)
⑤ 9는 6보다 큽니다. (○)

20

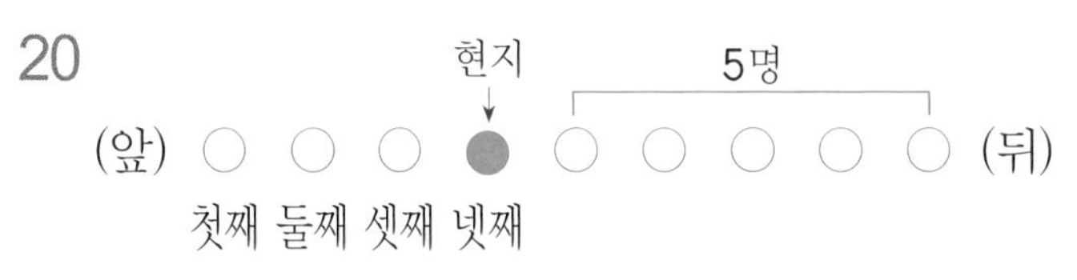

⇨ 현지는 앞에서 넷째에 서 있습니다.

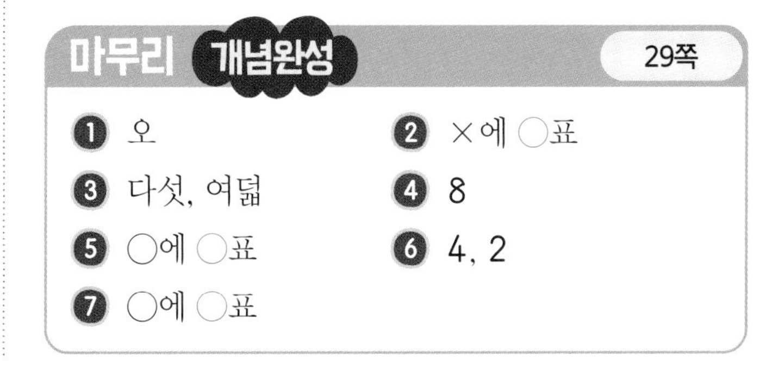

마무리 개념완성 29쪽

❶ 오 ❷ ×에 ○표
❸ 다섯, 여덟 ❹ 8
❺ ○에 ○표 ❻ 4, 2
❼ ○에 ○표

꼼꼼 풀이집

2. 여러 가지 모양

1 네모나게 생긴 모양을 찾습니다.

2 실 뭉치를 제외한 나머지는 모두 같은 모양입니다.

3 냉장고는 선물 상자, 옥수수 캔은 저금통, 농구공은 멜론과 같은 모양입니다.

1 모양은 라면 상자입니다.

2 뾰족한 부분이 보이므로 모양을 찾습니다.

3 모양에 대한 설명입니다.

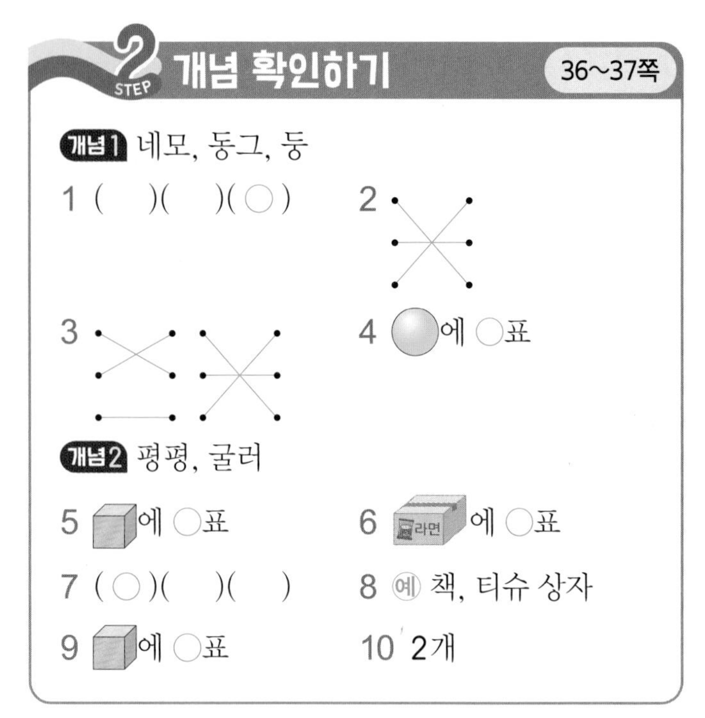

1 풀 과 같은 모양을 찾을 때는 와 같은 물건은 포함하지 않습니다.

2 지구본은 풍선, 초콜릿 상자는 가방, 사이다 캔은 양초와 같은 모양입니다.

3 • 모양: , • 모양: ,
• 모양: ,

4

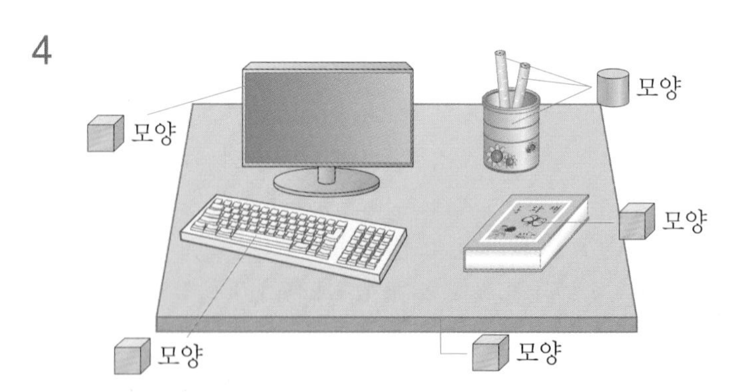

5 동화책은 모양입니다.

6

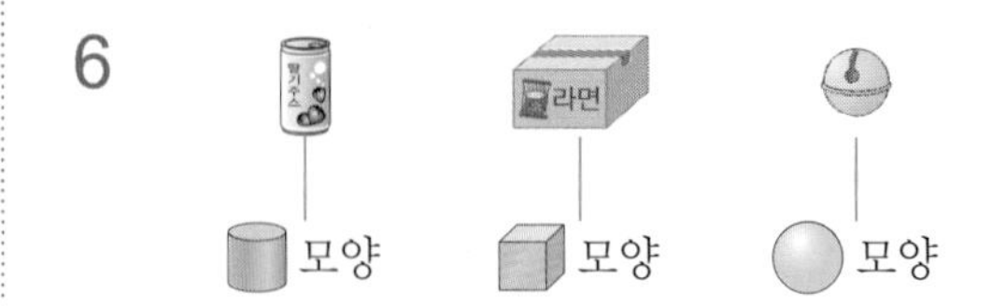

7 모양에 대한 설명입니다.

8 뾰족한 부분이 보이므로 모양의 물건을 씁니다.

9 뾰족한 부분이 보이므로 이 물건은 모양입니다.

10 모양: , ⇨ 2개

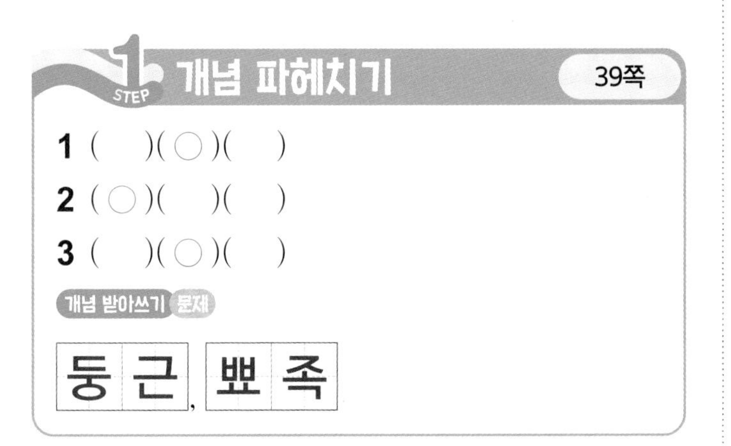

개념 파헤치기 39쪽

1 ( )(○)( )
2 (○)( )( )
3 ( )(○)( )

개념 받아쓰기 문제

둥근, 뾰족

1 모양은 자동차 바퀴입니다.

2 둥글고 기둥 같은 부분이 보이므로 모양을 찾습니다.

3 모양에 대한 설명입니다.

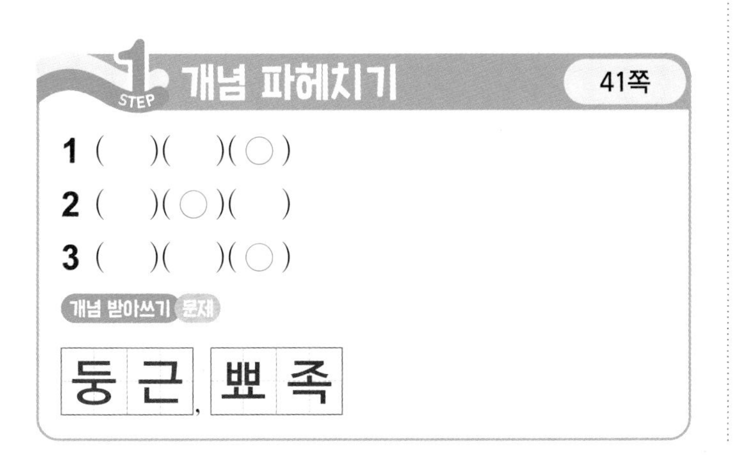

개념 파헤치기 41쪽

1 ( )( )(○)
2 ( )(○)( )
3 ( )( )(○)

개념 받아쓰기 문제

둥근, 뾰족

1 모양은 농구공입니다.

2 둥근 부분만 보이므로 모양을 찾습니다.

3 모양에 대한 설명입니다.

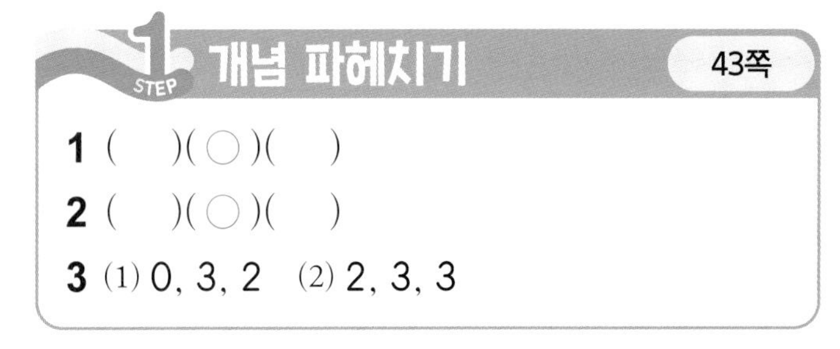

개념 파헤치기 43쪽

1 ( )(○)( )
2 ( )(○)( )
3 (1) 0, 3, 2 (2) 2, 3, 3

1 모양으로만 만들었습니다.

2 모양과 모양으로 만들었습니다.

3 (1) 모양 0개, 모양 3개, 모양 2개를 사용하여 만든 것입니다.
(2) 모양 2개, 모양 3개, 모양 3개를 사용하여 만든 것입니다.

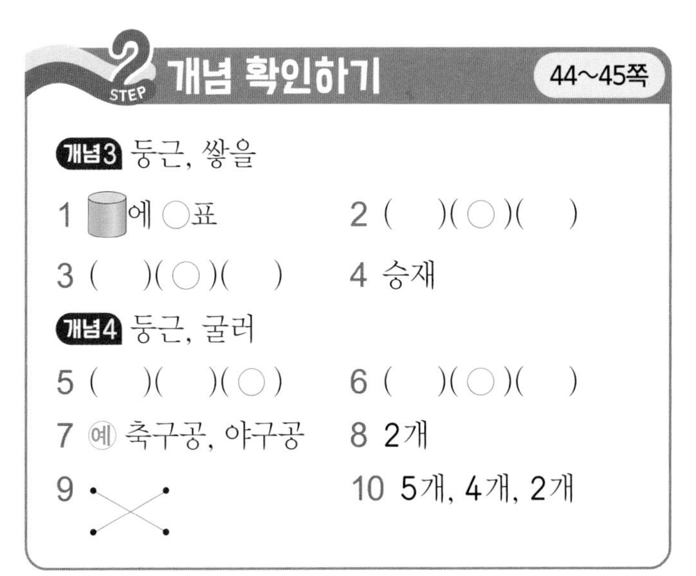

개념 확인하기 44~45쪽

개념3 둥근, 쌓을

1 에 ○표   2 ( )(○)( )

3 ( )(○)( )   4 승재

개념4 둥근, 굴러

5 ( )( )(○)   6 ( )(○)( )

7 예 축구공, 야구공   8 2개

9   10 5개, 4개, 2개

1 둥글고 기둥 같은 부분이 보이므로 모양의 일부분입니다.

2 둥글고 기둥 같은 부분이 보이므로 모양을 찾아봅니다.
⇨ 은 모양입니다.

3 모양에 대한 설명입니다.

4 은 모양의 일부분이므로 모양을 찾은 사람을 찾아봅니다.
재한: 모양, 민우: 모양,
승재: 모양, 가현: 모양
따라서 바르게 찾은 사람은 승재입니다.

5 둥근 부분만 보이므로 모양의 일부분입니다.

6 모양은 야구공입니다.

7 둥근 부분만 보이므로 모양의 물건을 씁니다.

8 모양: , ⇨ 2개

9 두 모양은 모양이 1개 차이납니다.

10
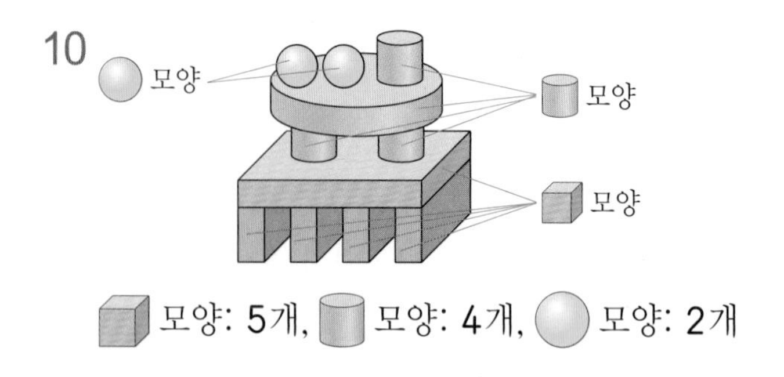

모양: 5개, 모양: 4개, 모양: 2개

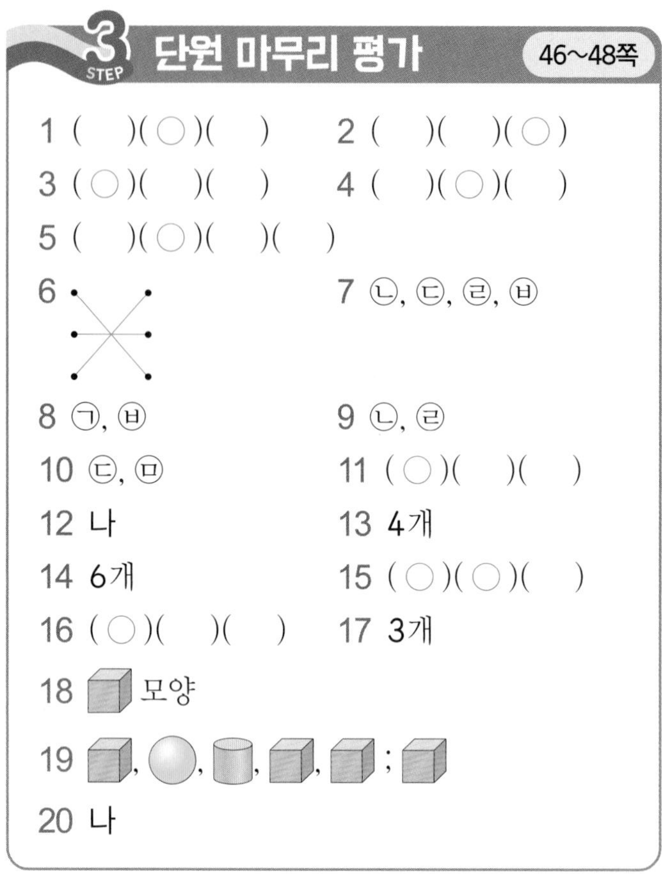
3 STEP 단원 마무리 평가 46~48쪽

1 ( )(○)( )
2 ( )( )(○)
3 (○)( )( )
4 ( )(○)( )
5 ( )(○)( )( )
6
7 ㉡, ㉢, ㉣, ㉥
8 ㉠, ㉥
9 ㉡, ㉣
10 ㉢, ㉤
11 (○)( )( )
12 나
13 4개
14 6개
15 (○)(○)( )
16 (○)( )( )
17 3개
18 모양
19 , , , , ;
20 나

1
2
3

4 모두 모양입니다.

5 배구공은 모양이고, 나머지는 모두 모양입니다.
따라서 배구공을 제외한 나머지는 모두 같은 모양이므로 배구공에 ○표 합니다.

6 상자 안의 물건의 일부분을 보고 전체 모양을 찾아 이어 봅니다.

7 굴러가는 모양은 모양과 모양입니다.

8 모양을 찾으면 ㉠, ㉥입니다.

9 모양을 찾으면 ㉡, ㉣입니다.

10 모양을 찾으면 ㉢, ㉤입니다.

11 모양의 일부분입니다.
모양은 뾰족한 부분이 있으므로 뾰족한 부분이 있는 것을 찾습니다.

12 나에 모양 1개를 사용했습니다.

13 은 모양의 일부분입니다.
가에 모양 4개를 사용했습니다.

14 은 모양의 일부분입니다.
나에 모양 6개를 사용했습니다.

15 쌓을 수 있는 모양은 평평한 부분이 있는 모양과 모양입니다.

16 틀이 모양이므로 만들어진 얼음의 모양은 모양입니다.

17 은 모양의 일부분입니다.
모양: , , ⇨ 3개

18
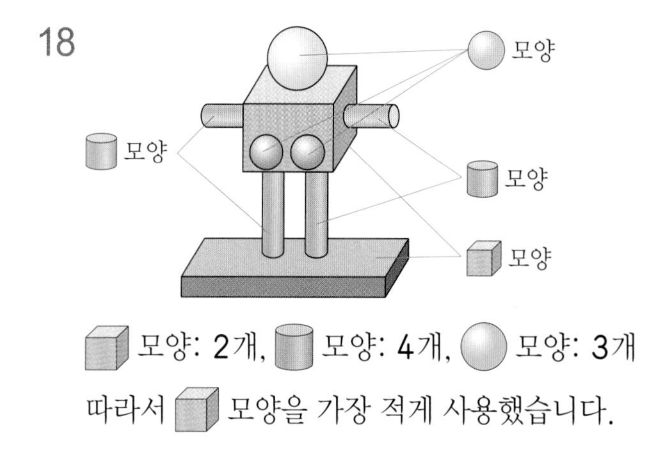

모양: 2개, 모양: 4개, 모양: 3개
따라서 모양을 가장 적게 사용했습니다.

19 서술형 가이드 풀이 과정에 들어 있는 □ 안을 모두 알맞게 채웠는지 확인합니다.

채점 기준		
	□ 안을 모두 채우고 답을 바르게 구함.	상
	□ 안을 모두 채우지 못했지만 답을 바르게 구함.	중
	□ 안을 모두 채우지 못하고 답을 잘못 구함.	하

20 모양 1개, 모양 4개, 모양 1개를 사용한 모양을 찾으면 나입니다.

참고
가: 모양 1개, 모양 2개, 모양 1개
다: 모양 1개, 모양 4개, 모양 0개

마무리 개념완성 49쪽

❶ ×에 ○표
❷ ×에 ○표
❸ ○에 ○표
❹
❺
❻

3. 덧셈과 뺄셈

STEP 1 개념 파헤치기 53쪽

1 (1) 5 (2) 2

2 (1) ○○○○○ ; 5 (2) ○○○ ; 3

3 (1) 5 (2) 4 (3) 1

개념 받아쓰기 문제

모 으 기, 가 르 기

1 (1) 감 4개와 감 1개를 모으면 감 5개입니다.
4와 1을 모으면 5입니다.
(2) 구슬 4개는 구슬 2개와 구슬 2개로 가를 수 있습니다.
4는 2와 2로 가를 수 있습니다.

2 (1) 지우개 3개와 지우개 2개를 모으면 지우개 5개이므로 빈 곳에 ○ 5개를 그립니다.
3과 2를 모으면 5입니다.
(2) 연필 5자루는 연필 2자루와 연필 3자루로 가를 수 있으므로 빈 곳에 ○ 3개를 그립니다.
5는 2와 3으로 가를 수 있습니다.

3 (1) 1과 4를 모으면 5입니다.
(2) 3과 1을 모으면 4입니다.
(3) 2는 1과 1로 가를 수 있습니다.

STEP 1 개념 파헤치기 55쪽

1 (1) 6 (2) 5

2 (1) ○○○○○○○ ; 7 (2) ○○○ ; 3

3 (1) 9 (2) 6 (3) 4

개념 받아쓰기 문제

모 으 기, 가 르 기

1 (1) 병아리 4마리와 닭 2마리를 모으면 6마리입니다.
4와 2를 모으면 6입니다.
(2) 색연필 8자루는 초록 색연필 3자루와 빨간 색연필 5자루로 가를 수 있습니다.
8은 3과 5로 가를 수 있습니다.

2 (1) 검은 바둑돌 2개와 흰 바둑돌 5개를 모으면 바둑돌 7개이므로 빈 곳에 ○ 7개를 그립니다.
2와 5를 모으면 7입니다.
(2) 바둑돌 6개는 검은 바둑돌 3개와 흰 바둑돌 3개로 가를 수 있으므로 빈 곳에 ○ 3개를 그립니다.
6은 3과 3으로 가를 수 있습니다.

3 (1) 1과 8을 모으면 9입니다.
(2) 7은 1과 6으로 가를 수 있습니다.
(3) 9는 5와 4로 가를 수 있습니다.

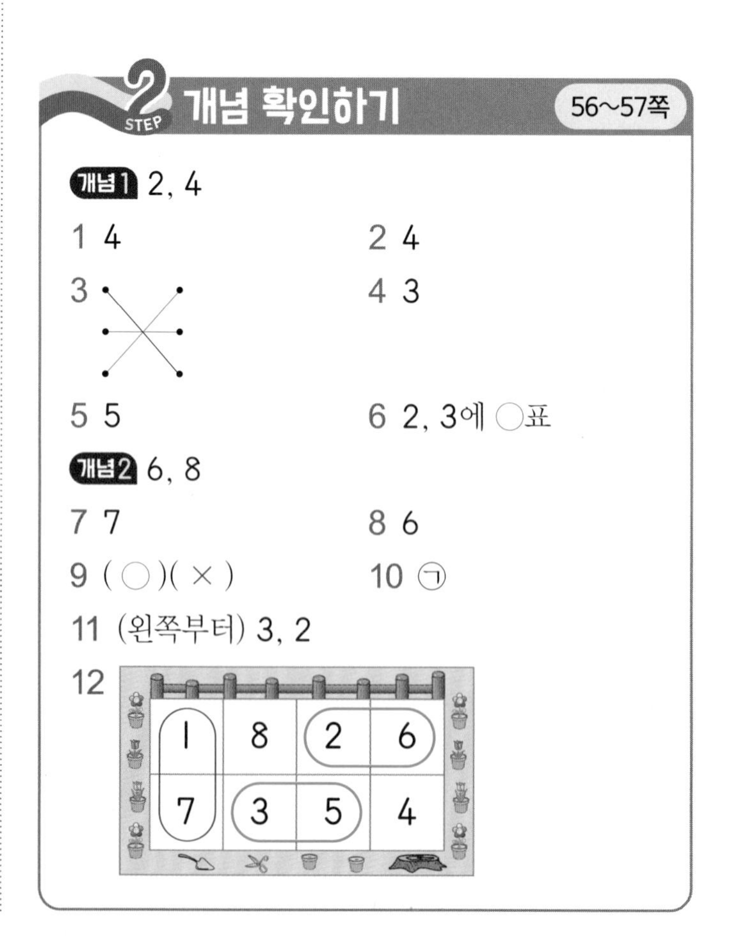

STEP 2 개념 확인하기 56~57쪽

개념1 2, 4

1 4
2 4
3 (선 잇기)
4 3
5 5
6 2, 3에 ○표

개념2 6, 8

7 7
8 6
9 (○)(×)
10 ㉠
11 (왼쪽부터) 3, 2
12

1	8	2	6
7	3	5	4

1 컵케이크 3개와 컵케이크 1개를 모으면 컵케이크 4개입니다.
따라서 3과 1을 모으면 4입니다.

2 모자 5개는 보라색 모자 1개와 초록색 모자 4개로 가를 수 있습니다.
따라서 5는 1과 4로 가를 수 있습니다.

3 왼쪽에는 지우개가 3개, 물고기가 1마리, 꽃이 2송이 있습니다.
오른쪽에는 동전이 2개, 연필이 3자루, 사과가 1개 있습니다.
3과 1, 1과 3, 2와 2를 모으면 4가 됩니다.
따라서 지우개 3개와 사과 1개, 물고기 1마리와 연필 3자루, 꽃 2송이와 동전 2개를 이으면 모은 수가 4가 됩니다.

4 3을 두 수로 가르기한 뒤 가르기한 두 수를 다시 모으면 처음 수인 3입니다.
따라서 ㉠은 3입니다.

5 **생각 열기** 처음 수를 두 수로 가르기한 뒤 가르기한 두 수를 다시 모으면 처음 수가 됩니다.
1과 4, 2와 3, 3과 2, 4와 1을 모으면 5이므로 어떤 수는 5입니다.

6 2와 3을 모으면 5가 됩니다.
4는 1과 모으면 5가 됩니다. 하지만 숫자 자석 중에 1이 없으므로 답이 될 수 없습니다.

7 초콜릿 4개와 초콜릿 3개를 모으면 초콜릿 7개입니다.
따라서 4와 3을 모으면 7입니다.

8 김밥 8개는 김밥 2개와 김밥 6개로 가를 수 있습니다.
따라서 8은 2와 6으로 가를 수 있습니다.

9 6은 4와 2로 가를 수 있으므로 왼쪽은 가르기를 바르게 했습니다.
2와 5로 가를 수 있는 수는 7이므로 오른쪽은 가르기를 잘못 했습니다.
8은 2와 6 또는 3과 5로 가를 수 있습니다.

10 ㉠ 2와 7을 모으면 9입니다.
㉡ 3과 5를 모으면 8입니다.
㉢ 4와 4를 모으면 8입니다.
따라서 두 수를 모은 수가 다른 하나는 ㉠입니다.

11 6은 3과 3으로 가를 수 있고 3은 1과 2로 가를 수 있습니다.

12 1과 7, 3과 5, 2와 6을 모으면 8입니다.

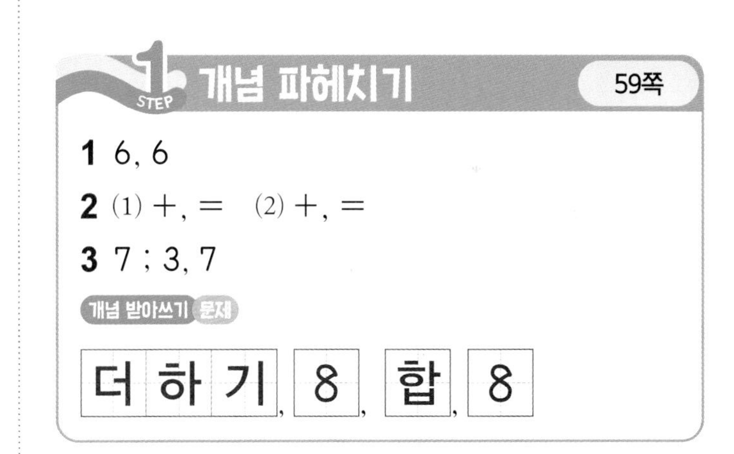

1 STEP 개념 파헤치기 59쪽

1 6, 6
2 (1) +, = (2) +, =
3 7 ; 3, 7

개념 받아쓰기 문제

더하기, 8, 합, 8

1 사과 4개와 사과 2개를 더하면 사과 6개이므로 $4+2=6$입니다.

2 (1) 3 더하기 6은 9와 같습니다.
⇨ $3+6=9$
(2) 5와 4의 합은 9입니다.
⇨ $5+4=9$

3 $4+3=7$ ⇨ 4 더하기 3은 7과 같습니다. / 4와 3의 합은 7입니다.

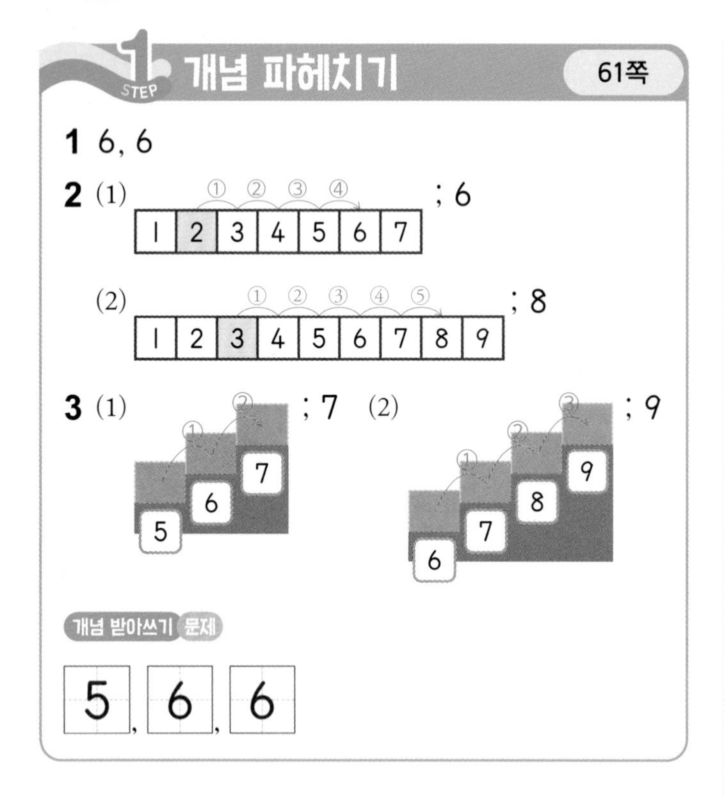

STEP 1 개념 파헤치기 61쪽

1 6, 6

2 (1) ; 6

(2) ; 8

3 (1) ; 7 (2) ; 9

개념 받아쓰기 문제

5, 6, 6

1 3 바로 뒤의 수부터 3개의 수를 이어서 세면 4, 5, 6입니다. ⇨ $3+3=6$

2 (1) 2에서 시작하여 오른쪽으로 4만큼 가면 6입니다. ⇨ $2+4=6$
(2) 3에서 시작하여 오른쪽으로 5만큼 가면 8입니다. ⇨ $3+5=8$

3 (1) 5에서 2만큼 올라가면 7입니다.
⇨ $5+2=7$
(2) 6에서 3만큼 올라가면 9입니다.
⇨ $6+3=9$

STEP 1 개념 파헤치기 63쪽

1 6

2 4, 8

3 (1) 7, 7 (2) 8, 8

개념 받아쓰기 문제

7, 7, 8, 8

1 종이배 4개에 종이배 2개를 더하면 종이배 6개입니다. ⇨ $4+2=6$

2 빨간색 ◯ 4개와 파란색 ◯ 4개를 더하면 ◯와 ◯는 8개입니다. ⇨ $4+4=8$

3 (1) 3과 4를 모으면 7입니다.
⇨ $3+4=7$
(2) 2와 6을 모으면 8입니다.
⇨ $2+6=8$

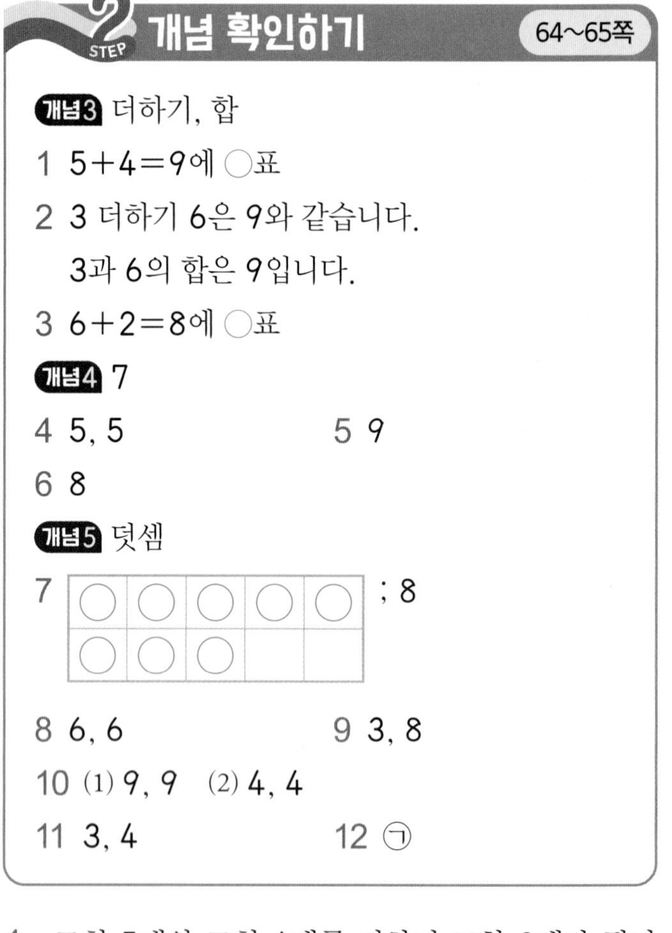

STEP 2 개념 확인하기 64~65쪽

개념3 더하기, 합

1 $5+4=9$에 ◯표

2 3 더하기 6은 9와 같습니다.
3과 6의 합은 9입니다.

3 $6+2=8$에 ◯표

개념4 7

4 5, 5　　5 9

6 8

개념5 덧셈

7 ; 8

8 6, 6　　9 3, 8

10 (1) 9, 9 (2) 4, 4

11 3, 4　　12 ㉠

1 모형 5개와 모형 4개를 더하면 모형 9개가 됩니다.
따라서 그림에 알맞은 덧셈식은 $5+4=9$입니다.

2 덧셈식은 두 가지 방법으로 읽을 수 있습니다.

3 나뭇가지에 새 6마리가 앉아 있고 새 2마리가 더 날아오고 있습니다.
따라서 그림에 알맞은 덧셈식은 $6+2=8$입니다.

4 3 다음의 수부터 2개의 수를 이어서 세면 4, 5입니다. ⇨ $3+2=5$

5

1	2	3	4	5	6	7	8	9

5에서 시작하여 오른쪽으로 4만큼 가면 9입니다. ⇨ $5+4=9$

6

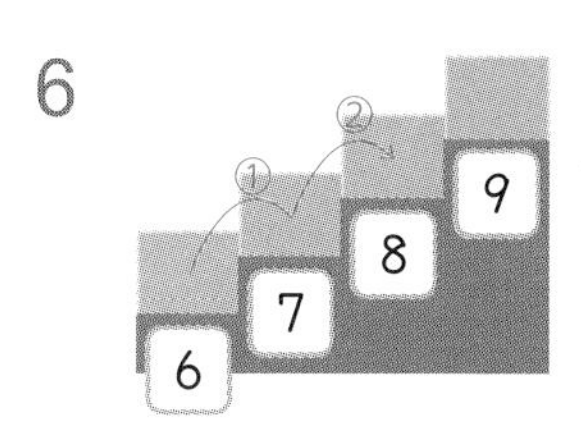

6에서 2만큼 올라가면 8입니다.
⇨ $6+2=8$

7 ○ 1개에 ○ 7개를 더하면 ○ 8개입니다.
⇨ $1+7=8$

8 3과 3을 모으면 6입니다. ⇨ $3+3=6$

9 5와 3을 더하면 8입니다. ⇨ $5+3=8$

10 (1) 6과 3을 모으면 9입니다.
⇨ $6+3=9$
(2) 2와 2를 모으면 4입니다.
⇨ $2+2=4$

11 1과 더해서 4가 되는 수는 3입니다.
○ 1개와 ○ 3개를 더하면 ○ 4개입니다.
⇨ $1+3=4$

12 • 3과 4를 모으면 7입니다.
$3+4=7$ ⇨ ㉠$=7$
• 5와 1을 모으면 6입니다.
$5+1=6$ ⇨ ㉡$=6$
따라서 7이 6보다 큽니다.

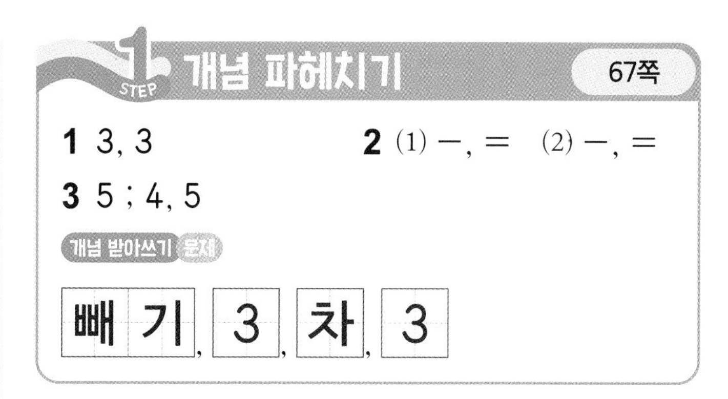

1 STEP 개념 파헤치기 67쪽

1 3, 3 **2** (1) −, = (2) −, =
3 5 ; 4, 5

개념 받아쓰기 문제

빼기, 3, 차, 3

1 농구공 6개에서 농구공 3개를 빼면 농구공 3개이므로 $6-3=3$입니다.

2 (1) 8 빼기 7은 1과 같습니다.
⇨ $8-7=1$
(2) 5와 4의 차는 1입니다.
⇨ $5-4=1$

3 $9-4=5$ ⇨ 9 빼기 4는 5와 같습니다.
9와 4의 차는 5입니다.

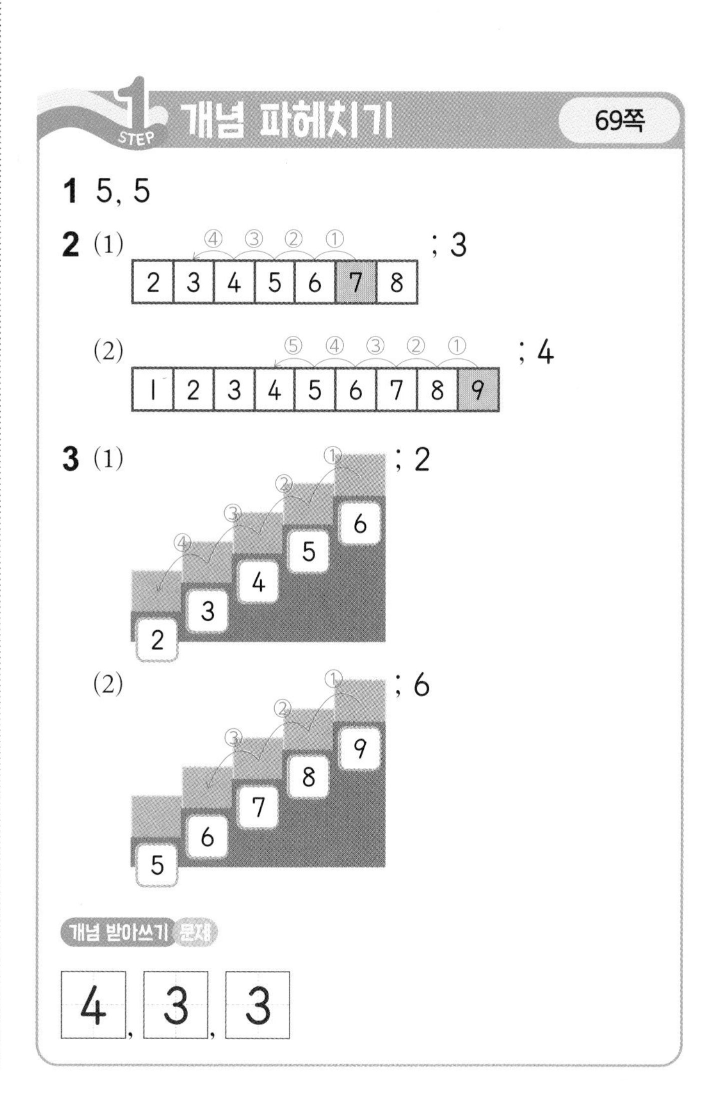

1 STEP 개념 파헤치기 69쪽

1 5, 5
2 (1) ; 3
(2) ; 4
3 (1) ; 2
(2) ; 6

개념 받아쓰기 문제

4, 3, 3

꼼꼼 풀이집

1 8 바로 앞의 수부터 3개의 수를 거꾸로 세면 7, 6, 5입니다.
⇨ $8-3=5$

2 (1) 7에서 시작하여 왼쪽으로 4만큼 가면 3입니다.
⇨ $7-4=3$
(2) 9에서 시작하여 왼쪽으로 5만큼 가면 4입니다.
⇨ $9-5=4$

3 (1) 6에서 4만큼 내려가면 2입니다.
⇨ $6-4=2$
(2) 9에서 3만큼 내려가면 6입니다.
⇨ $9-3=6$

STEP 1 개념 파헤치기 71쪽

1 1
2 5
3 (1) 4, 4 (2) 3, 3

개념 받아쓰기 문제

4, 4, 3, 3

1 하나씩 짝 지었을 때 짝 지어지지 않은 것의 수가 1입니다.
⇨ $4-3=1$

2 ○ 7개 중에서 2개를 /으로 지우면 ○ 5개가 남습니다.
⇨ $7-2=5$

3 (1) 8은 4와 4로 가르기할 수 있습니다.
⇨ $8-4=4$
(2) 9는 6과 3으로 가르기할 수 있습니다.
⇨ $9-6=3$

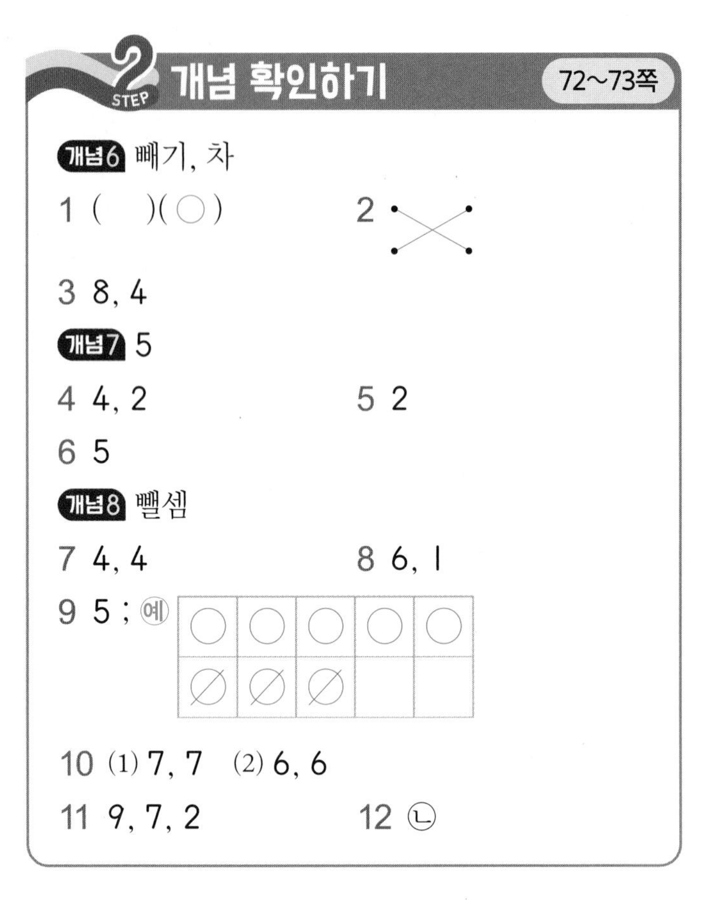
STEP 2 개념 확인하기 72~73쪽

개념6 빼기, 차

1 ( )(○)
2 (줄 잇기)
3 8, 4

개념7 5

4 4, 2
5 2
6 5

개념8 뺄셈

7 4, 4
8 6, 1
9 5 ; 예

○	○	○	○	○
∅	∅	∅		

10 (1) 7, 7 (2) 6, 6
11 9, 7, 2
12 ㉡

1 $6-4=2$는 6 빼기 4는 2와 같다라고 읽을 수 있습니다.

2 5개에서 4개를 빼는 것 ⇨ $5-4=1$
4개에서 2개를 빼는 것 ⇨ $4-2=2$

3 생각 열기 전체 얼룩말의 수를 세어 봅니다.
울타리 안에 남은 얼룩말은 4마리이고, 울타리 밖으로 나가는 얼룩말은 4마리입니다.
울타리 안에 남은 얼룩말의 수와 울타리 밖으로 나가는 얼룩말의 수를 더하면 전체 얼룩말의 수가 되므로 전체 얼룩말은 $4+4=8$(마리)입니다.
얼룩말 8마리 중에서 4마리가 울타리 밖으로 나가 4마리가 남았습니다.
따라서 그림에 알맞은 뺄셈식은 $8-4=4$입니다.

4 6 바로 앞의 수부터 4개의 수를 거꾸로 세면 5, 4, 3, 2입니다.
⇨ $6-4=2$

5 ⑤ ④ ③ ② ①

1	2	3	4	5	6	7	8	9

7에서 시작하여 왼쪽으로 5만큼 가면 2입니다.
⇨ $7-5=2$

6
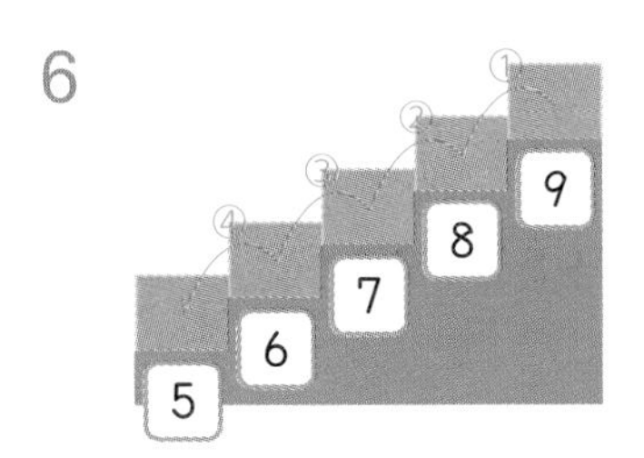

9에서 4만큼 내려가면 5입니다.
⇨ $9-4=5$

7 5는 1과 4로 가를 수 있습니다.
⇨ $5-1=4$

8 원숭이는 7마리, 바나나는 6개 있습니다. 원숭이 1마리와 바나나 1개를 짝 지어보면 원숭이 1마리가 남습니다.
⇨ $7-6=1$

9 주어진 뺄셈식이 $8-3=\square$이므로 ◯ 8개 중에서 3개를 /으로 지우면 ◯ 5개가 남습니다.
따라서 □ 안에 알맞은 수는 5입니다.

10 (1) 8은 1과 7로 가를 수 있습니다.
⇨ $8-1=7$
(2) 9는 6과 3으로 가를 수 있습니다.
⇨ $9-6=3$

11 ◯ 9개 중에서 7개를 /으로 지우면 ◯ 2개가 남습니다.
⇨ $9-7=2$

12 • 5는 2와 3으로 가를 수 있습니다.
$5-2=3$ ⇨ ㉠$=3$
• 9는 7과 2로 가를 수 있습니다.
$9-7=2$ ⇨ ㉡$=2$
따라서 2가 3보다 작습니다.

STEP 1 개념 파헤치기 75쪽

1 (1) 4 (2) 6
2 (1) 7 (2) 0
3 (1) 0, 3 (2) 0, 5
개념 받아쓰기 문제
0, 0, 0, 0

1 (1) $0+4=4$
(2) $6+0=6$

2 (1) 0을 빼도 값은 변하지 않습니다.
⇨ $7-0=7$
(2) 전체에서 전체를 빼면 0입니다.
⇨ $5-5=0$

3 (1) 우산의 수가 변하지 않았으므로 아무것도 더하지 않습니다. ⇨ $3+0=3$
(2) 바나나의 수가 변하지 않았으므로 아무것도 빼지 않았습니다. ⇨ $5-0=5$

STEP 1 개념 파헤치기 77쪽

1 (1) 3 (2) 4 (3) 5 (4) 5
2 (1) 6 (2) 6 (3) 6 (4) 6
3 (1) + (2) +
개념 받아쓰기 문제
7, 7, 커집

1 (1) 2와 3을 모으면 5입니다.
(2) 4와 1을 모으면 5입니다.
(3) $0+5=5$
(4) $5+0=5$

2 $1+5$, $2+4$, $3+3$, $4+2$는 모두 6으로 같습니다.

3 (1) 2에서 9로 수가 커졌으므로 덧셈을 한 것입니다. 따라서 □ 안에 알맞은 것은 +입니다.
(2) 4에서 5로 수가 커졌으므로 덧셈을 한 것입니다. 따라서 □ 안에 알맞은 것은 +입니다.

STEP 1 개념 파헤치기 79쪽

1 (1) 5 (2) 3 (3) 6 (4) 1
2 (1) 3 (2) 4 (3) 5 (4) 6
3 (1) − (2) −

개념 받아쓰기 문제

4, 4, 작아집

1 (1) 6은 1과 5로 가르기할 수 있습니다.
(2) 6은 3과 3으로 가르기할 수 있습니다.
(3) 6−0=6
(4) 7−1=6

2 ▲−1=□에서 ▲가 4, 5, 6, 7로 1씩 커지므로 □도 3, 4, 5, 6으로 1씩 커집니다.

3 (1) 8에서 5로 수가 작아졌으므로 뺄셈을 한 것입니다.
따라서 □ 안에 알맞은 것은 −입니다.
(2) 7에서 2로 수가 작아졌으므로 뺄셈을 한 것입니다.
따라서 □ 안에 알맞은 것은 −입니다.

STEP 2 개념 확인하기 80~81쪽

개념9 ■, ■
1 (1) 7 (2) 9 (3) 6 (4) 0
2 (1) 4 (2) 9
3 0, 7
4 (1) + (2) −
개념10 0, 0
5 (1) 9 (2) 8
6 ㉣
7 예 1, 5, 6 ; 예 3, 3, 6
개념11 0, 8
8 (1) 2 (2) 3
9 (1) − (2) −
10 ④
11 (선 잇기)
12 예 8, 5, 3 ; 예 3, 0, 3

1 (1) 0+■=■ (2) ■+0=■
(3) ▲−0=▲ (4) ▲−▲=0

2 (1) 0+■=■ (2) ▲−0=▲

3 •보기•는 왼쪽 ●의 개수에서 오른쪽 ●의 개수를 빼는 뺄셈식입니다.
왼쪽은 ●이 7개, 오른쪽은 ●이 없으므로 알맞은 뺄셈식은 7−0=□입니다.
7에서 0을 빼도 7이므로 7−0=7입니다.

4 (1) 0에서 3으로 수가 커졌으므로 덧셈을 한 것입니다.
따라서 □ 안에 알맞은 것은 +입니다.
(2) 3에서 0으로 수가 작아졌으므로 뺄셈을 한 것입니다.
따라서 □ 안에 알맞은 것은 −입니다.

5 (1) 4+5=9 (2) 4+4=8

6 ㉠ 8+0=8, ㉡ 7+1=8, ㉢ 5+3=8, ㉣ 6+3=9

7 더해서 6이 되는 두 수를 첫 번째 □와 두 번째 □에 쓰고 세 번째 □에 6을 쓰면 됩니다.
더해서 6이 되는 수는 0과 6, 1과 5, 2와 4, 3과 3이 있습니다.
따라서 합이 6인 덧셈식은 0+6=6, 1+5=6, 2+4=6, 3+3=6, 4+2=6, 5+1=6, 6+0=6이 있습니다.

8 (1) $6-4=2$ (2) $6-3=3$

9 (1) 4에서 1로 수가 작아졌으므로 뺄셈을 한 것입니다.
따라서 □ 안에 알맞은 것은 −입니다.
(2) 7에서 0으로 수가 작아졌으므로 뺄셈을 한 것입니다.
따라서 □ 안에 알맞은 것은 −입니다.

10 ④ $7-5=2$

11 $8-1=7$, $3+2=5$
$7-2=5$, $4+4=8$
$9-1=8$, $2+5=7$

12 빼서 3이 되는 두 수를 첫 번째 □에 큰 수, 두 번째 □에 작은 수, 세 번째 □에 3을 쓰면 됩니다.
빼서 3이 되는 수는 0과 3, 1과 4, 2와 5, 3과 6, 4와 7, 5와 8, 6과 9입니다.
따라서 차가 3인 뺄셈식은 $3-0=3$, $4-1=3$, $5-2=3$, $6-3=3$, $7-4=3$, $8-5=3$, $9-6=3$입니다.

3 STEP 단원 마무리 평가 82~84쪽

1 9
2 5
3 (1) 8 (2) 5
4 (1) 3 (2) 0
5 (1) − (2) +
6 5, 1
7 3
8 7, 3, 4
9 (1) 예 $1+5=6$
(2) 예 1과 5의 합은 6입니다.
10 (○)( )
11 (위부터) 9, 2
12 (선 잇기)
13 8, 4
14 5, 7
15 6, 2, 6, 8 ; 8
16 ( )(○)
17

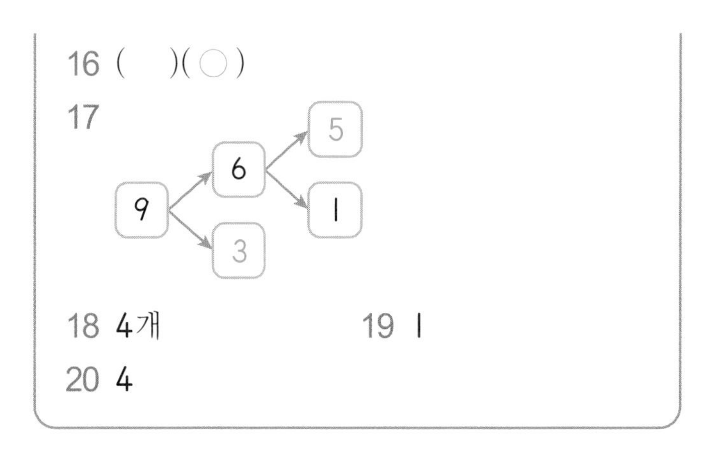

18 4개
19 1
20 4

1 컵케이크 5개에 컵케이크 4개를 더하면 컵케이크 9개입니다.
따라서 $5+4=9$입니다.

2 바나나 7개에서 바나나 2개를 먹으면 바나나 5개가 남습니다.
따라서 $7-2=5$입니다.

3 (1) 2와 6을 모으면 8입니다.
(2) 9는 4와 5로 가를 수 있습니다.

4 (1) $2+1=3$ (2) $9-9=0$

5 (1) 6에서 4로 수가 작아졌으므로 뺄셈을 한 것입니다. 따라서 □ 안에 알맞은 것은 −입니다.
(2) 3에서 8로 수가 커졌으므로 덧셈을 한 것입니다. 따라서 □ 안에 알맞은 것은 +입니다.

6 3과 2의 합 ⇨ $3+2=5$
3과 2의 차 ⇨ $3-2=1$

7 $6-3=3$

8 물감 7개 중에서 3개를 빼면 4개가 남습니다.
따라서 남아 있는 물감의 수를 알아보는 뺄셈식은 $7-3=4$입니다.

9 (1) $5+1=6$이라고 써도 됩니다.
(2) 1 더하기 5는 6과 같습니다라고 읽어도 됩니다.

10 $1+6=7$, $9-3=6$입니다.
7이 6보다 큰 수이므로 $1+6$에 ○표 합니다.

11 $5+4=9$, $5-3=2$

12 $3+4=7$, $4+1=5$,
$6-1=5$, $3+3=6$,
$8-2=6$, $9-2=7$

13 $6+2=8$, $8-4=4$

14 모자를 쓴 사람 2명과 모자를 쓰지 않은 사람 5명을 더합니다.
2 다음의 수부터 5개의 수를 이어서 세면 3, 4, 5, 6, 7입니다.
따라서 $2+5=7$입니다.

15 서술형 가이드 풀이 과정을 완성하고 답을 바르게 구했는지 확인합니다.

채점 기준		
	□ 안에 알맞게 쓰고 답을 바르게 구했음.	상
	□ 안에 알맞게 썼지만 답을 틀림.	중
	□ 안에 알맞게 쓰지 못함.	하

16 $\square+2=7$ ⇨ 5와 2를 모으면 7이므로 $\square=5$입니다.
$8-\square=2$ ⇨ 8은 2와 6으로 가를 수 있으므로 $\square=6$입니다.
6이 5보다 큽니다.

17 9는 6과 3으로 가를 수 있습니다.
6은 5와 1로 가를 수 있습니다.

18 화요일에는 종이배를 접지 않았으므로 화요일은 0개입니다.
(월요일과 화요일에 접은 종이배의 수)
$=4+0=4$(개)

19 생각 열기 진수가 이겼으므로 진수가 뽑은 두 수의 차는 미영이가 뽑은 두 수의 차보다 커야 합니다.
미영이는 4와 7을 뽑았으므로 두 수의 차는 $7-4=3$입니다.
진수가 이겼으므로 진수가 뽑은 5와 □의 차는 3보다 큽니다. 이미 뽑은 수 카드를 /으로 지우면 □는 1, 2, 3, 6 중 하나입니다.
□가 1이면 두 수의 차는 $5-1=4$이므로 3보다 큽니다.
□가 2이면 두 수의 차는 $5-2=3$이므로 3과 같습니다.
□가 3이면 두 수의 차는 $5-3=2$이므로 3보다 작습니다.
□가 6이면 두 수의 차는 $6-5=1$이므로 3보다 작습니다.
□가 1일 때 진수가 뽑은 두 수의 차($5-1=4$)가 미영이가 뽑은 두 수의 차($7-4=3$)보다 크므로 □ 안에 알맞은 수는 1입니다.

20 6보다 크고 9보다 작은 수는 7 또는 8입니다.
3과 4를 모으면 7이므로 4를 뽑아야 합니다.
3과 5를 모으면 8이므로 5를 뽑아야 합니다.
주어진 수 카드는 1, 3, 4, 6뿐이므로 3 다음으로 뽑아야 할 수 카드는 4입니다.
다른 풀이 남은 카드 3장 중 한 장을 뽑아서 3과 모은 수가 6보다 크고 9보다 작은 수인지 알아봅니다.
1을 뽑아서 1과 3을 모으면 4입니다.
⇨ 4는 6보다 작습니다.
4를 뽑아서 4와 3을 모으면 7입니다.
⇨ 7은 6보다 크고 9보다 작습니다.
6을 뽑아서 6과 3을 모으면 9입니다.

마무리 개념완성 85쪽

❶ ×에 ○표 ❷ ○에 ○표
❸ 합 ❹ ○에 ○표
❺ 차 ❻ ○에 ○표

4. 비교하기

STEP 1 개념 파헤치기 89쪽

1 깁니다에 ○표

2 (1) (　) (△)　(2) (△) (　)　3 (　) (　) (○)

개념 받아쓰기 문제

깁니다, 짧습니다

1 왼쪽 끝이 맞추어져 있으므로 오른쪽 끝이 남는 젓가락이 숟가락보다 더 깁니다.

2 (1) 왼쪽 끝이 맞추어져 있으므로 오른쪽 끝이 모자라는 크레파스가 색연필보다 더 짧습니다.
(2) 왼쪽 끝이 맞추어져 있으므로 오른쪽 끝이 모자라는 치약이 칫솔보다 더 짧습니다.

3 왼쪽 끝이 맞추어져 있으므로 오른쪽 끝이 가장 많이 남는 연필이 가장 깁니다.

STEP 1 개념 파헤치기 91쪽

1 무겁습니다에 ○표

2 (1) (△)(　)　(2) (　)(△)

3 (　)(○)(　)

개념 받아쓰기 문제

무겁, 가볍

1 직접 들었을 때 힘이 더 드는 농구공이 풍선보다 더 무겁습니다.

2 (1) 직접 들었을 때 힘이 덜 드는 바나나가 멜론보다 더 가볍습니다.
(2) 직접 들었을 때 힘이 덜 드는 사탕이 샌드위치보다 더 가볍습니다.

3 직접 들었을 때 힘이 가장 많이 드는 선풍기가 가장 무겁습니다.

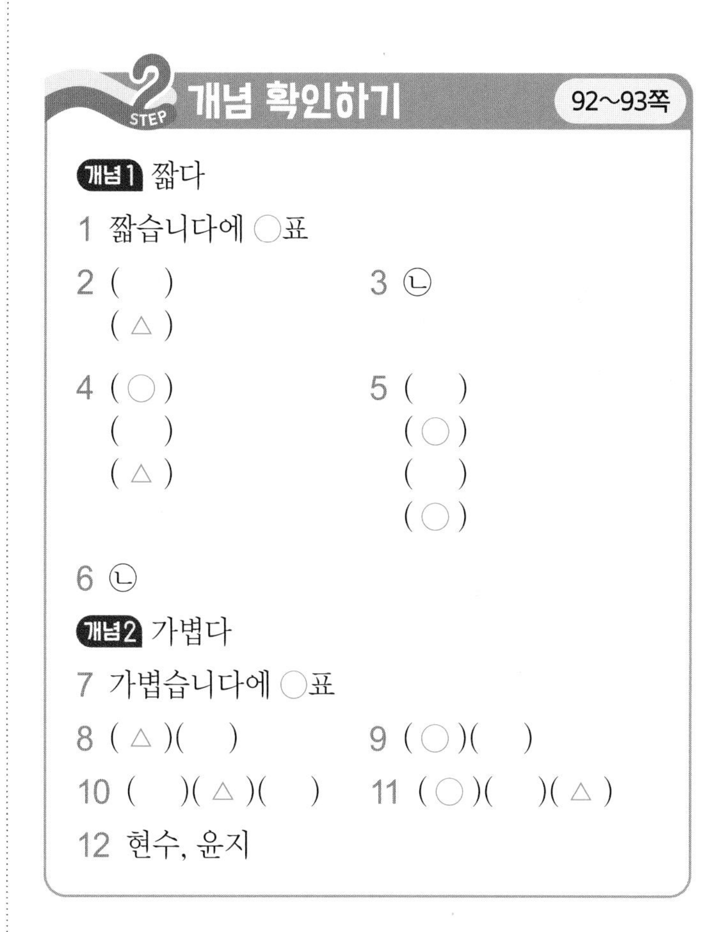

STEP 2 개념 확인하기 92~93쪽

개념1 짧다

1 짧습니다에 ○표

2 (　) (△)

3 ㉡

4 (○) (　) (△)

5 (　) (○) (　) (○)

6 ㉡

개념2 가볍다

7 가볍습니다에 ○표

8 (△)(　)

9 (○)(　)

10 (　)(△)(　)

11 (○)(　)(△)

12 현수, 윤지

1 왼쪽 끝이 맞추어져 있으므로 오른쪽 끝이 모자라는 탁구 라켓이 테니스 라켓보다 더 짧습니다.

2 왼쪽 끝이 맞추어져 있으므로 오른쪽 끝이 모자라는 밥주걱이 국자보다 더 짧습니다.

3 길이를 비교할 때에는 한쪽 끝을 모두 맞춥니다.

참고

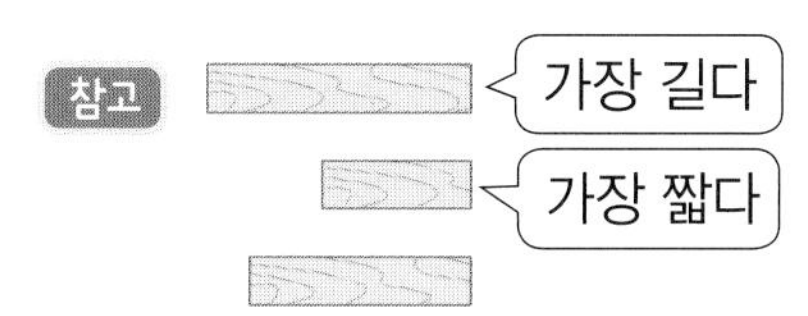

4 왼쪽 끝이 맞추어져 있으므로 오른쪽 끝이 가장 많이 남는 대파가 가장 길고 오른쪽 끝이 가장 많이 모자라는 고추가 가장 짧습니다.

5 왼쪽 끝이 맞추어져 있으므로 오른쪽 끝이 연필보다 더 많이 남는 자와 필통이 더 깁니다.

6 양쪽 끝이 맞추어져 있으므로 가장 많이 구부러진 것이 가장 깁니다.

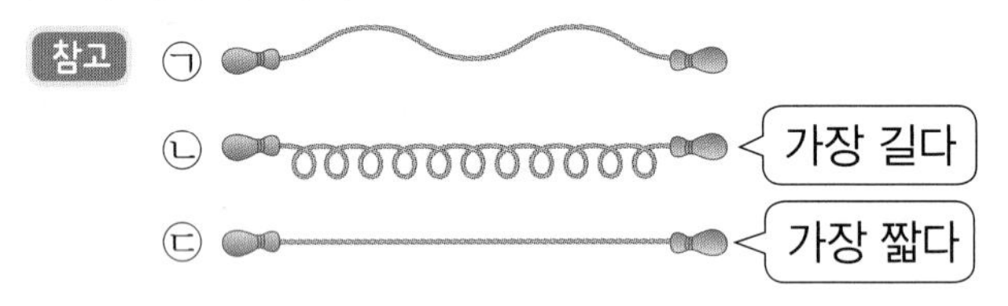

7 직접 들었을 때 힘이 덜 드는 배구공이 볼링공보다 더 가볍습니다.

8 직접 들었을 때 힘이 덜 드는 빗자루가 청소기보다 더 가볍습니다.

9 직접 들었을 때 힘이 더 드는 의자가 운동화보다 더 무겁습니다.

10 직접 들었을 때 힘이 가장 적게 드는 컵이 가장 가볍습니다.

11 직접 들었을 때 힘이 가장 많이 드는 무가 가장 무겁고 힘이 가장 적게 드는 고추가 가장 가볍습니다.

12

시소에서는 무거우면 아래로 내려갑니다.
현수가 아래로 내려갔으므로 현수는 윤지보다 더 무겁습니다.

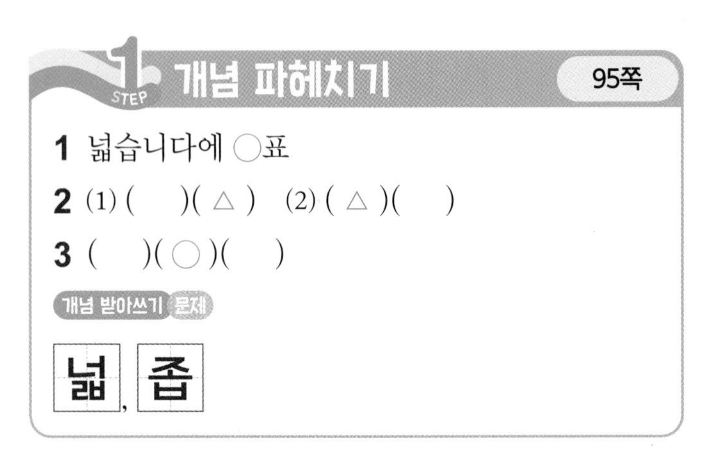

1 STEP 개념 파헤치기 95쪽

1 넓습니다에 ○표
2 (1) ( )(△) (2) (△)( )
3 ( )(○)( )

개념 받아쓰기 문제

넓, 좁

1 겹쳐 보았을 때 남는 부분이 있는 모니터가 스마트폰보다 더 넓습니다.

2 (1) 겹쳐 보았을 때 모자라는 태극기가 칠판보다 더 좁습니다.
(2) 겹쳐 보았을 때 모자라는 손수건이 방석보다 더 좁습니다.

3 겹쳐 보았을 때 가장 많이 남는 액자가 가장 넓습니다.

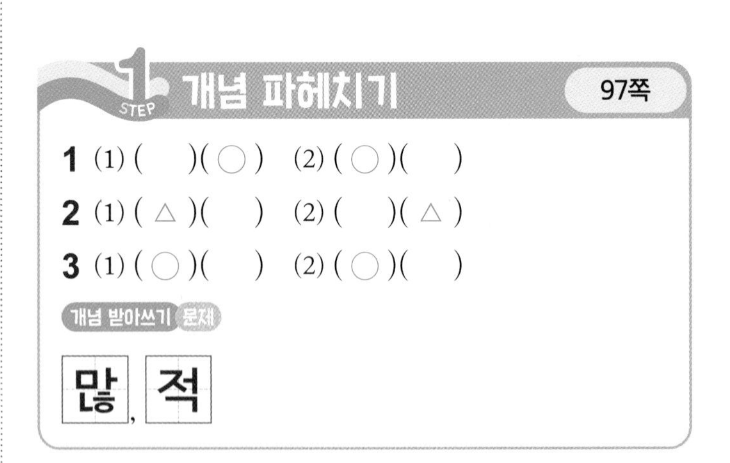

1 STEP 개념 파헤치기 97쪽

1 (1) ( )(○) (2) (○)( )
2 (1) (△)( ) (2) ( )(△)
3 (1) (○)( ) (2) (○)( )

개념 받아쓰기 문제

많, 적

1 그릇의 크기가 클수록 담을 수 있는 양이 더 많습니다.

2 그릇의 모양과 크기가 같을 때에는 물의 높이가 낮을수록 담긴 물의 양이 더 적습니다.

3 물의 높이가 같을 때에는 그릇의 크기가 클수록 담긴 물의 양이 더 많습니다.

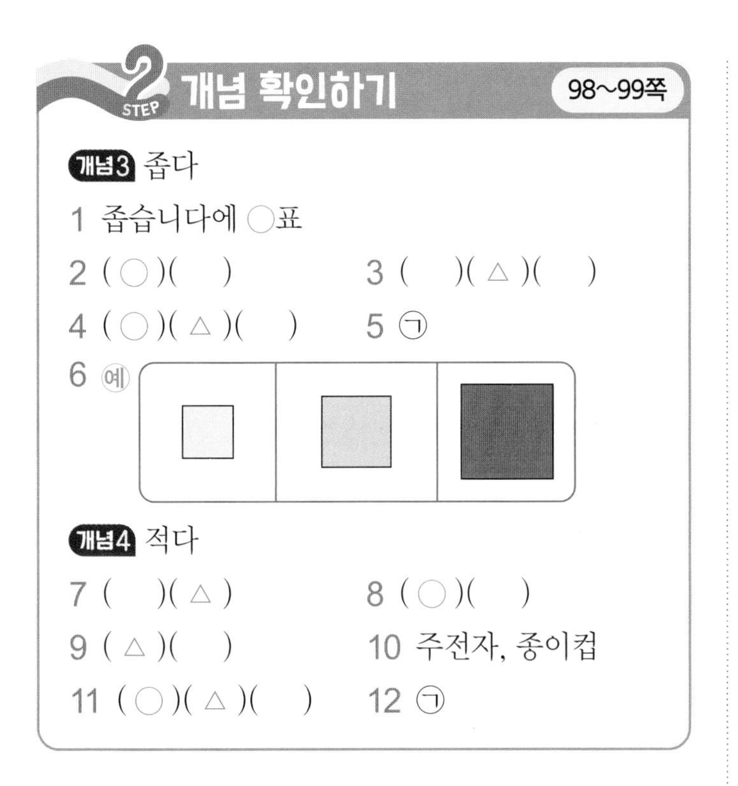

STEP 2 개념 확인하기 98~99쪽

개념3 좁다

1 좁습니다에 ○표

2 (○)( )

3 ( )(△)( )

4 (○)(△)( )

5 ㉠

6 예

개념4 적다

7 ( )(△)

8 (○)( )

9 (△)( )

10 주전자, 종이컵

11 (○)(△)( )

12 ㉠

1 겹쳐 보았을 때 모자라는 메모지가 달력보다 더 좁습니다.

2 겹쳐 보았을 때 남는 부분이 있는 방문이 창문보다 더 넓습니다.

3 겹쳐 보았을 때 가장 많이 모자라는 것이 가장 좁습니다.

4 겹쳐 보았을 때 가장 많이 남는 것이 가장 넓고 가장 모자라는 것이 가장 좁습니다.

5 칸 수를 세어 보면 ㉠은 9칸, ㉡은 8칸, ㉢은 7칸입니다.
⇨ 9가 가장 크므로 색칠한 부분이 가장 넓은 것은 ㉠입니다.

6 노란색과 겹쳐 보았을 때에는 남는 부분이 있고 빨간색과 겹쳐 보았을 때에는 모자라도록 □ 모양을 그립니다.

7 그릇의 크기가 작을수록 담을 수 있는 양이 더 적습니다.

8 그릇의 모양과 크기가 같을 때에는 물의 높이가 높을수록 담긴 물의 양이 더 많습니다.

9 물의 높이가 같을 때에는 그릇의 크기가 작을수록 담긴 물의 양이 더 적습니다.

10 주전자의 크기가 종이컵보다 더 크므로 주전자는 종이컵보다 담을 수 있는 양이 더 많습니다.

11 담을 수 있는 양이 가장 많은 것은 가장 큰 그릇이고 담을 수 있는 양이 가장 적은 것은 가장 작은 그릇입니다.

12 물의 높이가 같을 때에는 그릇의 크기가 클수록 담긴 물의 양이 더 많습니다.
따라서 태희가 물을 가장 많이 담았고 현주가 물을 가장 적게 담았습니다.

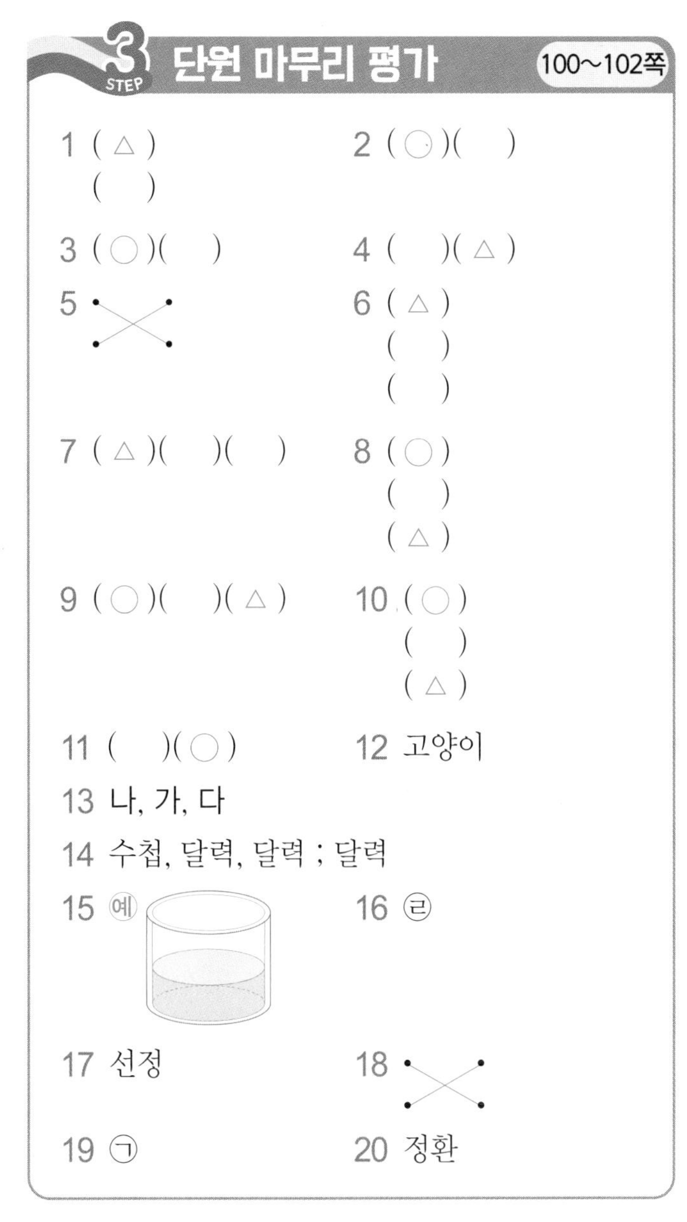

STEP 3 단원 마무리 평가 100~102쪽

1 (△)
( )

2 (○)( )

3 (○)( )

4 ( )(△)

5

6 (△)
( )
( )

7 (△)( )( )

8 (○)
( )
(△)

9 (○)( )(△)

10 (○)
( )
(△)

11 ( )(○)

12 고양이

13 나, 가, 다

14 수첩, 달력, 달력 ; 달력

15 예

16 ㉣

17 선정

18

19 ㉠

20 정환

1 왼쪽 끝이 맞추어져 있으므로 오른쪽 끝이 모자라는 피리가 야구 방망이보다 더 짧습니다.

2 직접 들었을 때 힘이 더 드는 냉장고가 식탁보다 더 무겁습니다.

3 겹쳐 보았을 때 남는 부분이 있는 왼쪽 잎이 오른쪽 잎보다 더 넓습니다.

4 물의 높이가 같을 때에는 그릇의 크기가 작을수록 담긴 물의 양이 더 적습니다.

5 직접 들었을 때 힘이 더 드는 비둘기가 참새보다 더 무겁습니다.

6 왼쪽 끝이 맞추어져 있으므로 오른쪽 끝이 가장 많이 모자라는 못이 가장 짧습니다.

7 직접 들었을 때 힘이 가장 덜 드는 양말이 가장 가볍습니다.

8 왼쪽 끝이 맞추어져 있으므로 오른쪽 끝이 가장 많이 남는 젓가락이 가장 길고 오른쪽 끝이 가장 많이 모자라는 포크가 가장 짧습니다.

9 겹쳐 보았을 때 가장 많이 남는 것이 가장 넓고 가장 모자라는 것이 가장 좁습니다.

10 양쪽 끝이 맞추어져 있으므로 가장 많이 구부러진 것이 가장 길고 곧은 것이 가장 짧습니다.

11 • 보기 • 의 그릇보다 담을 수 있는 양이 더 많은 그릇에 옮겨 담아야 물이 넘치지 않습니다.

12 여학생보다 더 가벼운 동물을 데리고 타야 하므로 고양이와 같이 타야 합니다.

참고 일반적으로 코끼리나 소는 여학생보다 더 무겁습니다.

13 가와 나의 물의 높이를 비교해 보면 나가 가보다 더 적게 들어 있고 가와 다의 그릇의 크기를 비교해 보면 다가 가보다 더 많이 들어 있습니다.
따라서 물이 적게 담긴 것부터 차례로 쓰면 나, 가, 다입니다.

참고
- 그릇의 모양과 크기가 같을 때 ⇨ 물의 높이를 비교
- 물의 높이가 같을 때 ⇨ 그릇의 크기를 비교

14 달력이 가장 넓고 수첩이 가장 좁습니다.

서술형 가이드 수첩과 공책, 달력과 공책의 넓이를 각각 비교하여 가장 넓은 것을 찾았는지 확인합니다.

채점 기준		
	풀이 과정을 완성하여 가장 넓은 것을 찾았음.	상
	풀이 과정을 완성했지만 일부가 틀림.	중
	풀이 과정을 완성하지 못함.	하

15 작은 그릇에 담긴 물을 큰 그릇에 옮겨 담으면 물의 높이가 낮아지므로 작은 그릇의 물의 높이보다 낮게 그립니다.

16 출발점과 도착점이 모두 같으므로 많이 구부러져 있을수록 더 깁니다.
따라서 가장 많이 구부러진 길을 찾습니다.

참고 길이가 긴 길부터 차례로 기호를 쓰면 ㉣, ㉠, ㉡, ㉢입니다.

17
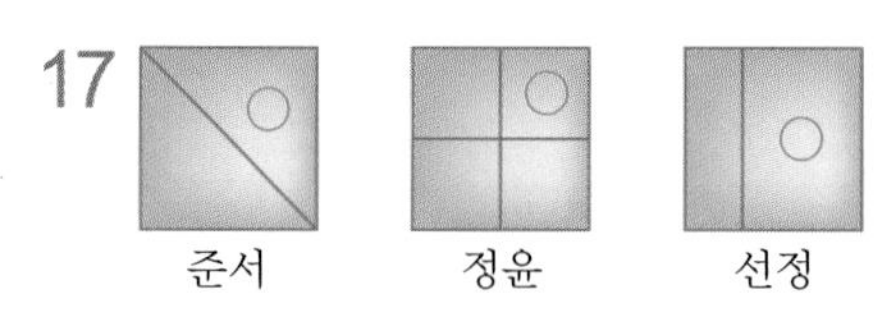

○표 한 조각을 비교해 보면 선정이의 것이 가장 넓습니다.

18 페트병은 플라스틱, 유리병은 유리라서 페트병이 더 가볍고 유리병이 더 무겁습니다.

19 칸 수를 세어 보면 ㉠은 6칸, ㉡은 4칸입니다.
⇨ 6이 4보다 크므로 더 넓은 것은 ㉠입니다.

20 정환이의 컵에 음료수가 더 적게 들어가므로 정환이의 음료수 병에 음료수가 더 많이 남습니다.

마무리 개념완성

103쪽

❶ ○에 ○표
❷ 짧다
❸ ○에 ○표
❹ 가볍다
❺ ×에 ○표
❻ 좁다
❼ ○에 ○표
❽ 적다

5. 50까지의 수

참고 모으기와 가르기

모으기와 가르기를 할 때 예를 들어 0과 10을 모으기 하여 10이 되는 것이나 10을 0과 10으로 가르기하는 것은 부자연스럽고, 추상적인 사고를 요구하므로 이 단원에서는 다루지 않는 것이 바람직합니다.
다만 학생이 답으로 쓴 경우에는 정답으로 인정합니다.

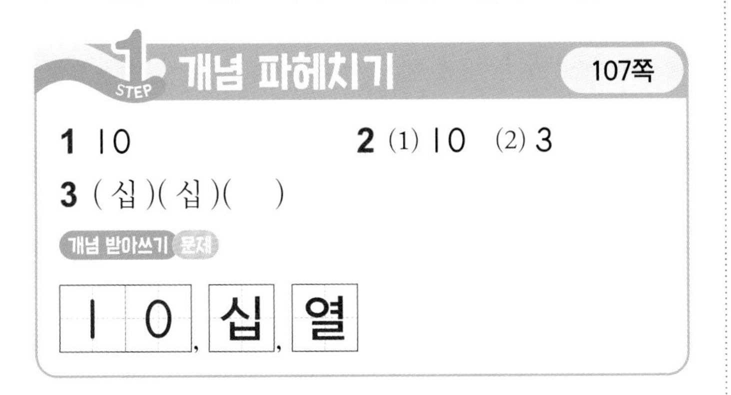

1 STEP 개념 파헤치기 107쪽

1 10 **2** (1) 10 (2) 3

3 (십)(십)( )

개념 받아쓰기 문제

1 0, 십, 열

2 (1) 야구공 6개와 야구공 4개를 모으면 야구공 10개입니다.
⇨ 6과 4를 모으면 10입니다.
(2) 축구공 10개는 축구공 7개와 축구공 3개로 가를 수 있습니다.
⇨ 10은 7과 3으로 가를 수 있습니다.

3 사탕은 9개입니다.

1 STEP 개념 파헤치기 109쪽

1 16

2 예 ; 1, 7 ; 17

3

개념 받아쓰기 문제

1 3, 십 삼, 열 셋

1 10개씩 묶음 1개와 낱개 6개는 16입니다.

2 10개씩 묶으면 7개가 남습니다.
10개씩 묶음 1개와 낱개 7개는 17입니다.

3 • 10개씩 묶음 1개와 낱개 5개는 15이고 15는 십오 또는 열다섯이라고 읽습니다.
• 10개씩 묶음 1개와 낱개 8개는 18이고 18은 십팔 또는 열여덟이라고 읽습니다.

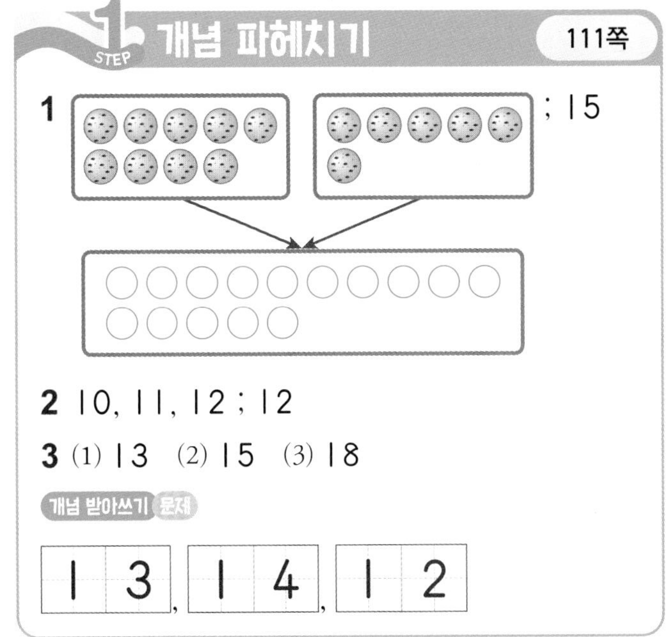

1 STEP 개념 파헤치기 111쪽

1 ; 15

2 10, 11, 12 ; 12

3 (1) 13 (2) 15 (3) 18

개념 받아쓰기 문제

1 3, 1 4, 1 2

1 쿠키 9개와 쿠키 6개만큼 ○를 그려서 수를 세어 보면 15개입니다.
⇨ 9와 6을 모으면 15입니다.

2 7 바로 뒤의 수부터 5개의 수를 이어서 세면 8, 9, 10, 11, 12입니다.
⇨ 7과 5를 모으면 12입니다.

3 (1) 7과 6을 모으면 13입니다.
(2) 8과 7을 모으면 15입니다.
(3) 9와 9를 모으면 18입니다.

꼼꼼 풀이집

STEP 2 개념 확인하기 112~113쪽

개념1 10, 열

1 (1) 10 (2) 5

2 예

3

4 (1) 십에 ○표 (2) 열에 ○표

개념2 15, 열다섯

5 ( )(×)

6 예 ; 1, 6

7

8 예 ; 1, 2 ; 12

개념3 11

9 11, 12 ; 12

10 (1) 11 (2) 13 (3) 14 (4) 17

11

12 ㉠

1 (1) 7에서 3칸을 더 가면 10이 됩니다.
(2) 10은 5에서 5칸을 더 가야 합니다.

2 색칠된 □ 모양이 4개이므로 다섯부터 열까지 세면서 □를 6개 더 색칠합니다.

3 10은 8보다 2만큼 더 큰 수이므로 ○를 2개 더 그립니다.

4 (1) 10층 ⇨ 십 층
(2) 10살 ⇨ 열 살

5 17은 십칠 또는 열일곱이라고 읽습니다.

6 16은 10개씩 묶음 1개와 낱개 6개입니다.

7 • 11은 십일 또는 열하나라고 읽습니다.
• 19는 십구 또는 열아홉이라고 읽습니다.

8 10개씩 묶으면 2개가 남습니다.
10개씩 묶음 1개와 낱개 2개는 12입니다.

9 9 바로 뒤의 수부터 3개의 수를 이어서 세면 10, 11, 12입니다.
⇨ 9와 3을 모으면 12입니다.

10 (1) 6과 5를 모으면 11입니다.
(2) 4와 9를 모으면 13입니다.
(3) 7과 7을 모으면 14입니다.
(4) 9와 8을 모으면 17입니다.

11 • 6과 9를 모으면 15입니다.
• 8과 7을 모으면 15입니다.

12 ㉠ 8과 5를 모으면 13입니다.
㉡ 7과 7을 모으면 14입니다.
㉢ 5와 9를 모으면 14입니다.

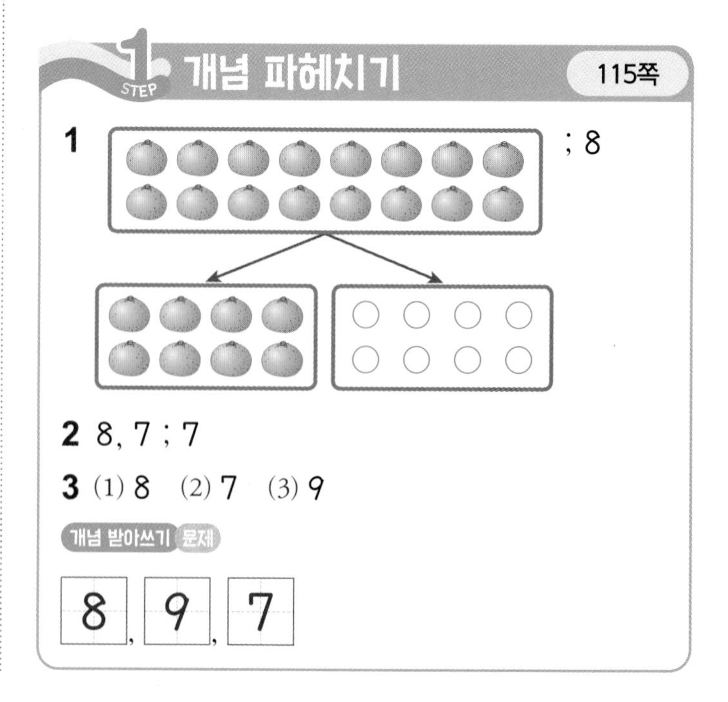

STEP 1 개념 파헤치기 115쪽

1 ; 8

2 8, 7 ; 7

3 (1) 8 (2) 7 (3) 9

개념 받아쓰기 문제

8, 9, 7

1 귤 16개 중 8개를 지우고 남은 것을 세어 보면 8개입니다.
⇨ 16은 8과 8로 가를 수 있습니다.

2 13 바로 앞의 수부터 6개의 수를 거꾸로 세면 12, 11, 10, 9, 8, 7입니다.
⇨ 13은 6과 7로 가를 수 있습니다.

3 (1) 14는 6과 8로 가를 수 있습니다.
(2) 15는 8과 7로 가를 수 있습니다.
(3) 18은 9와 9로 가를 수 있습니다.

1 10개씩 묶음 3개는 30입니다.

2 10개씩 묶음 4개는 40입니다.
40은 사십 또는 마흔이라고 읽습니다.

3 • 10개씩 묶음 2개는 20이고 20은 이십 또는 스물이라고 읽습니다.
• 10개씩 묶음 5개는 50이고 50은 오십 또는 쉰이라고 읽습니다.

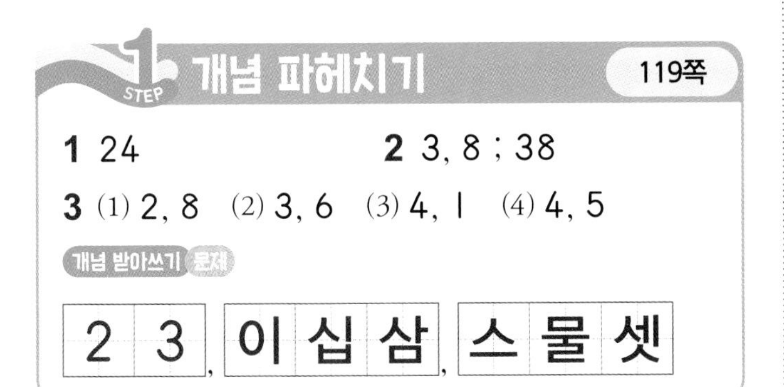

1 10개씩 묶음 2개와 낱개 4개는 24입니다.

2 10개씩 묶음 3개와 낱개 8개는 38입니다.

3 (1) 28은 10개씩 묶음 2개와 낱개 8개입니다.
(2) 36은 10개씩 묶음 3개와 낱개 6개입니다.
(3) 41은 10개씩 묶음 4개와 낱개 1개입니다.
(4) 45는 10개씩 묶음 4개와 낱개 5개입니다.
참고 ㉠㉡은 10개씩 묶음 ㉠개와 낱개 ㉡개입니다.

STEP 2 개념 확인하기 120~121쪽

개념4 8
1 7
2 (1) 6 (2) 9
3 예 3, 9 ; 4, 8
4 ㉠
개념5 30, 서른
5 20
6 50 ; 오십, 쉰
7 예

개념6 46, 마흔여섯
8 3, 1, 31
9 2, 7
10
11 25 ; 이십오, 스물다섯
12 48점

1 11 바로 앞의 수부터 4개의 수를 거꾸로 세면 10, 9, 8, 7입니다.
⇨ 11은 4와 7로 가를 수 있습니다.

2 (1) 13은 7과 6으로 가를 수 있습니다.
(2) 15는 6과 9로 가를 수 있습니다.

3 12는 1과 11, 2와 10, 3과 9, 4와 8, 5와 7, 6과 6으로 가를 수 있습니다.

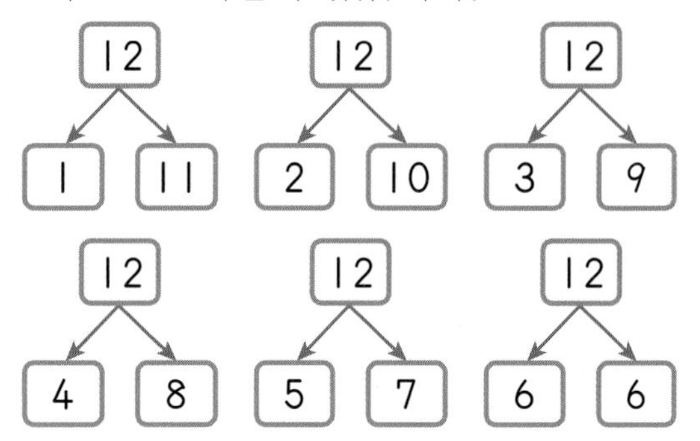

4 16은 7과 9로 가를 수 있으므로 ㉠은 9입니다.
17은 9와 8로 가를 수 있으므로 ㉡은 8입니다.
따라서 9가 8보다 크므로 ㉠이 ㉡보다 더 큽니다.

5 10개씩 묶음 2개는 20입니다.

참고

10개씩 묶음 2개	20	10개씩 묶음 3개	30
10개씩 묶음 4개	40	10개씩 묶음 5개	50

6 10개씩 묶음 5개는 50입니다.
50은 오십 또는 쉰이라고 읽습니다.

7 한 줄이 10칸씩이므로 4줄까지 꽉차게 ○를 더 그립니다.

8 10개씩 묶음 3개와 낱개 1개는 31입니다.

9 27
7 — 낱개의 수
2 — 10개씩 묶음의 수

10 스물아홉 ⇨ 29 (아홉 → 9, 스물 → 20)
서른여덟 ⇨ 38 (여덟 → 8, 서른 → 30)
마흔일곱 ⇨ 47 (일곱 → 7, 마흔 → 40)

11 10개씩 묶음 2개와 낱개 5개는 25입니다.
25는 이십오 또는 스물다섯이라고 읽습니다.

12 10점에 4개와 8점에 1개 맞았으므로 48점입니다.

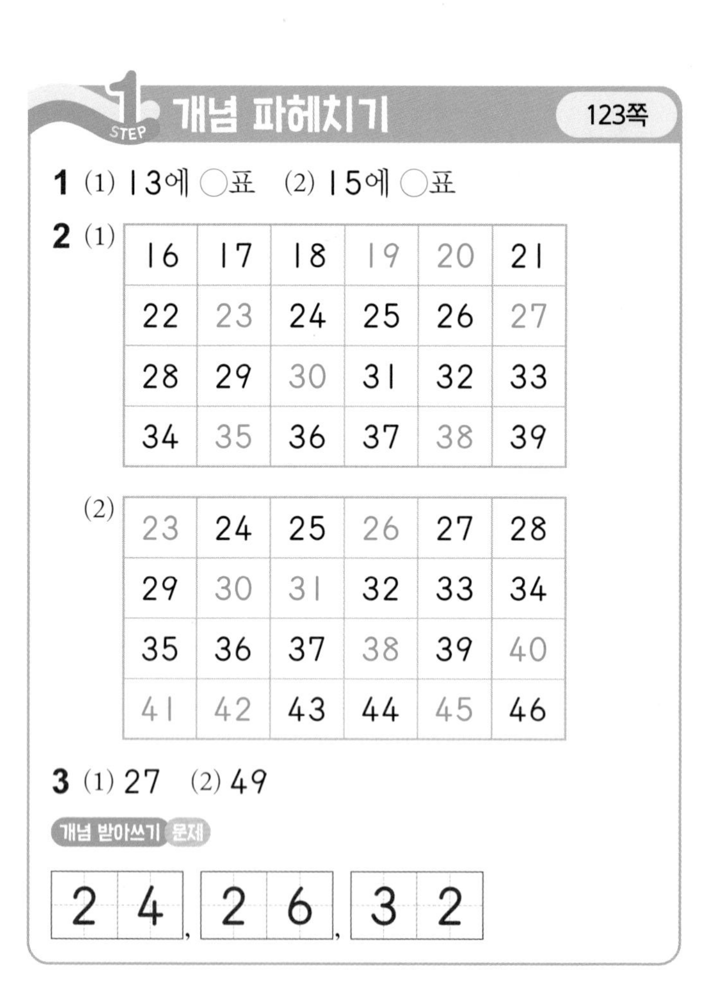

1 STEP 개념 파헤치기 123쪽

1 (1) 13에 ○표 (2) 15에 ○표

2 (1)

16	17	18	19	20	21
22	23	24	25	26	27
28	29	30	31	32	33
34	35	36	37	38	39

(2)

23	24	25	26	27	28
29	30	31	32	33	34
35	36	37	38	39	40
41	42	43	44	45	46

3 (1) 27 (2) 49

개념 받아쓰기 문제

24, 26, 32

1 (1) 12보다 1만큼 더 큰 수는 12 바로 뒤의 수인 13입니다.
(2) 16보다 1만큼 더 작은 수는 16 바로 앞의 수인 15입니다.

2 (1) 16부터 39까지의 수를 순서대로 써 봅니다.
(2) 23부터 46까지의 수를 순서대로 써 봅니다.

3 (1) 수를 순서대로 쓰면 26, 27, 28이므로 26과 28 사이의 수는 27입니다.
(2) 수를 순서대로 쓰면 48, 49, 50이므로 48과 50 사이의 수는 49입니다.
참고 수를 순서대로 썼을 때 바로 앞의 수는 1만큼 더 작은 수이고 바로 뒤의 수는 1만큼 더 큰 수입니다.

STEP 1 개념 파헤치기 125쪽

1 큽니다에 ○표 **2** 30, 32
3 (1) 50에 ○표 (2) 27에 ○표
개념 받아쓰기 문제
큽니다, 작습니다

1 10개씩 묶음의 수를 비교하면 2가 1보다 크므로 24는 17보다 큽니다.
참고 17은 24보다 작습니다.

2 10개씩 묶음의 수가 같으므로 낱개의 수를 비교하면 0이 2보다 작으므로 30은 32보다 작습니다.
참고 32는 30보다 큽니다.

3 (1) 10개씩 묶음의 수를 비교하면 5가 4보다 크므로 50은 46보다 큽니다.
참고 46은 50보다 작습니다.
(2) 10개씩 묶음의 수가 같으므로 낱개의 수를 비교하면 7이 5보다 크므로 27은 25보다 큽니다.
참고 25는 27보다 작습니다.

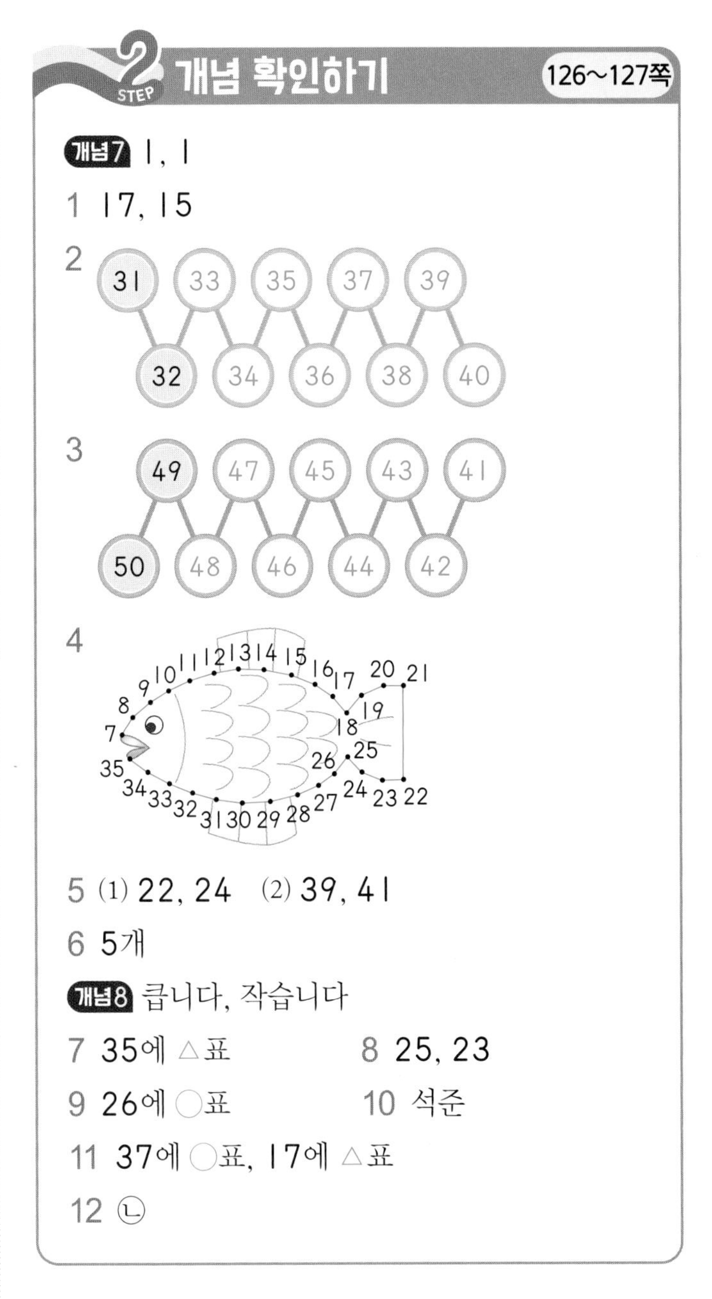

1 16보다 1만큼 더 큰 수는 16 바로 뒤의 수인 17이고 16보다 1만큼 더 작은 수는 16 바로 앞의 수인 15입니다.

2 수를 순서대로 쓰면 31, 32, 33, 34, 35, 36, 37, 38, 39, 40입니다.

3 순서를 거꾸로 하여 수를 쓰면 50, 49, 48, 47, 46, 45, 44, 43, 42, 41입니다.

4 7부터 35까지 순서대로 이어 봅니다.

5 (1) 23보다 1만큼 더 큰 수는 23 바로 뒤의 수인 24이고 23보다 1만큼 더 작은 수는 23 바로 앞의 수인 22입니다.

(2) 40보다 1만큼 더 큰 수는 40 바로 뒤의 수인 41이고 40보다 1만큼 더 작은 수는 40 바로 앞의 수인 39입니다.

참고 1만큼 더 큰 수: 바로 뒤의 수
1만큼 더 작은 수: 바로 앞의 수

6 ㉠은 37이고 ㉡은 43입니다.
수를 순서대로 쓰면 37, 38, 39, 40, 41, 42, 43이므로 37과 43 사이에 있는 수는 38, 39, 40, 41, 42입니다.
따라서 ㉠과 ㉡ 사이에 있는 수는 모두 5개입니다.
주의 ㉠과 ㉡ 사이에 있는 수를 구할 때 ㉠과 ㉡은 포함되지 않습니다.

7 10개씩 묶음의 수가 같으므로 낱개의 수를 비교하면 5가 8보다 작으므로 35는 38보다 작습니다.

8 10개씩 묶음의 수가 같으므로 낱개의 수를 비교하면 5가 3보다 크므로 25는 23보다 큽니다.

9 10개씩 묶음의 수를 비교하면 2가 1보다 크므로 26은 18보다 큽니다.

10 10개씩 묶음의 수가 같으므로 낱개의 수를 비교하면 9가 5보다 크므로 19는 15보다 큽니다.
따라서 구슬을 더 많이 가지고 있는 사람은 석준입니다.

11 10개씩 묶음의 수를 비교하면 3이 가장 크고 1이 가장 작습니다.
⇨ 가장 큰 수는 37이고 가장 작은 수는 17입니다.

12 ㉠은 39, ㉡은 35, ㉢은 37입니다.
10개씩 묶음의 수가 같으므로 낱개의 수를 비교하면 5가 가장 작습니다.
⇨ 가장 작은 수는 35입니다.

3 STEP 단원 마무리 평가 (128~130쪽)

1 ●●●●● / ●●○○○

2 7, 17
3 33
4 사십육, 마흔여섯
5 (1) 14 (2) 9
6
7
8 2, 7
9 24, 21
10

18	19	20	21	22	23	24
25	26	27	28	29	30	31
32	33	34	35	36	37	38
39	40	41	42	43	44	45

11 41에 ○표
12 (1) 19, 21 (2) 25, 23
13 열에 ○표
14 3개
15 11, 13, 17, 21 / 12, 14
16 41, 25, 파란 ; 파란
17 삼십일, 서른하나
18 14
19 5, 5, 5, 5, 5, 5, 0 ; 0
20 7개

1 10은 7보다 3만큼 더 큰 수이므로 ○를 3개 더 그립니다.

2 10개씩 묶음 1개와 낱개 7개는 17입니다.

3 삼십삼 ⇨ 33
삼 → 3
삼십 → 30

4 46 ⇨ 사십육
육, 사십
46 ⇨ 마흔여섯
여섯, 마흔

5 (1) 5와 9를 모으면 14입니다.
(2) 17은 8과 9로 가를 수 있습니다.

6 • 24는 이십사 또는 스물넷이라고 읽습니다.
• 42는 사십이 또는 마흔둘이라고 읽습니다.

7 • 7과 9를 모으면 16입니다.
• 8과 8을 모으면 16입니다.

8 27은 10개씩 묶음 2개와 낱개 7개입니다.

9 10개씩 묶음의 수가 같으므로 낱개의 수를 비교하면 4가 1보다 크므로 24는 21보다 큽니다.

10 18부터 45까지의 수를 순서대로 써 봅니다.

11 38은 10개씩 묶음 3개와 낱개 8개입니다.
10개씩 묶음의 수가 클수록 더 크므로 10개씩 묶음이 3개보다 큰 수를 찾으면 41입니다.

12 (1) 수를 순서대로 쓰면 19, 20, 21, 22입니다.
(2) 순서를 거꾸로 하여 수를 쓰면 25, 24, 23, 22입니다.

13 '열 개'라고 읽습니다.

14 팔찌 한 개를 만들려면 구슬이 10개 필요합니다.
구슬이 31개이고 31은 10개씩 묶음 3개와 낱개 1개입니다.
따라서 팔찌를 3개까지 만들 수 있습니다.

15 11부터 순서대로 수를 써서 29가 쓰여 있는 곳을 찾습니다.

11	13	15	17	19	21	23	25	27	29
12	14	16	18	20	22	24	26	28	30

16 서술형 가이드 10개씩 묶음의 수와 낱개의 수를 비교하여 가장 작은 수를 찾고 터뜨려야 하는 풍선이 무슨 색인지 바르게 썼는지 알아봅니다.

채점 기준		
	풀이 과정을 완성하여 무슨 색 풍선을 터뜨려야 하는지 찾았음.	상
	풀이 과정을 완성했지만 일부가 틀림.	중
	풀이 과정을 완성하지 못함.	하

17 십삼은 13이므로 어떤 수는 31입니다.
31은 삼십일 또는 서른하나라고 읽습니다.

18 7과 모아서 13이 되는 수는 6이므로 ㉠은 6입니다.
16은 8과 8로 가를 수 있으므로 ㉡은 8입니다.
따라서 6과 8을 모으면 14이므로 ㉠과 ㉡을 모으면 14입니다.

19 서술형 가이드 ㉠과 ㉡에 알맞은 수를 각각 찾고 두 수의 차를 바르게 구했는지 알아봅니다.

채점 기준		
	풀이 과정을 완성하여 ㉠과 ㉡에 알맞은 수의 차를 구했음.	상
	풀이 과정을 완성했지만 일부가 틀림.	중
	풀이 과정을 완성하지 못함.	하

20 ㉠은 31이고 ㉡은 39입니다.
수를 순서대로 쓰면 31, 32, 33, 34, 35, 36, 37, 38, 39이므로 31과 39 사이에 있는 수는 32, 33, 34, 35, 36, 37, 38입니다.
따라서 ㉠과 ㉡ 사이에 있는 수는 모두 7개입니다.
주의 ㉠과 ㉡ 사이에 있는 수를 구할 때 ㉠과 ㉡은 포함되지 않습니다.

1. 9까지의 수

1. 1만큼 더 큰 수와 1만큼 더 작은 수 2쪽

01 3
02 4
03 9
04 5
05 7
06 8
07 2
08 3
09 4
10 6
11 7
12 8

1. 1만큼 더 큰 수와 1만큼 더 작은 수 3쪽

13 1, 3
14 2, 4
15 3, 5
16 4, 6
17 5, 7
18 6, 8
19 7, 9
20 0, 2
21 1
22 2
23 3
24 4
25 5
26 6

2. 두 수의 크기 비교하기 4쪽

01 8에 ○표
02 8에 ○표
03 7에 ○표
04 7에 ○표
05 6에 ○표
06 5에 ○표
07 9에 ○표
08 9에 ○표
09 7에 ○표
10 7에 ○표
11 6에 ○표
12 8에 ○표
13 3에 ○표
14 9에 ○표

2. 두 수의 크기 비교하기 5쪽

15 3에 △표
16 2에 △표
17 4에 △표
18 5에 △표
19 1에 △표
20 7에 △표
21 8에 △표
22 4에 △표
23 2에 △표
24 6에 △표
25 5에 △표
26 3에 △표
27 7에 △표
28 4에 △표
29 1에 △표
30 2에 △표
31 1에 △표
32 6에 △표

3. 세 수의 크기 비교하기 6쪽

01 6에 ○표
02 7에 ○표
03 8에 ○표
04 5에 ○표
05 9에 ○표
06 8에 ○표
07 7에 ○표
08 5에 △표
09 6에 △표
10 4에 △표
11 3에 △표
12 2에 △표
13 7에 △표
14 1에 △표

3. 덧셈과 뺄셈

1. 2, 3, 4, 5를 모으기 7쪽

01 3
02 5
03 4
04 5
05 4
06 2
07 5
08 4
09 5
10 3
11 2, 5
12 4, 5
13 3, 4

2. 2, 3, 4, 5를 가르기 8쪽

01 2
02 1
03 2
04 4
05 3
06 3
07 2
08 3
09 2
10 2
11 4, 1
12 2, 1
13 2, 2

3. 6, 7, 8, 9를 모으기 9쪽

01 7
02 6
03 8
04 9
05 8
06 9
07 8
08 6
09 9
10 7
11 8, 9
12 6, 8
13 7, 8

4. 6, 7, 8, 9를 가르기 10쪽

01 5
02 3
03 2
04 5
05 2
06 1
07 3
08 3
09 4
10 7
11 6, 1
12 8, 4
13 6, 4

5. 그림을 이용하여 덧셈하기 11쪽

01 8
02 6
03 9
04 7

05 5 ;

○	○	○	○	○

06 8 ;

○	○	○	○	○
○	○	○		

07 7 ;

○	○	○	○	○
○	○			

08 9 ;

○	○	○	○	○
○	○	○	○	

6. 모으기를 이용하여 덧셈하기 12쪽

01 7 ; 7
02 9 ; 9
03 6 ; 6
04 9 ; 9
05 6 ; 6
06 6 ; 6
07 9 ; 8, 9
08 8 ; 5, 8
09 7 ; 3, 7
10 8 ; 1, 8

7. 그림을 이용하여 뺄셈하기 13쪽

01 2
02 4
03 3
04 4
05 5
06 3
07 5

8. 가르기를 이용하여 뺄셈하기 14쪽

01 1 ; 1
02 6 ; 6
03 3 ; 3
04 3 ; 3
05 2 ; 2
06 3 ; 3
07 5 ; 1, 5
08 8 ; 1, 8
09 4 ; 4, 4
10 4 ; 4, 3

9. 0이 있는 덧셈하기 15쪽

01 1
02 2
03 4
04 5
05 1
06 2
07 4
08 5
09 6
10 7
11 8
12 9
13 6
14 7
15 8
16 9

10. 0이 있는 뺄셈하기 16쪽

01 1
02 2
03 4
04 5
05 0
06 0
07 0
08 0
09 6
10 7
11 8
12 9
13 0
14 0
15 0
16 0

11. 덧셈하기 17쪽

01 6, 7, 8, 9
02 4, 5, 6, 7, 8
03 1, 3, 5, 7, 9
04 8, 7, 6, 5
05 7, 6, 5, 4, 3
06 9, 7, 5, 3, 1
07 6, 7, 8, 9
08 8, 7, 6, 5, 4
09 8, 8, 8, 8, 8

11. 덧셈하기 18쪽

10 6
11 6
12 7
13 7
14 8
15 8
16 9
17 9
18 9
19 6
20 7
21 7
22 8
23 8
24 9
25 9

12. 뺄셈하기 19쪽

01 7, 6, 5, 4, 3
02 5, 4, 3, 2, 1
03 8, 6, 4, 2
04 1, 2, 3, 4, 5
05 2, 3, 4, 5, 6
06 1, 3, 5, 7
07 2, 3, 4, 5, 6
08 3, 4, 5, 6, 7
09 1, 3, 5, 7

12. 뺄셈하기 20쪽

10 1
11 1
12 1
13 1
14 2
15 2
16 2
17 4
18 4
19 4
20 1
21 4
22 6
23 1
24 3
25 2

5. 50까지의 수

1. 10을 모으기와 가르기 21쪽

01 10
02 10
03 6
04 5
05 2
06 10
07 10
08 8
09 9
10 5
11 10
12 4
13 10
14 4
15 10

2. 십몇 알아보기 22쪽

01 12
02 14
03 16
04 17
05 18
06 19
07 십삼, 열셋
08 십오, 열다섯
09 십칠, 열일곱
10 십팔, 열여덟
11 십구, 열아홉

3. 11, 12, 13, 14, 15를 모으기 23쪽

01 12
02 13
03 15
04 14
05 11
06 15
07 11
08 12
09 14
10 13
11 11, 13
12 12, 15
13 10, 14

4. 16, 17, 18, 19를 모으기 24쪽

01 18
02 16
03 17
04 19
05 17
06 19
07 18
08 17
09 16
10 18
11 13, 18
12 16, 18
13 17, 19

5. 11, 12, 13, 14, 15를 가르기 25쪽

01 8
02 5
03 6
04 8
05 10
06 6
07 5
08 8
09 7
10 7
11 2, 3
12 12, 6
13 11, 7

6. 16, 17, 18, 19를 가르기 26쪽

01 12
02 12
03 13
04 7
05 2
06 2
07 8
08 5
09 11
10 4
11 16, 9
12 17, 7
13 18, 14

부록 27~32쪽 

7. 몇십몇 알아보기 27쪽

01 22
02 25
03 34
04 38
05 46
06 49
07 이십육, 스물여섯
08 삼십오, 서른다섯
09 삼십구, 서른아홉
10 사십오, 마흔다섯
11 사십칠, 마흔일곱

8. 50까지 수의 순서 알아보기 28쪽

01 14
02 31
03 42
04 21
05 19
06 47
07 34
08 6, 10, 15, 18
09 20, 23, 27, 30, 31
10 36, 38, 42, 44, 46, 50
11 18, 19, 21, 22, 24, 26, 30, 32, 35, 36

9. 10개씩 묶음의 수가 다른 두 수의 크기 비교하기 29쪽

01 34에 ○표
02 25에 ○표
03 35에 ○표
04 50에 ○표
05 24에 ○표
06 45에 ○표
07 40에 ○표
08 15에 △표
09 28에 △표
10 27에 △표
11 17에 △표
12 38에 △표
13 13에 △표
14 32에 △표

10. 10개씩 묶음의 수가 다른 세 수의 크기 비교하기 30쪽

01 36에 ○표
02 47에 ○표
03 38에 ○표
04 45에 ○표
05 39에 ○표
06 40에 ○표
07 15에 △표
08 29에 △표
09 17에 △표
10 26에 △표
11 16에 △표
12 23에 △표

11. 10개씩 묶음의 수가 같은 두 수의 크기 비교하기 31쪽

01 35에 ○표
02 45에 ○표
03 34에 ○표
04 16에 ○표
05 24에 ○표
06 18에 ○표
07 49에 ○표
08 15에 △표
09 23에 △표
10 43에 △표
11 30에 △표
12 36에 △표
13 42에 △표
14 22에 △표

12. 10개씩 묶음의 수가 같은 세 수의 크기 비교하기 32쪽

01 39에 ○표
02 27에 ○표
03 17에 ○표
04 48에 ○표
05 29에 ○표
06 38에 ○표
07 42에 △표
08 35에 △표
09 26에 △표
10 12에 △표
11 30에 △표
12 22에 △표

개념 해결의 법칙

연산의 법칙

수학 1·1

개념 해결의 법칙

연산의 법칙

차례

연산의 법칙

1-1

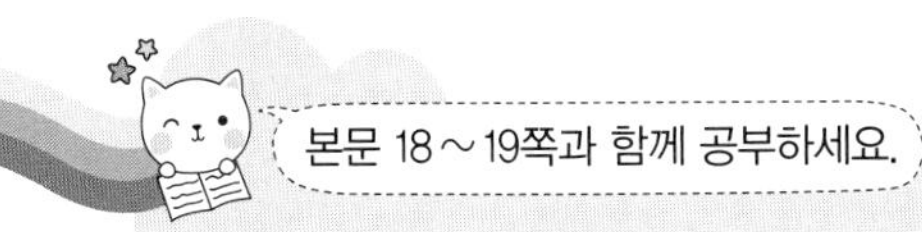

1. I만큼 더 큰 수와 I만큼 더 작은 수

I만큼 더 작은 수 I만큼 더 큰 수

4 ← 5 → 6

⇨ 5보다 I만큼 더 큰 수는 6,
5보다 I만큼 더 작은 수는 4

수를 순서대로 썼을 때 I만큼 더 큰 수는 바로 뒤의 수이고,
I만큼 더 작은 수는 바로 앞의 수입니다.

정답은 32쪽

[01～06] I만큼 더 큰 수를 써 보시오.

01 2 —I만큼 더 큰 수→ ☐

02 3 —I만큼 더 큰 수→ ☐

03 8 —I만큼 더 큰 수→ ☐

04 4 —I만큼 더 큰 수→ ☐

05 6 —I만큼 더 큰 수→ ☐

06 7 —I만큼 더 큰 수→ ☐

[07～12] I만큼 더 작은 수를 써 보시오.

07 ☐ ←I만큼 더 작은 수— 3

08 ☐ ←I만큼 더 작은 수— 4

09 ☐ ←I만큼 더 작은 수— 5

10 ☐ ←I만큼 더 작은 수— 7

11 ☐ ←I만큼 더 작은 수— 8

12 ☐ ←I만큼 더 작은 수— 9

[13~26] 빈 곳에 알맞은 수를 써넣으시오.

13 1만큼 더 작은 수 1만큼 더 큰 수

( ) — 2 — ( )

14 1만큼 더 작은 수 1만큼 더 큰 수

( ) — 3 — ( )

15 1만큼 더 작은 수 1만큼 더 큰 수

( ) — 4 — ( )

16 1만큼 더 작은 수 1만큼 더 큰 수

( ) — 5 — ( )

17 1만큼 더 작은 수 1만큼 더 큰 수

( ) — 6 — ( )

18 1만큼 더 작은 수 1만큼 더 큰 수

( ) — 7 — ( )

19 1만큼 더 작은 수 1만큼 더 큰 수

( ) — 8 — ( )

20 1만큼 더 작은 수 1만큼 더 큰 수

( ) — 1 — ( )

21 1만큼 더 작은 수 1만큼 더 큰 수

0 — ( ) — 2

22 1만큼 더 작은 수 1만큼 더 큰 수

1 — ( ) — 3

23 1만큼 더 작은 수 1만큼 더 큰 수

2 — ( ) — 4

24 1만큼 더 작은 수 1만큼 더 큰 수

3 — ( ) — 5

25 1만큼 더 작은 수 1만큼 더 큰 수

4 — ( ) — 6

26 1만큼 더 작은 수 1만큼 더 큰 수

5 — ( ) — 7

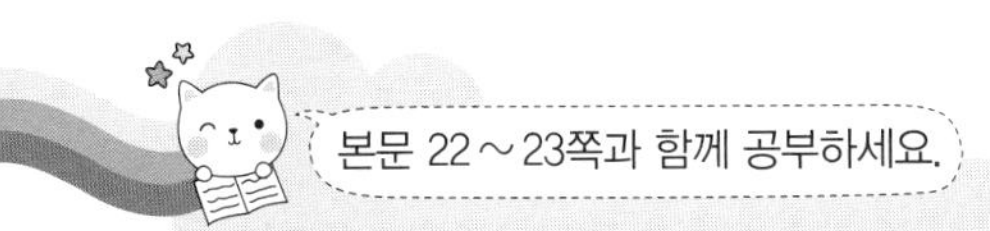

2. 두 수의 크기 비교하기

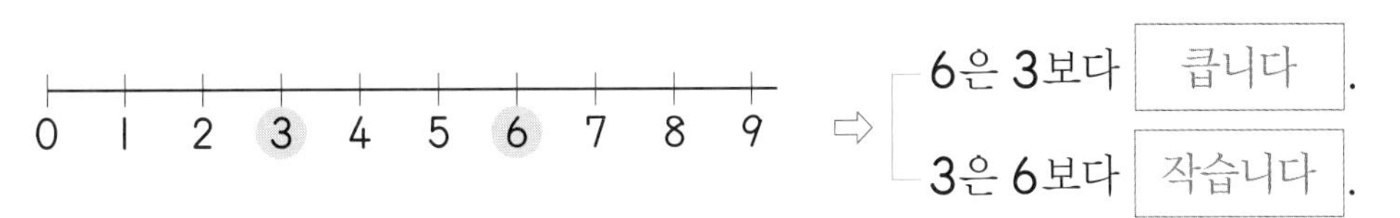

6은 3보다 [크습니다].
3은 6보다 [작습니다].

수를 순서대로 썼을 때 뒤의 수가 앞의 수보다 큽니다.

정답은 32쪽

[01~14] 큰 수에 ○표 하시오.

01 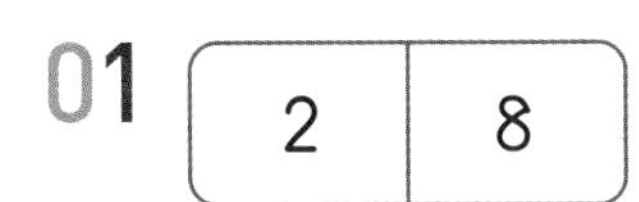

02 | 4 | 8 |

03 | 7 | 5 |

04 | 1 | 7 |

05 | 6 | 3 |

06 | 5 | 3 |

07 | 9 | 4 |

08 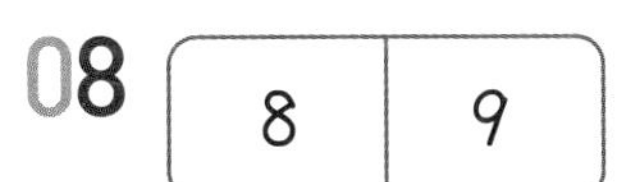

09 | 7 | 6 |

10 | 4 | 7 |

11 | 5 | 6 |

12 | 8 | 2 |

13 | 1 | 3 |

14 | 9 | 7 |

[15~32] 작은 수에 △표 하시오.

15 | 3 | 6 |

16 | 7 | 2 |

17 | 8 | 4 |

18 | 5 | 7 |

19 | 1 | 6 |

20 | 7 | 9 |

21 | 9 | 8 |

22 | 6 | 4 |

23 | 2 | 5 |

24 | 9 | 6 |

25 | 7 | 5 |

26 | 3 | 6 |

27 | 8 | 7 |

28 | 4 | 7 |

29 | 5 | 1 |

30 | 8 | 2 |

31 | 1 | 7 |

32 | 8 | 6 |

3. 세 수의 크기 비교하기

0 1 2 3 4 5 6 7 8 9

⇨ 3, 6, 8 중 8 이 가장 크고 3 이 가장 작습니다.

세 수를 순서대로 썼을 때 맨 뒤의 수가 가장 크고 맨 앞의 수가 가장 작습니다.

정답은 32쪽

[01～07] 가장 큰 수에 ○표 하시오.

01 2 6 4

02 7 1 5

03 6 4 8

04 3 5 2

05 8 7 9

06 8 6 5

07 4 7 6

[08～14] 가장 작은 수에 △표 하시오.

08 8 5 7

09 7 8 6

10 9 4 6

11 3 6 5

12 3 4 2

13 7 9 8

14 4 6 1

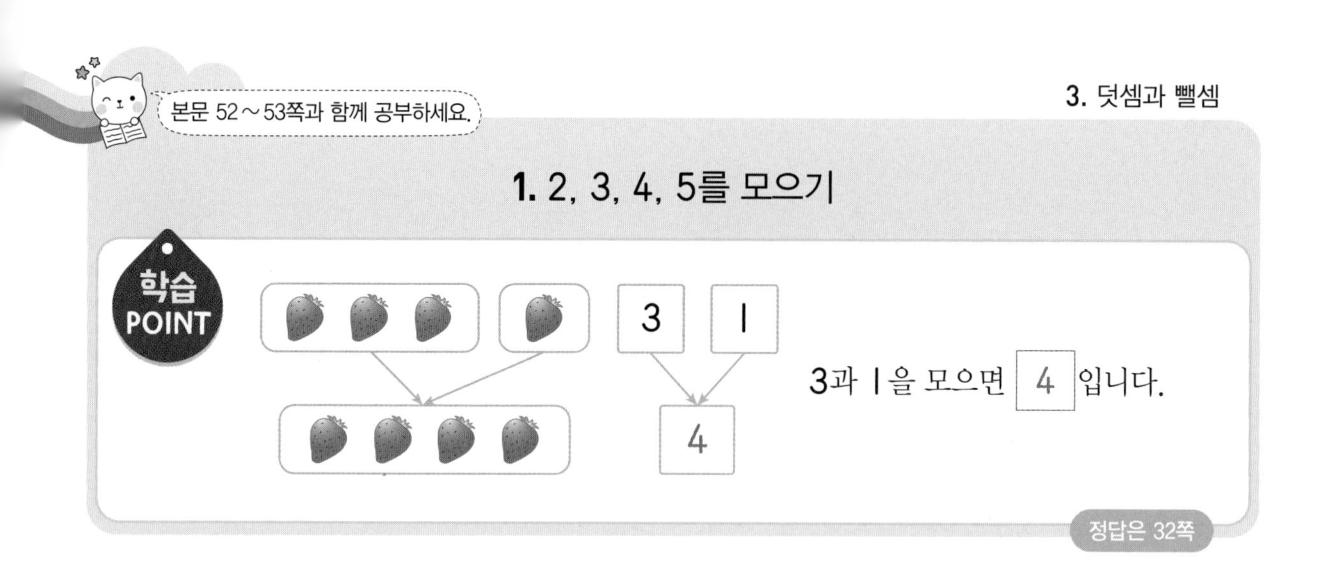

[01~13] 빈칸에 알맞은 수를 써넣으시오.

01
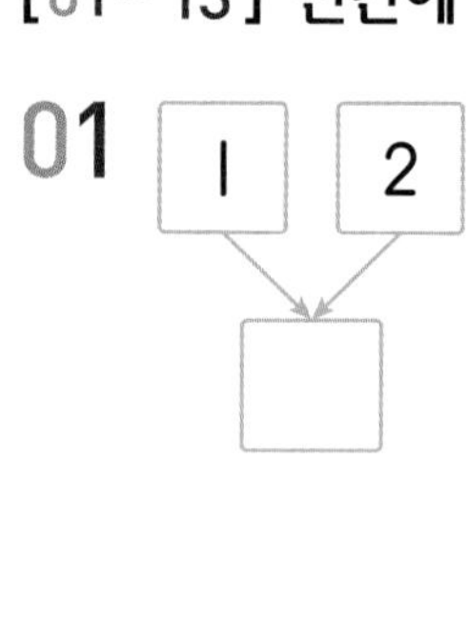

02
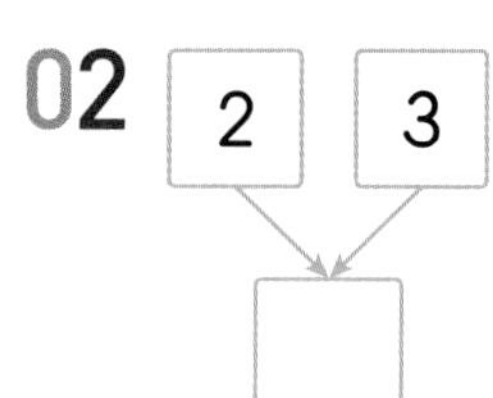

03
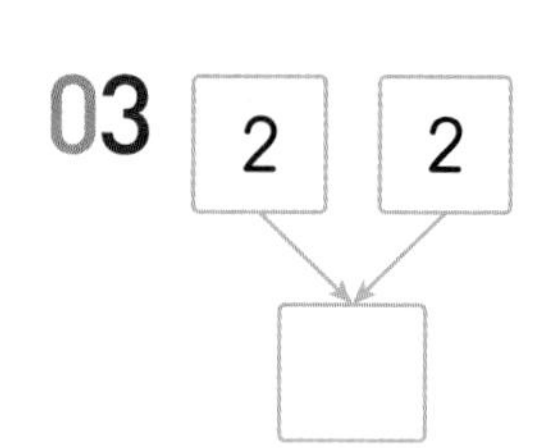

04
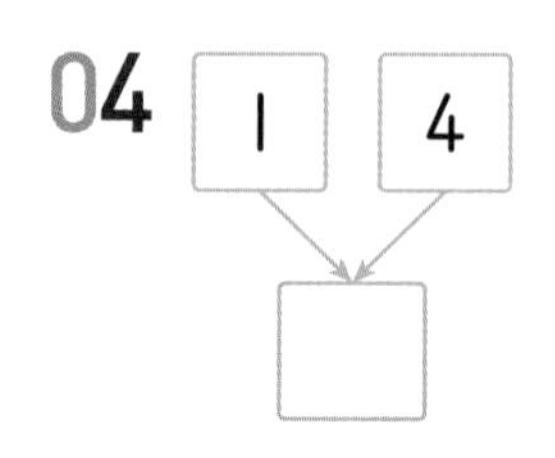

05
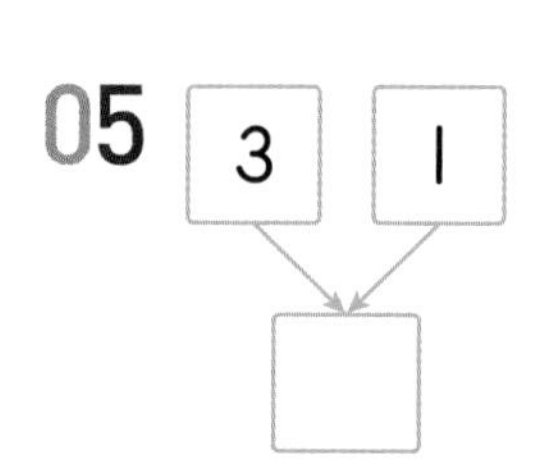

06
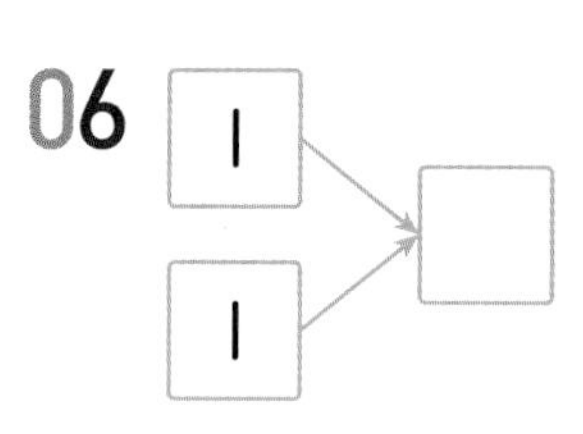

07
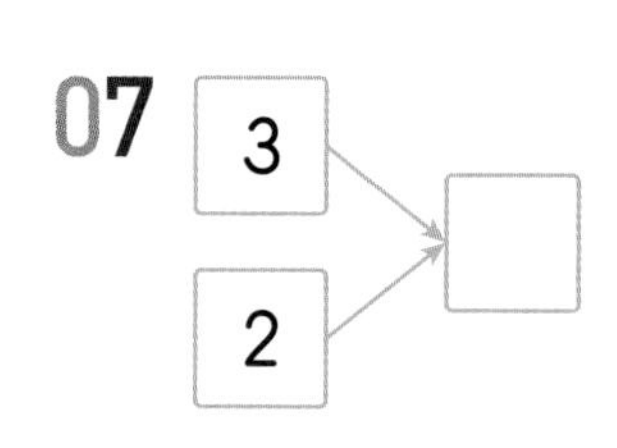

08
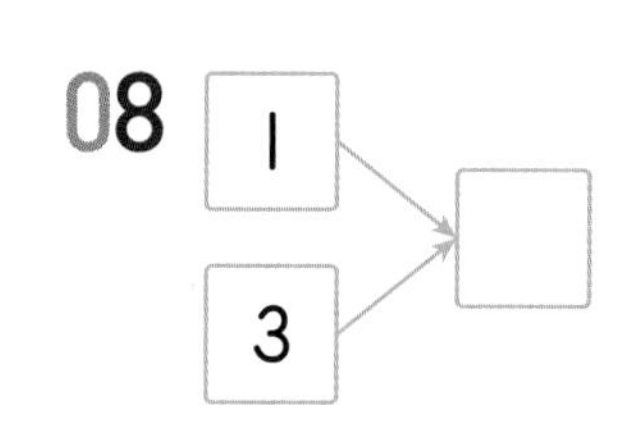

09
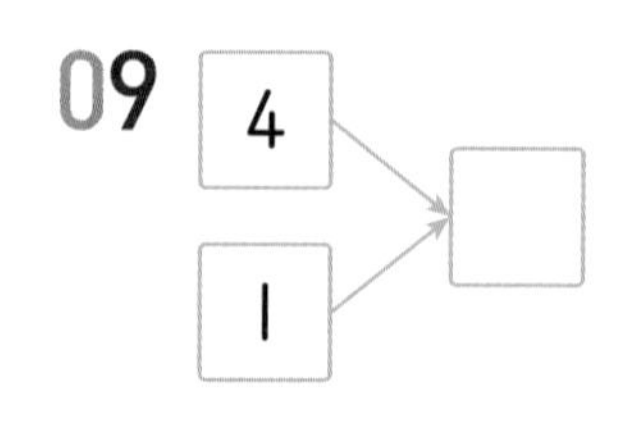

10
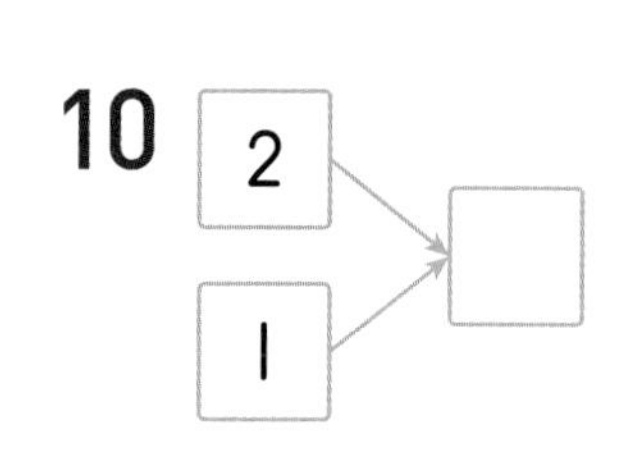

11
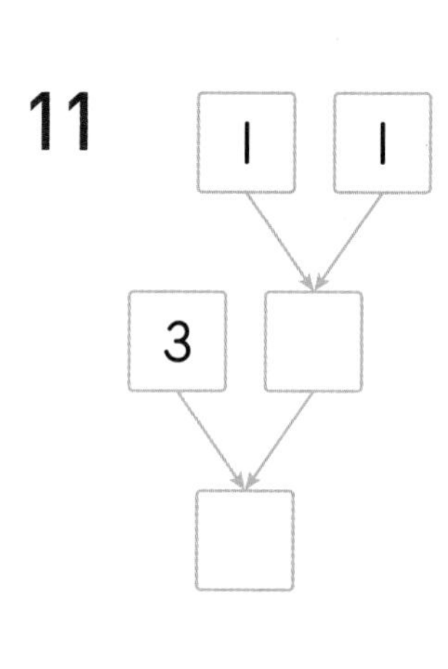

12
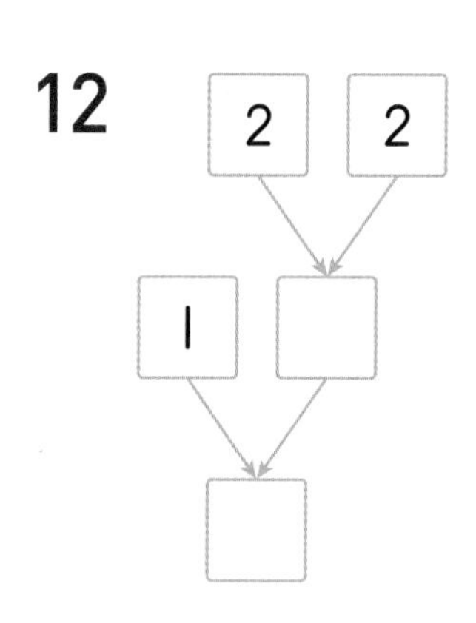

13
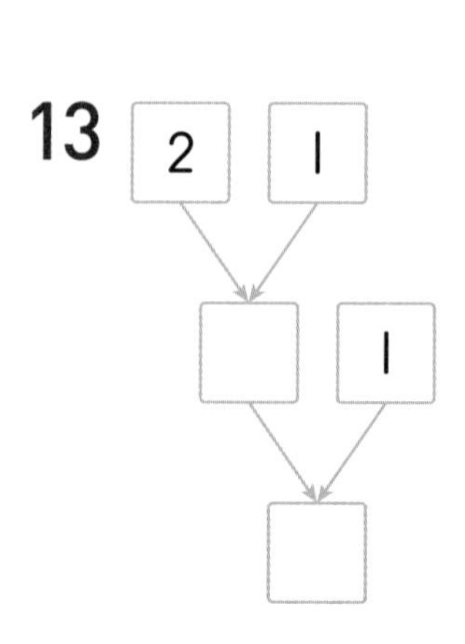

2. 2, 3, 4, 5를 가르기

5는 2와 3 으로 가를 수 있습니다.

정답은 33쪽

[01 ~ 13] 빈칸에 알맞은 수를 써넣으시오.

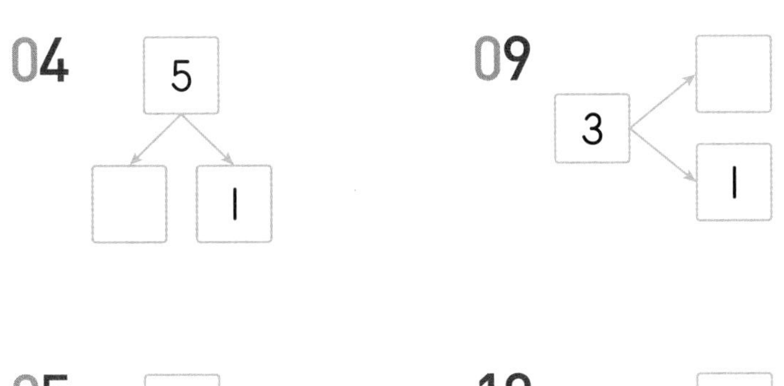

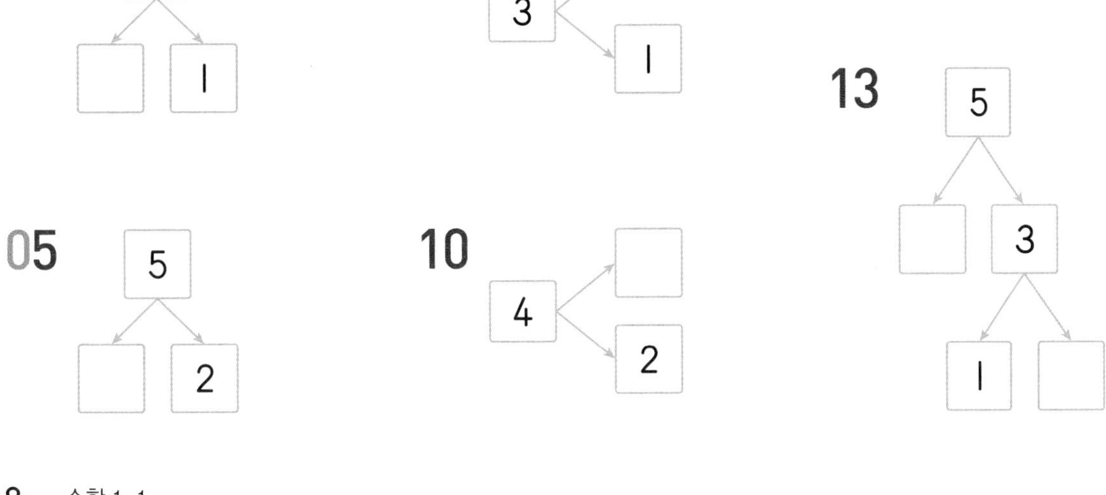

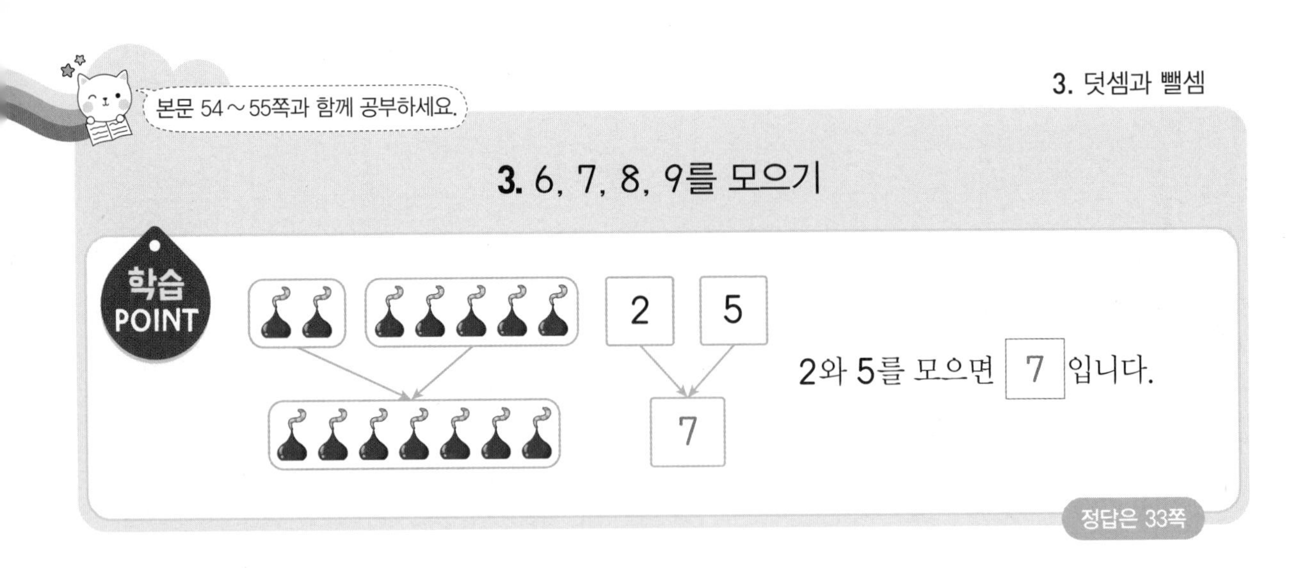

3. 6, 7, 8, 9를 모으기

[01 ~ 13] 빈칸에 알맞은 수를 써넣으시오.

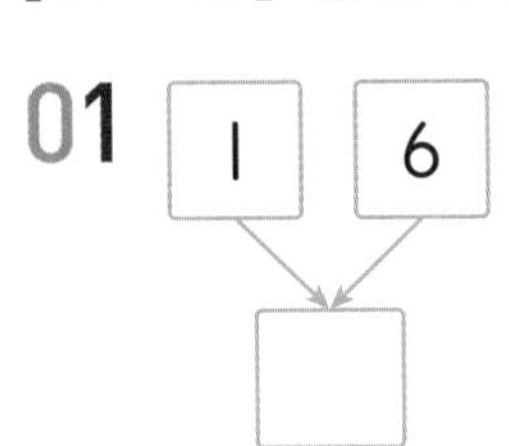

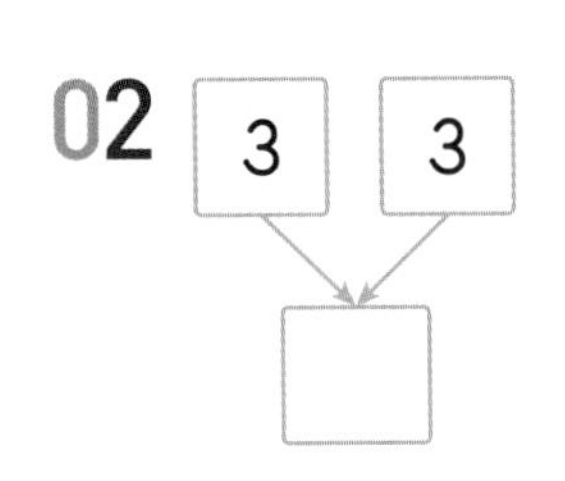

03
6 2

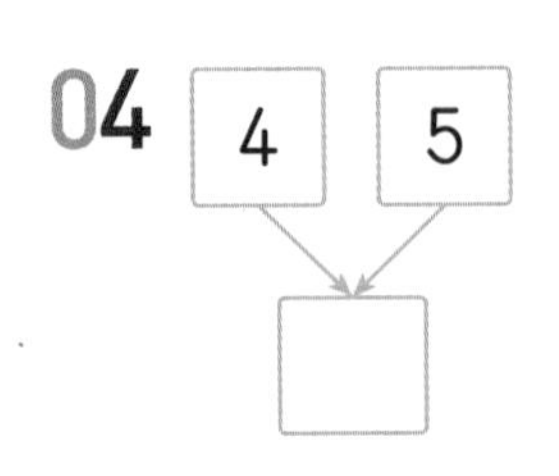

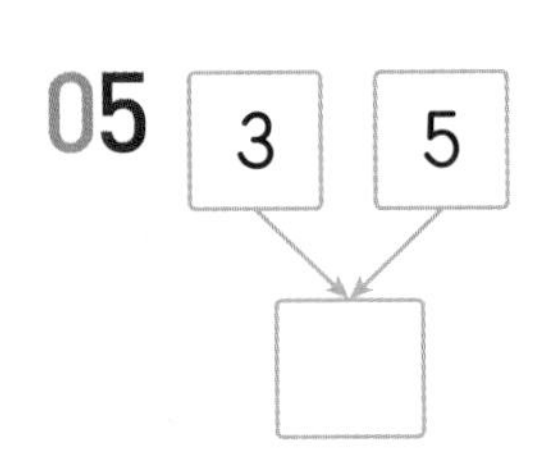

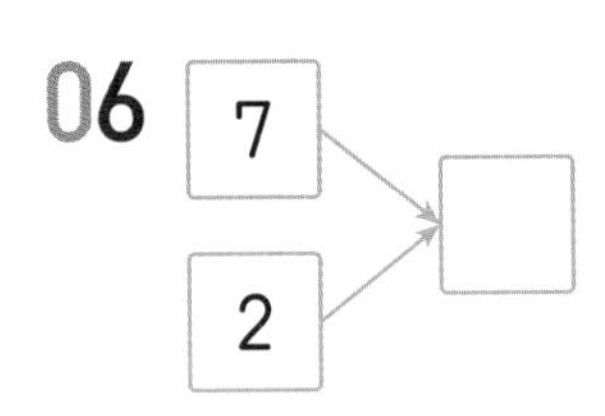

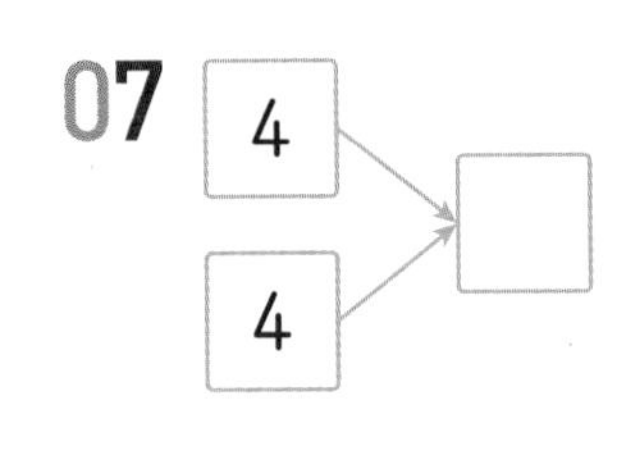

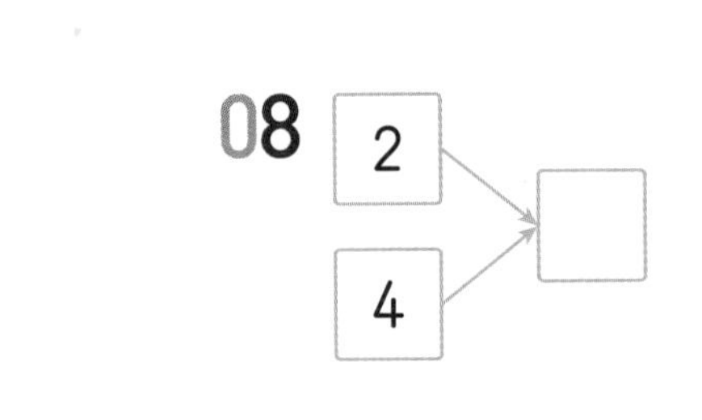

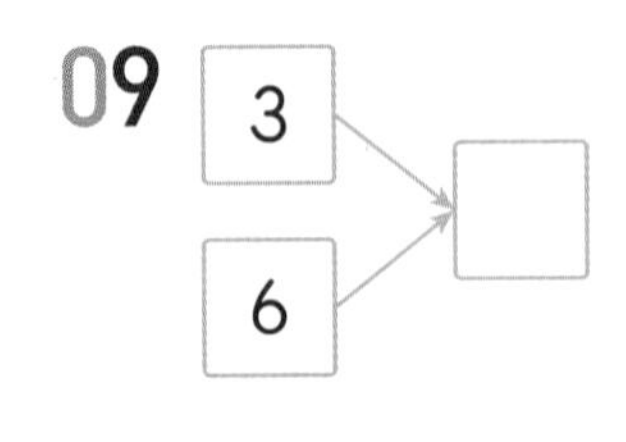

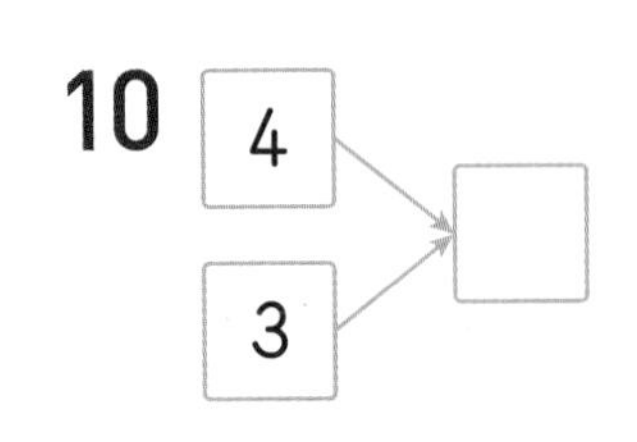

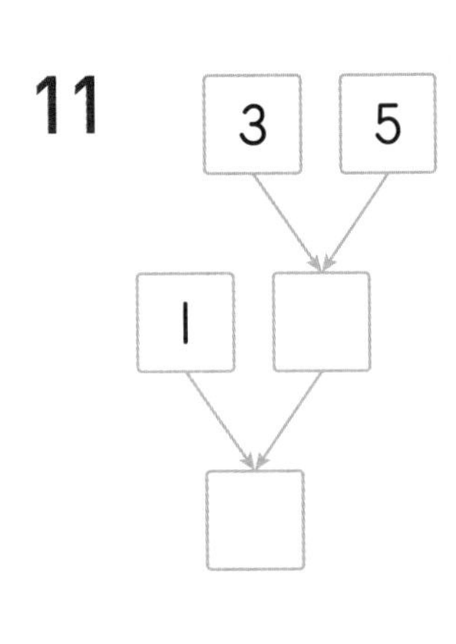

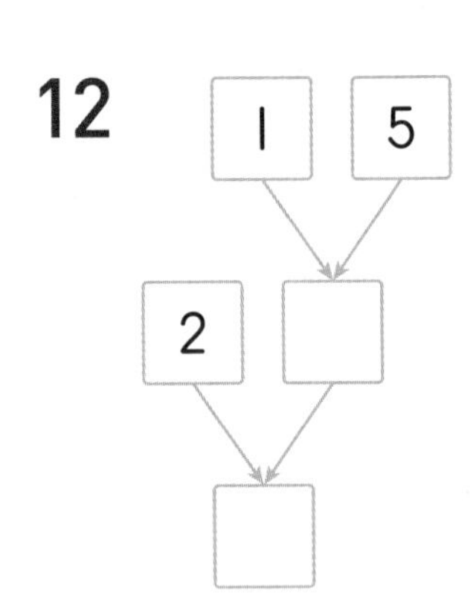

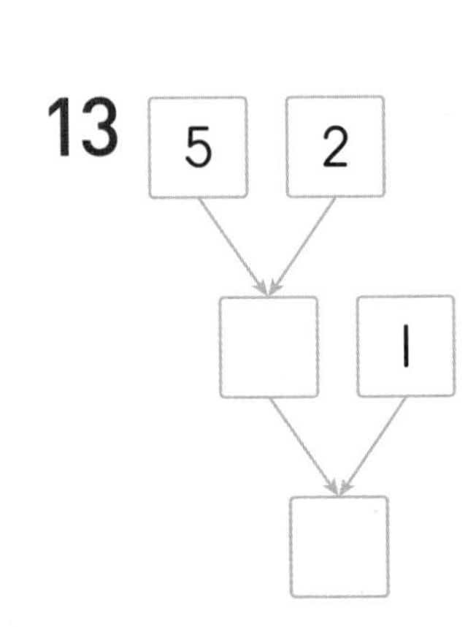

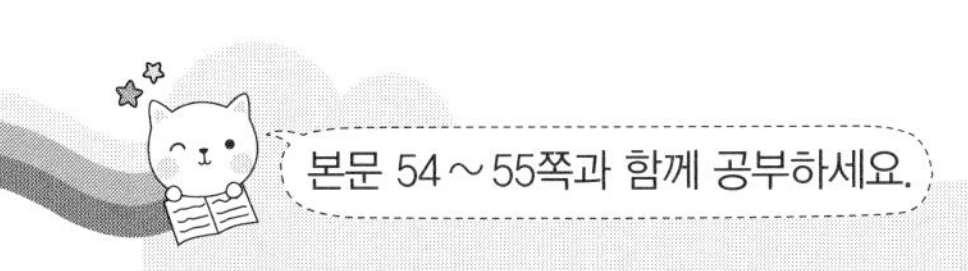

4. 6, 7, 8, 9를 가르기

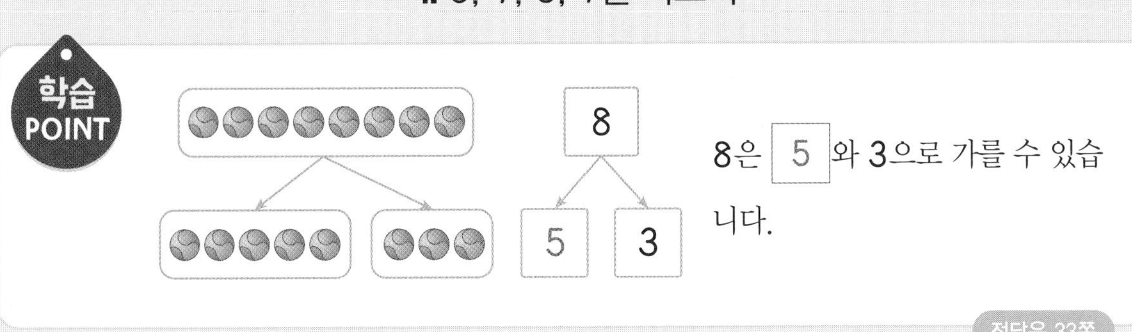

[01~13] 빈칸에 알맞은 수를 써넣으시오.

01
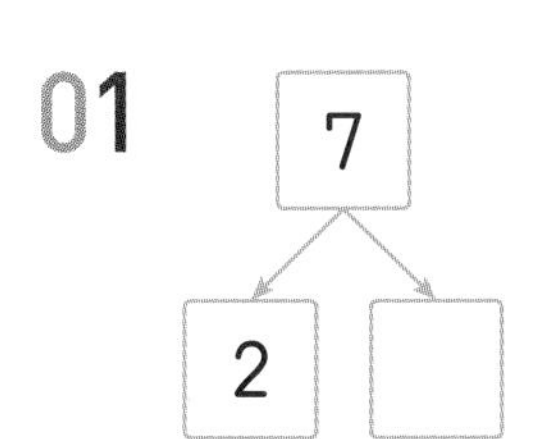

02
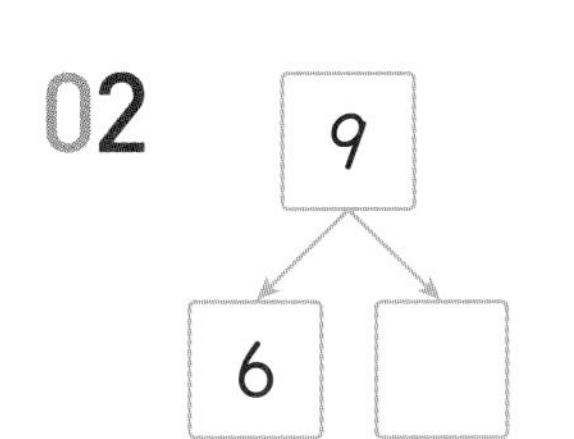

03
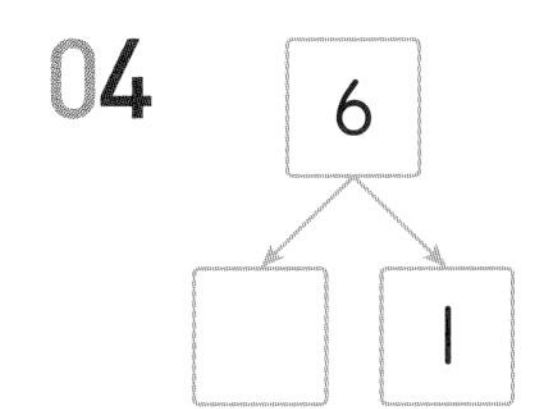

04
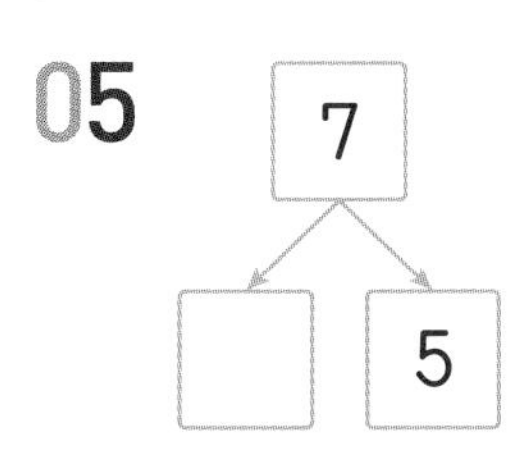

05

06
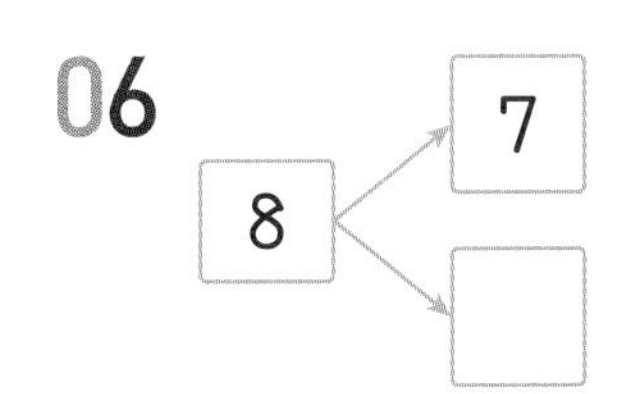

07
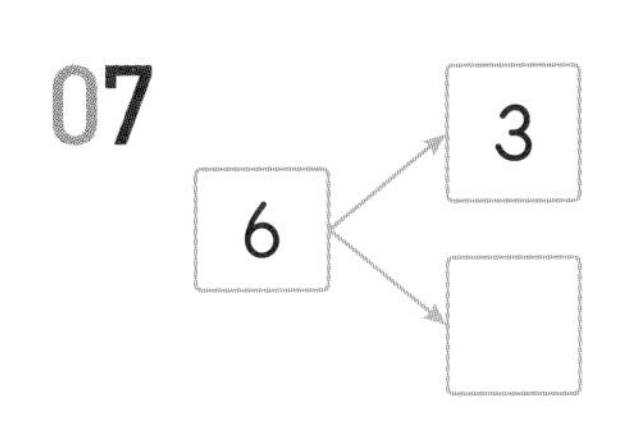

08
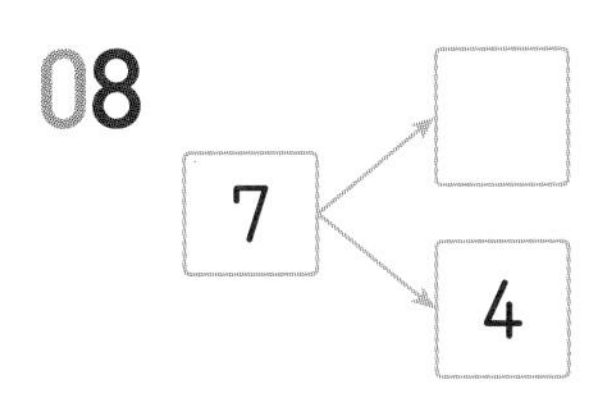

09
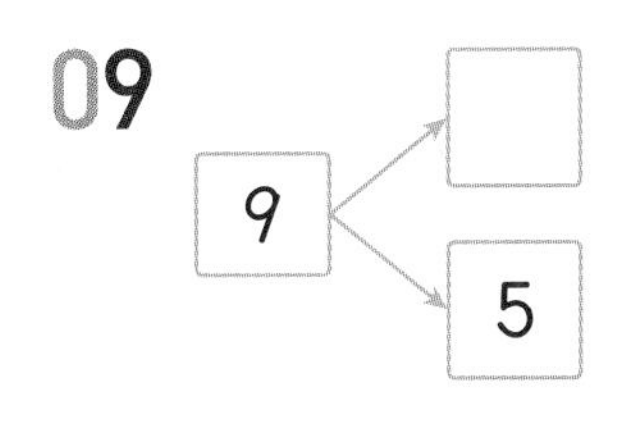

10
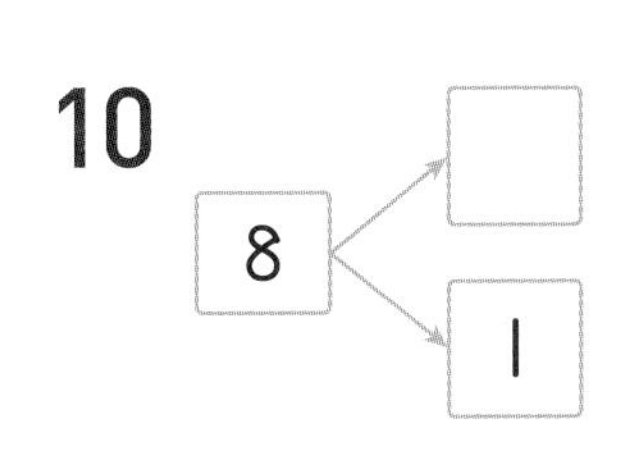

11
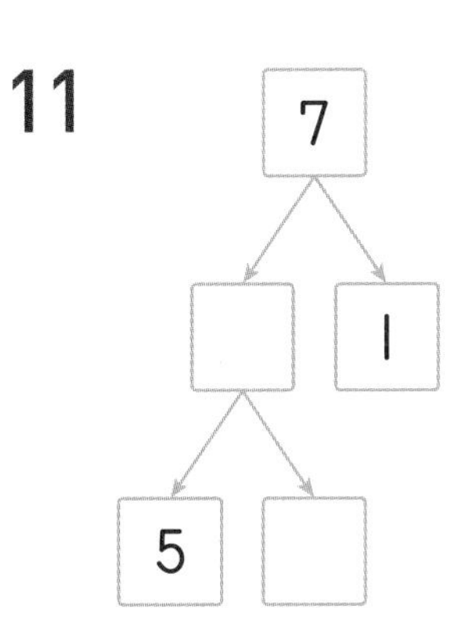

12
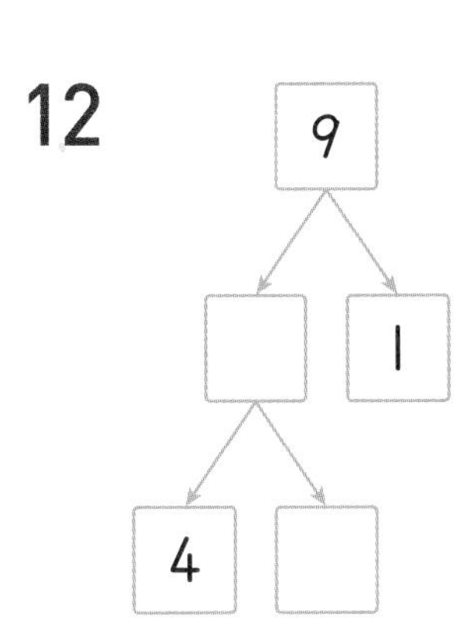

13
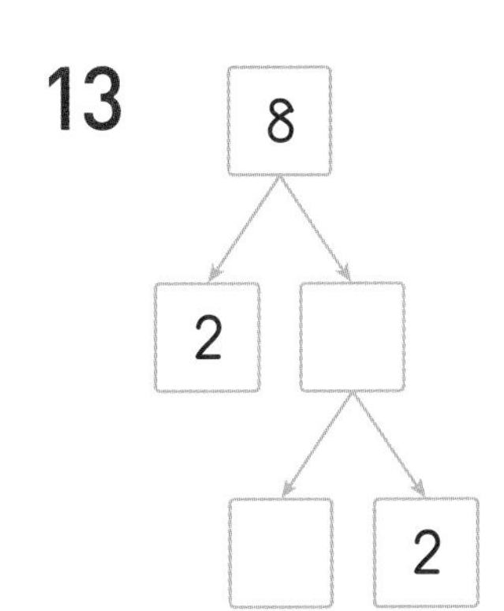

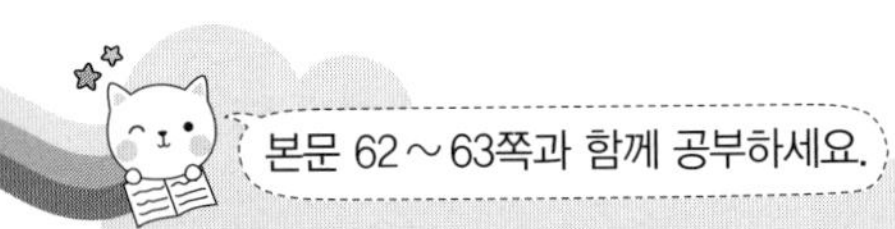

5. 그림을 이용하여 덧셈하기

 ⇨ 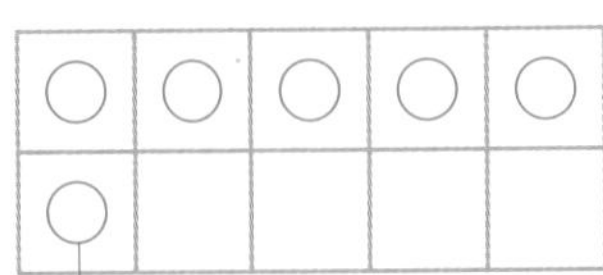

$4+2=$ 6

└─나비 1마리에 ○를 1개씩 그립니다.

노란 나비 4마리와 흰나비 2마리를 더하면 나비가 6마리입니다.

4와 2를 더하면 6 입니다.

정답은 33쪽

[01~04] 그림을 보고 □ 안에 알맞은 수를 써넣으시오.

01

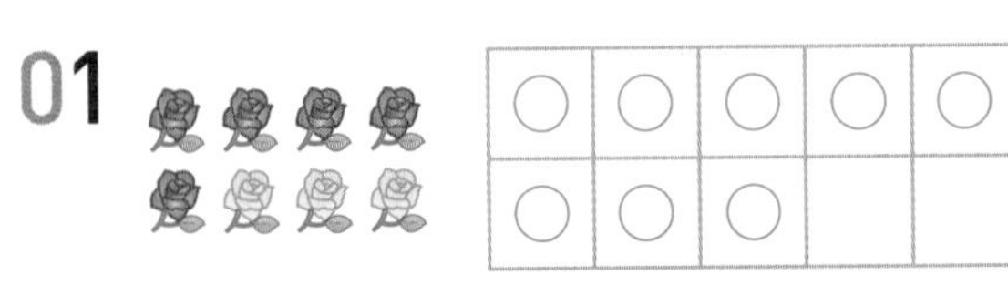

$5+3=$ □

02

○	○	○	○	○
○				

$3+3=$ □

03

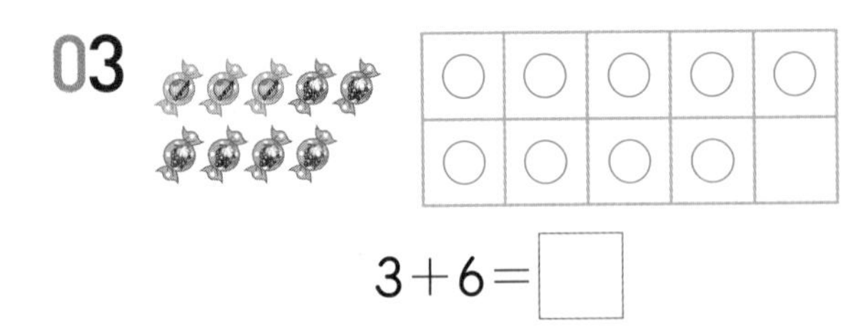

$3+6=$ □

04

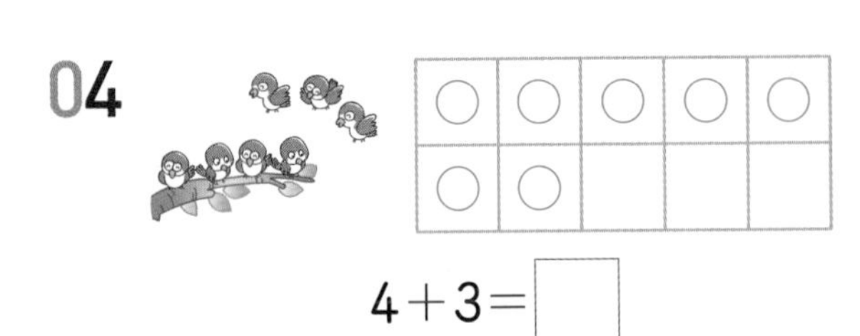

$4+3=$ □

[05~08] 덧셈식에 맞도록 ○를 그리고 □ 안에 알맞은 수를 써넣으시오.

05 $4+1=$ □

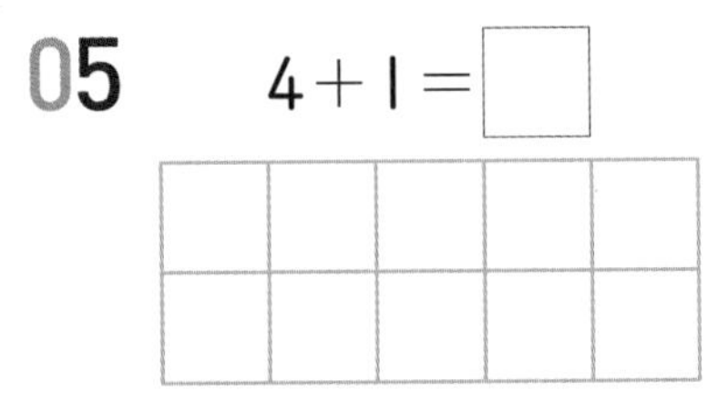

06 $2+6=$ □

07 $6+1=$ □

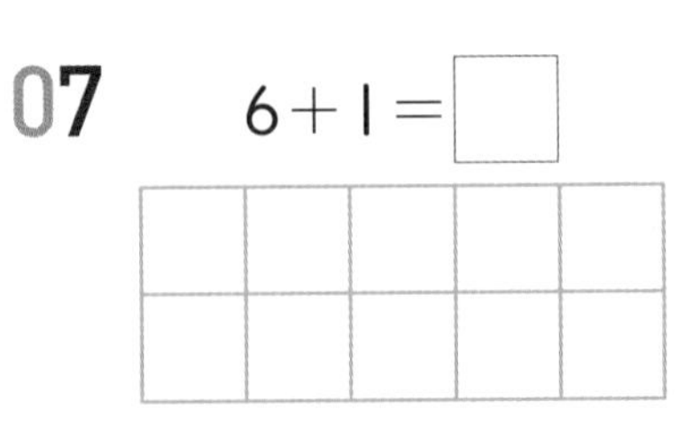

08 $5+4=$ □

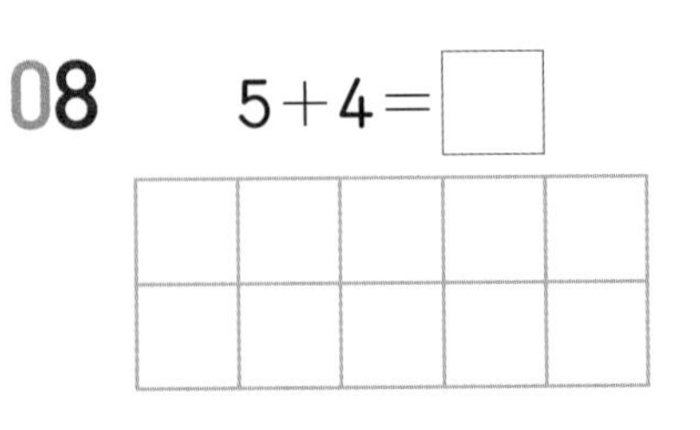

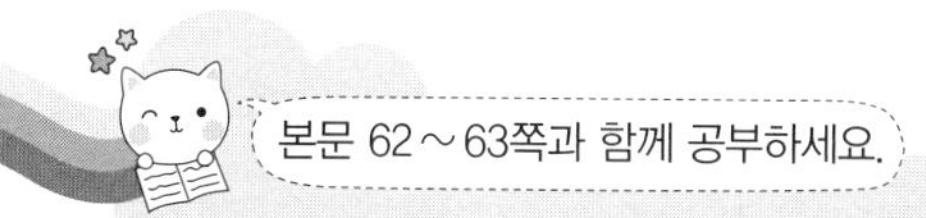

6. 모으기를 이용하여 덧셈하기

학습 POINT

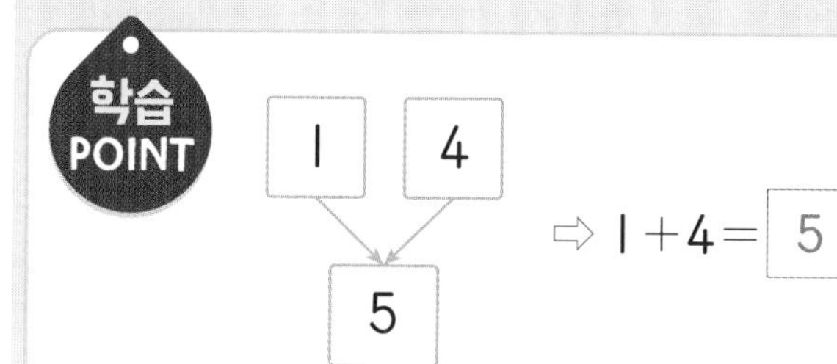

1과 4를 모으면 5이므로

1과 4를 더하면 5 입니다.

정답은 33쪽

[01~10] 빈칸에 알맞은 수를 써넣으시오.

01

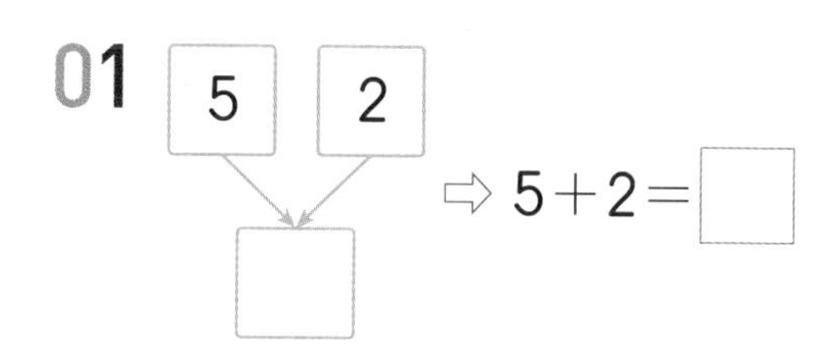

06

3, 3 ⇨ 3+3=☐

02

6, 3 ⇨ 6+3=☐

07

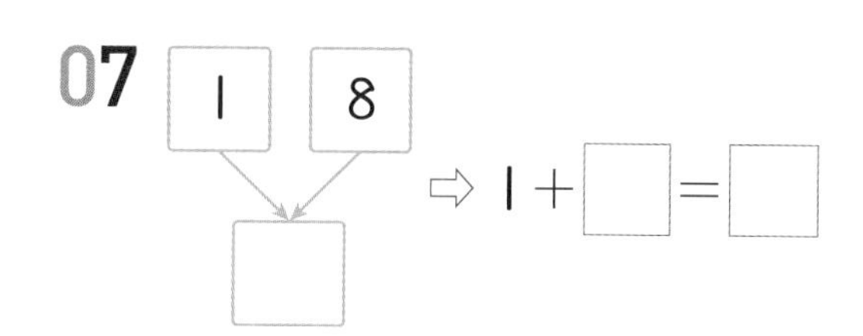

03

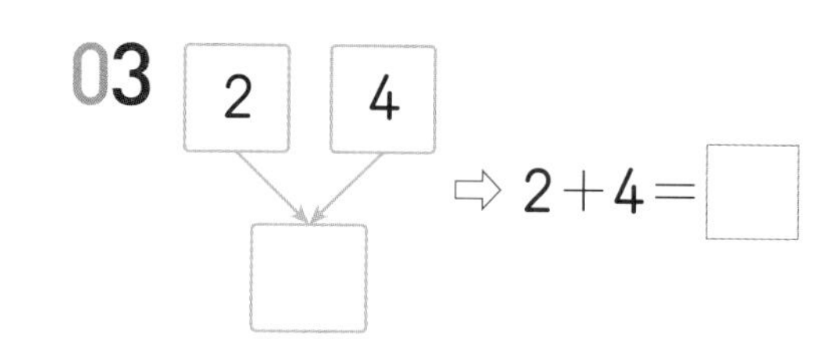

08

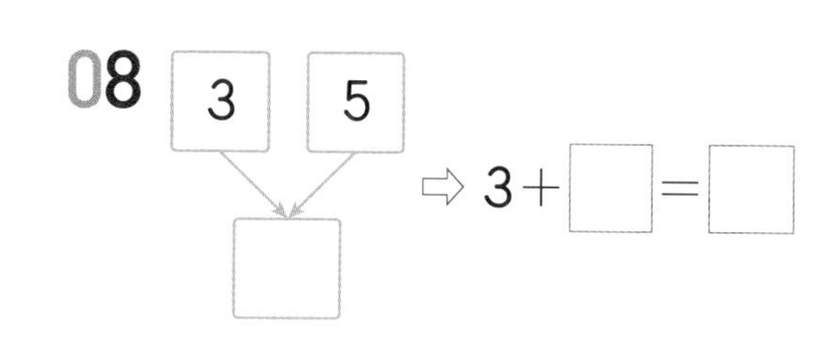

04

7, 2 ⇨ 7+2=☐

09

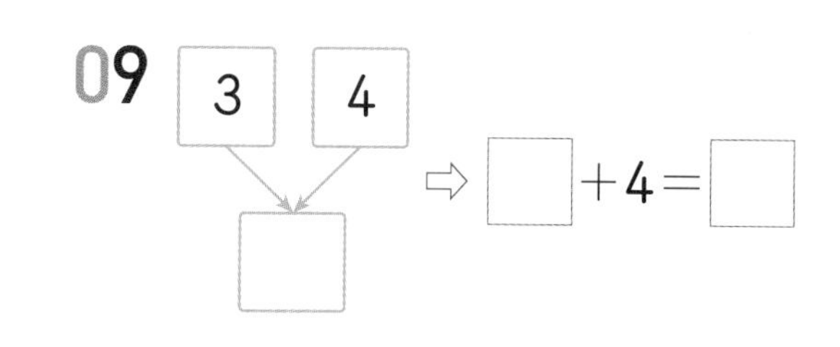

05

5, 1 ⇨ 5+1=☐

10

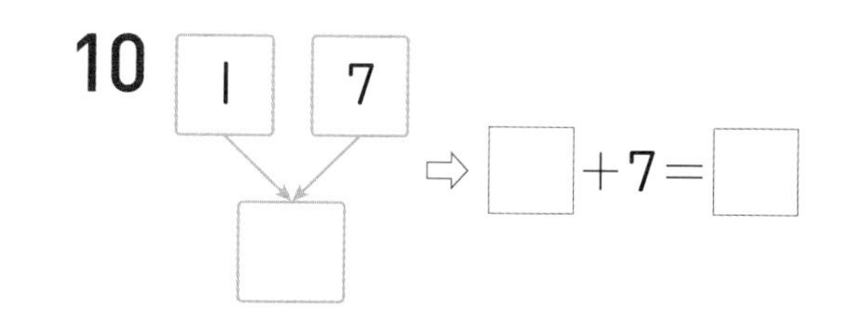

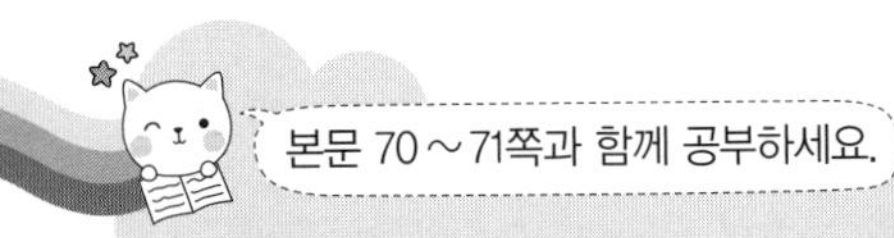

7. 그림을 이용하여 뺄셈하기

방법1 /으로 지우고 남은 ○의 수를 셉니다.

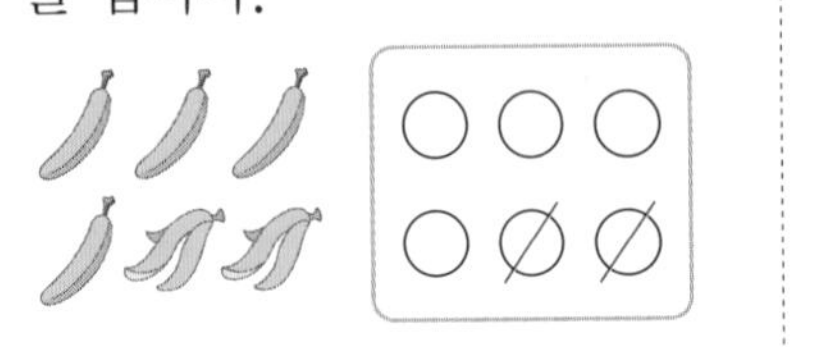

$6-2=$ 4

방법2 하나씩 짝 짓고 남은 것의 수를 셉니다.

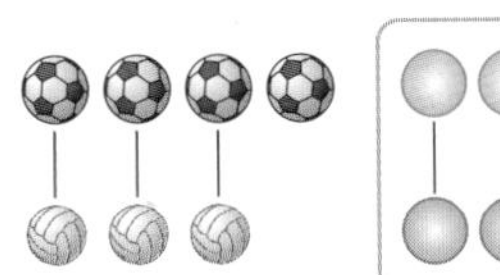
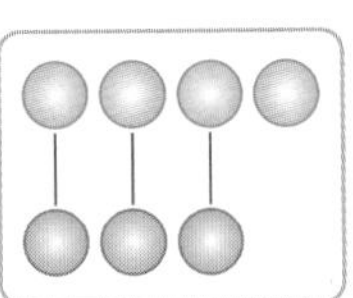

$4-3=$ 1

정답은 33쪽

[01~07] 그림을 보고 □ 안에 알맞은 수를 써넣으시오.

01

$4-2=$ □

02

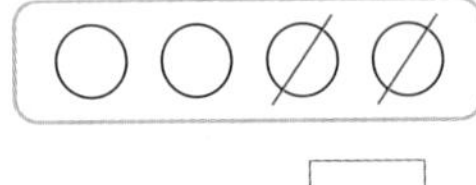

$5-1=$ □

03

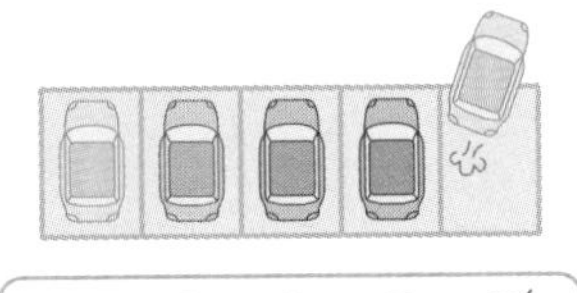

$6-3=$ □

04

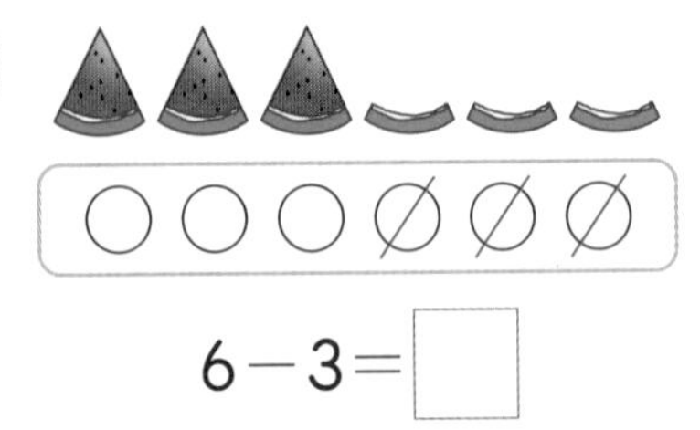

$7-3=$ □

05

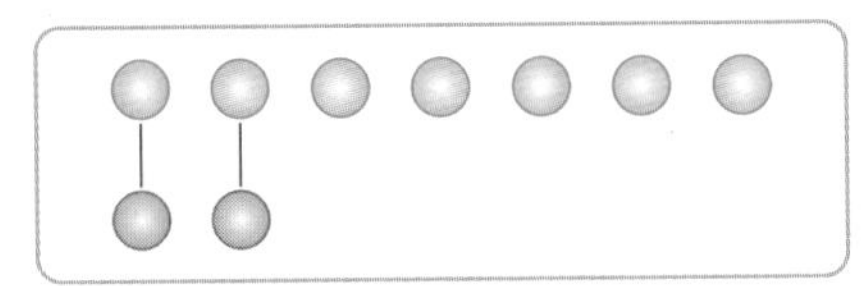

$7-2=$ □

06

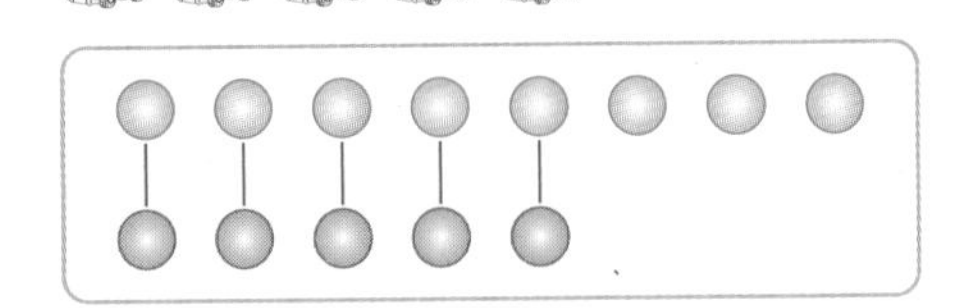

$8-5=$ □

07

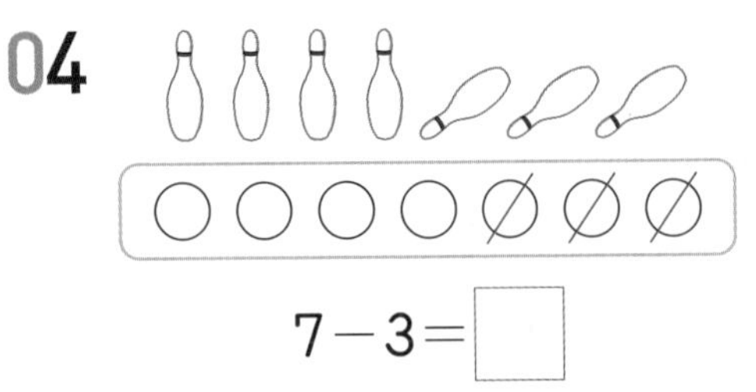

$9-4=$ □

본문 70~71쪽과 함께 공부하세요.

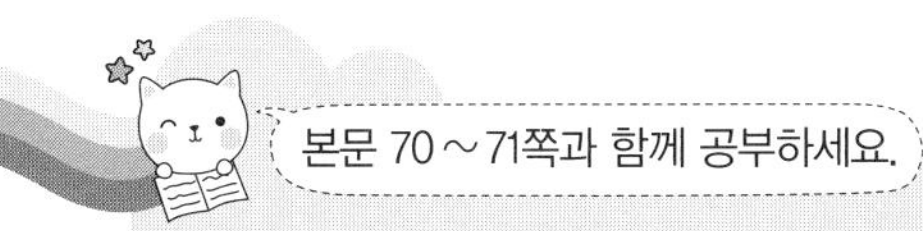

8. 가르기를 이용하여 뺄셈하기

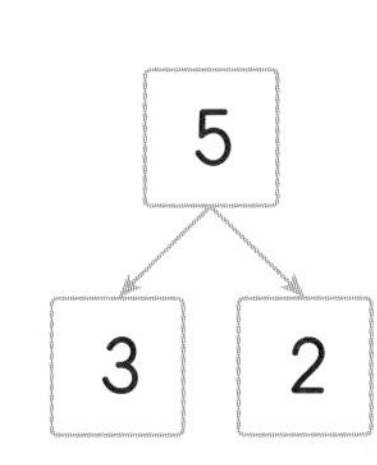

⇨ 5－3＝ 2

5는 3과 2로 가를 수 있으므로

5에서 3을 빼면 2 입니다.

정답은 33쪽

[01~10] 빈칸에 알맞은 수를 써넣으시오.

01

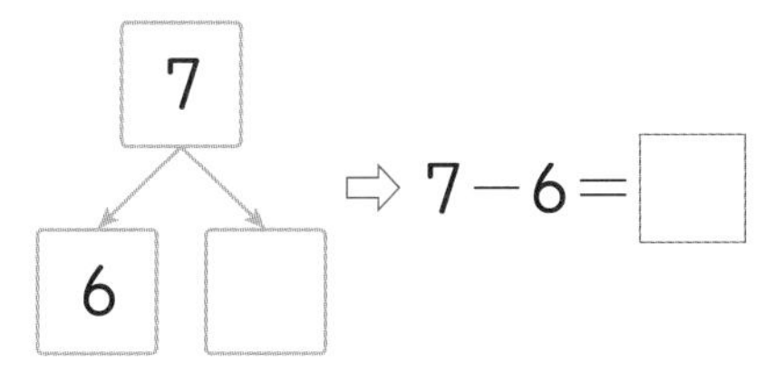

⇨ 7－6＝□

02

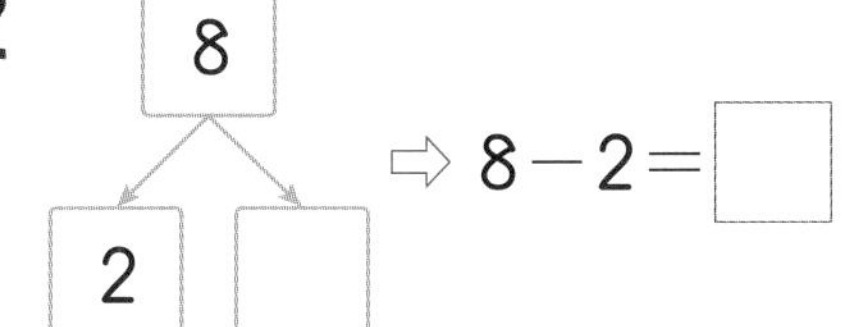

⇨ 8－2＝□

03

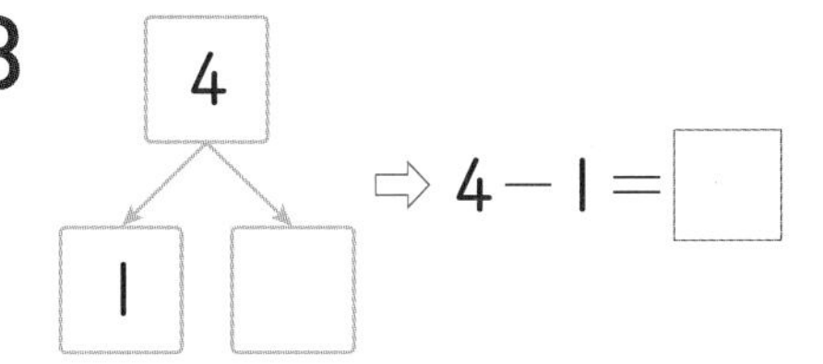

⇨ 4－1＝□

04

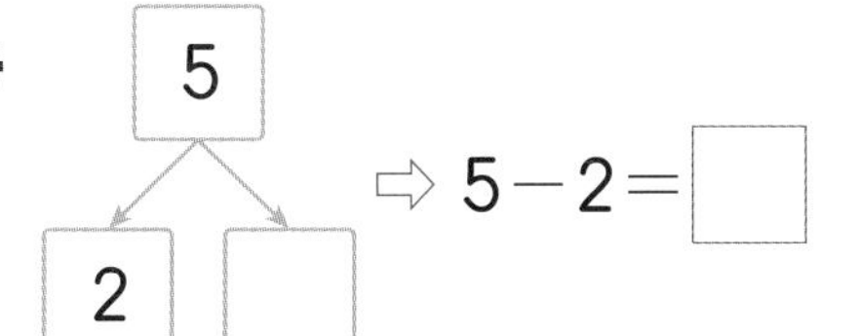

⇨ 5－2＝□

05

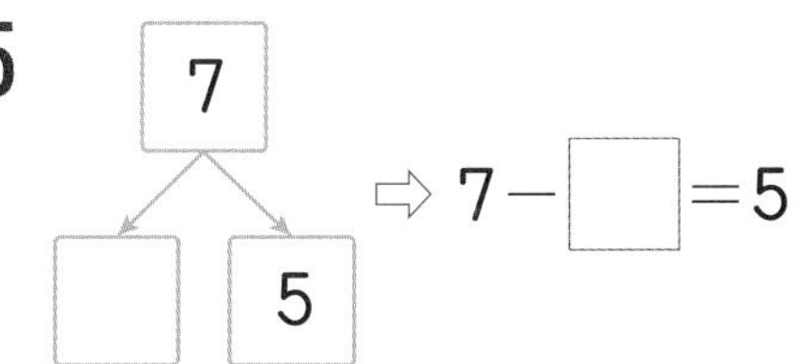

⇨ 7－□＝5

06

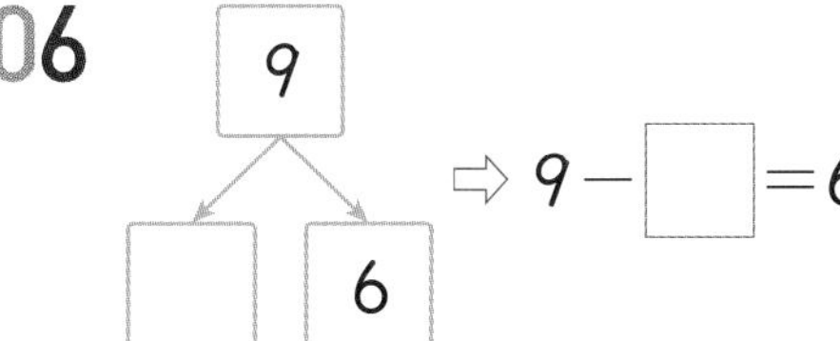

⇨ 9－□＝6

07

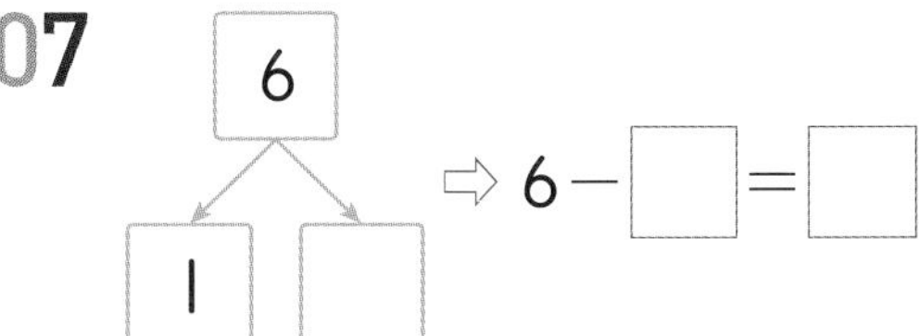

⇨ 6－□＝□

08

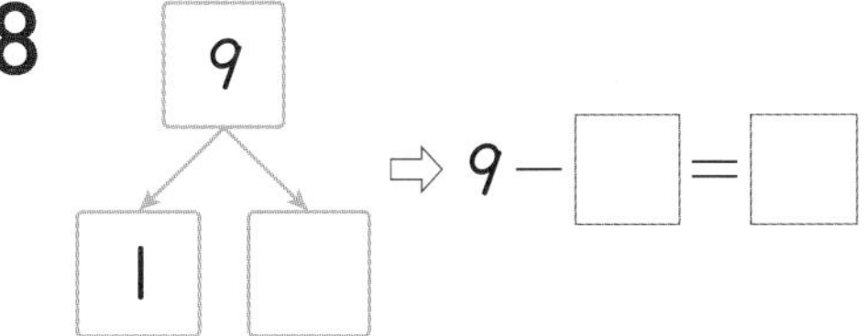

⇨ 9－□＝□

09

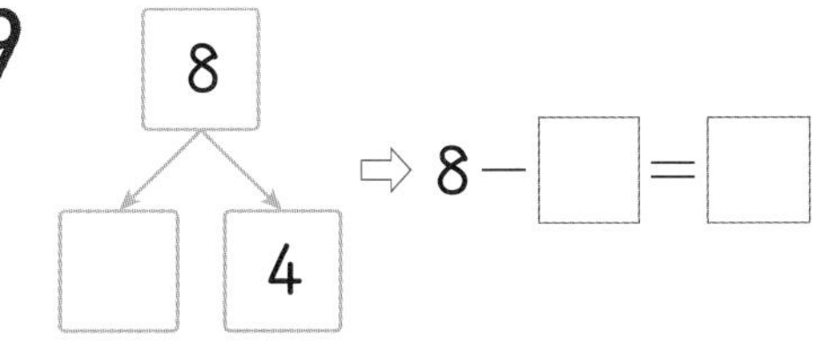

⇨ 8－□＝□

10

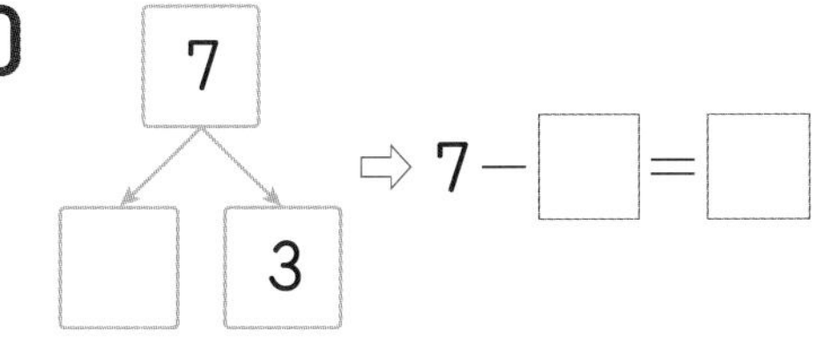

⇨ 7－□＝□

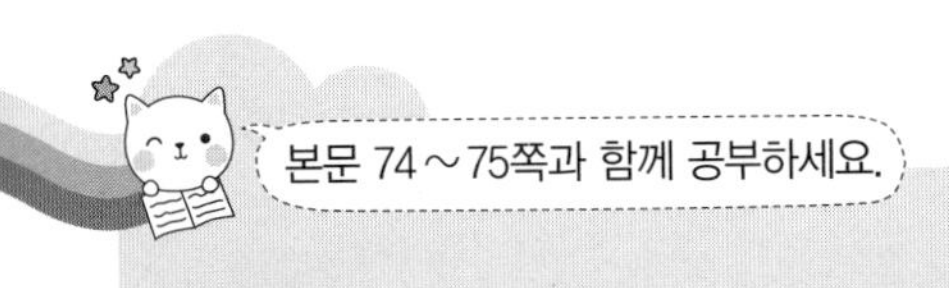

9. 0이 있는 덧셈하기

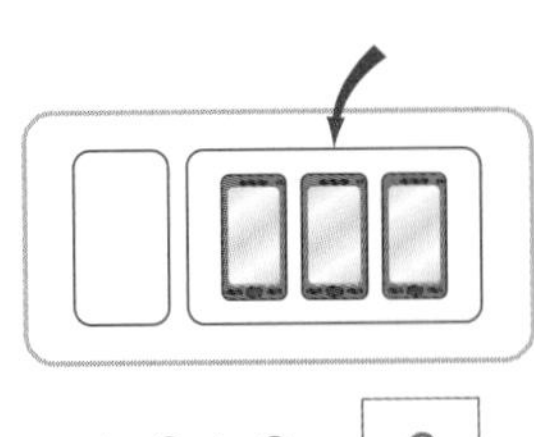

⇨ 0+3= 3

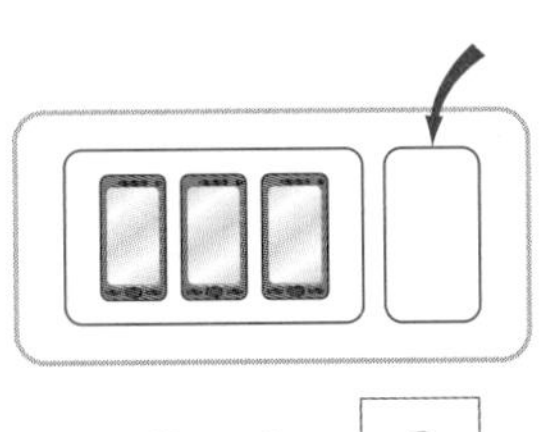

⇨ 3+0= 3

0을 더해도 값은 변하지 않습니다.

정답은 34쪽

[01~16] 계산을 하시오.

01 1+0=

02 2+0=

03 4+0=

04 5+0=

05 0+1=

06 0+2=

07 0+4=

08 0+5=

09 6+0

10 7+0

11 8+0

12 9+0

13 0+6

14 0+7

15 0+8

16 0+9

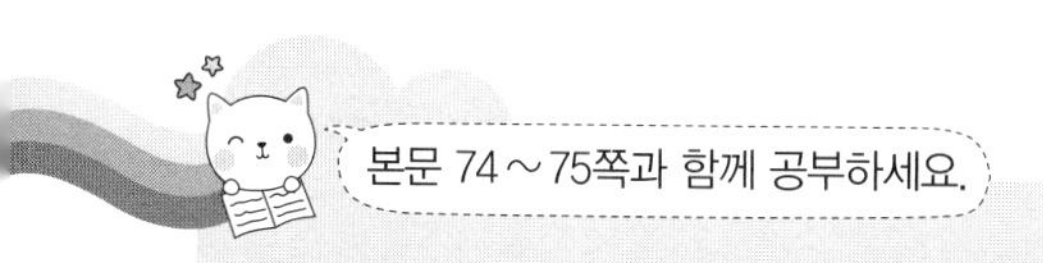

10. 0이 있는 뺄셈하기

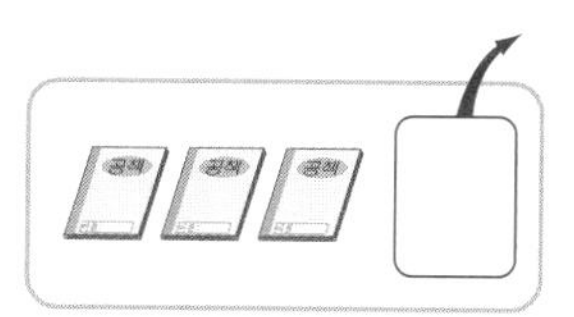

⇨ 3－0＝ 3

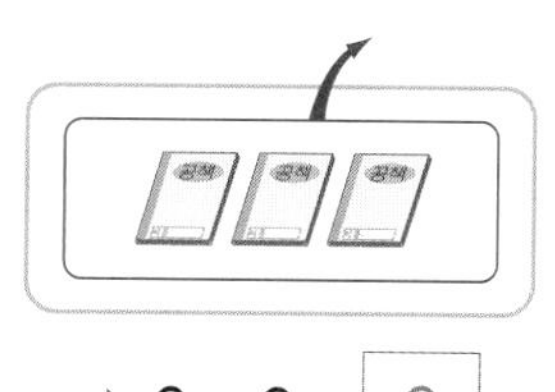

⇨ 3－3＝ 0

0을 빼도 값은 변하지 않습니다.

정답은 34쪽

[01～16] 계산을 하시오.

01 1－0＝☐

02 2－0＝☐

03 4－0＝☐

04 5－0＝☐

05 1－1＝☐

06 2－2＝☐

07 4－4＝☐

08 5－5＝☐

09 6－0

10 7－0

11 8－0

12 9－0

13 6－6

14 7－7

15 8－8

16 9－9

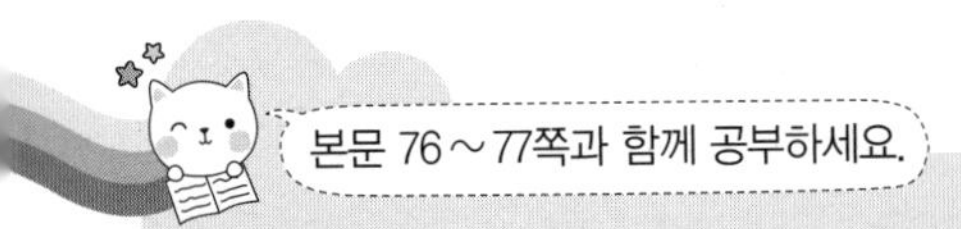

11. 덧셈하기

$4+0=4$
$4+1=5$
$4+2=6$
$4+3=7$

1씩 큰 수를 더하면 계산 결과도 1씩 커집니다.

정답은 34쪽

[01 ~ 09] □ 안에 알맞은 수를 써넣으시오.

01
$6+0=\square$
$6+1=\square$
$6+2=\square$
$6+3=\square$

04
$2+6=\square$
$2+5=\square$
$2+4=\square$
$2+3=\square$

07
$1+5=\square$
$2+5=\square$
$3+5=\square$
$4+5=\square$

02
$3+1=\square$
$3+2=\square$
$3+3=\square$
$3+4=\square$
$3+5=\square$

05
$3+4=\square$
$3+3=\square$
$3+2=\square$
$3+1=\square$
$3+0=\square$

08
$7+1=\square$
$6+1=\square$
$5+1=\square$
$4+1=\square$
$3+1=\square$

03
$1+0=\square$
$1+2=\square$
$1+4=\square$
$1+6=\square$
$1+8=\square$

06
$1+8=\square$
$1+6=\square$
$1+4=\square$
$1+2=\square$
$1+0=\square$

09
$2+6=\square$
$3+5=\square$
$4+4=\square$
$5+3=\square$
$6+2=\square$

[10~18] 계산을 하시오.

10 0+6

11 4+2

12 4+3

13 5+2

14 4+4

15 5+3

16 4+5

17 5+4

18 8+1

[19~25] 두 수의 합을 구하시오.

19 5 1

( )

20 7 0

( )

21 6 1

( )

22 1 7

( )

23 4 4

( )

24 5 4

( )

25 8 1

( )

12. 뺄셈하기

$6-1=5$
$6-2=4$
$6-3=3$
$6-4=2$

1씩 큰 수를 빼면 계산 결과는 1씩 작아집니다.

정답은 34쪽

[01 ~ 09] □ 안에 알맞은 수를 써넣으시오.

01
$7-0=\square$
$7-1=\square$
$7-2=\square$
$7-3=\square$
$7-4=\square$

04
$6-5=\square$
$6-4=\square$
$6-3=\square$
$6-2=\square$
$6-1=\square$

07
$3-1=\square$
$4-1=\square$
$5-1=\square$
$6-1=\square$
$7-1=\square$

02
$8-3=\square$
$8-4=\square$
$8-5=\square$
$8-6=\square$
$8-7=\square$

05
$9-7=\square$
$9-6=\square$
$9-5=\square$
$9-4=\square$
$9-3=\square$

08
$5-2=\square$
$6-2=\square$
$7-2=\square$
$8-2=\square$
$9-2=\square$

03
$9-1=\square$
$9-3=\square$
$9-5=\square$
$9-7=\square$

06
$9-8=\square$
$9-6=\square$
$9-4=\square$
$9-2=\square$

09
$3-2=\square$
$5-2=\square$
$7-2=\square$
$9-2=\square$

[10~18] 계산을 하시오.

10 $2-1$

11 $4-3$

12 $5-4$

13 $7-6$

14 $4-2$

15 $5-3$

16 $7-5$

17 $6-2$

18 $8-4$

[19~25] 두 수의 차를 구하시오.

19 | 6 2 |

( )

20 | 4 5 |

( )

21 | 7 3 |

( )

22 | 2 8 |

( )

23 | 9 8 |

( )

24 | 6 9 |

( )

25 | 7 5 |

( )

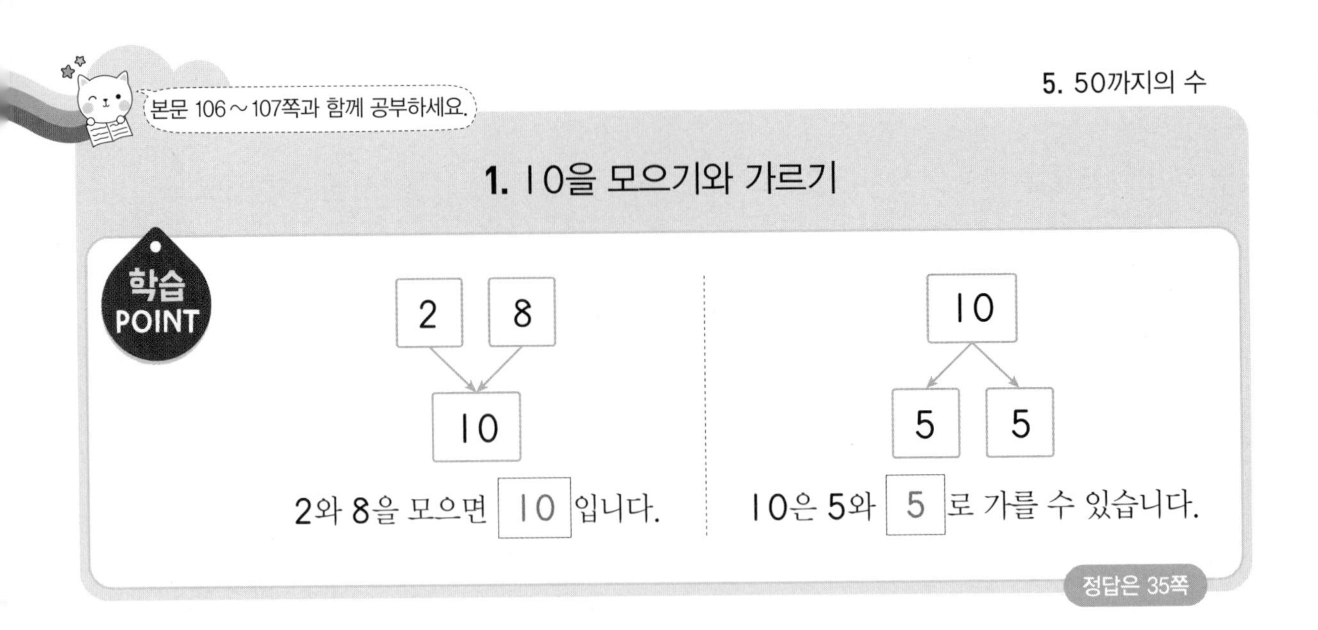

[01~15] 빈칸에 알맞은 수를 써넣으시오.

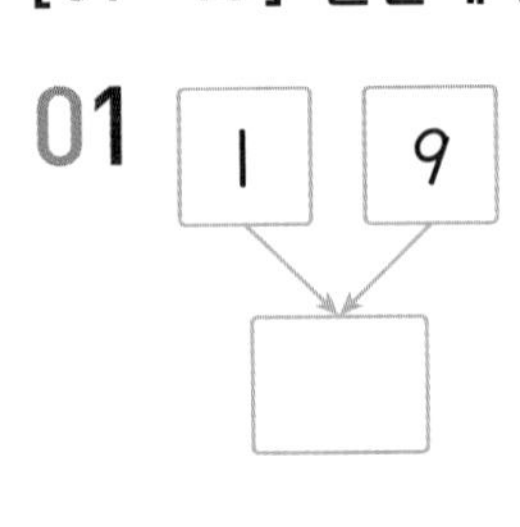

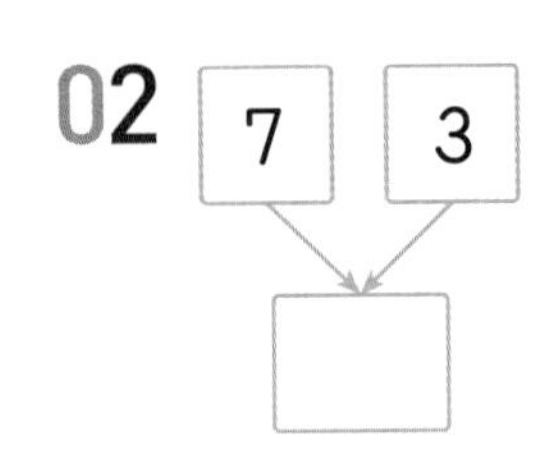

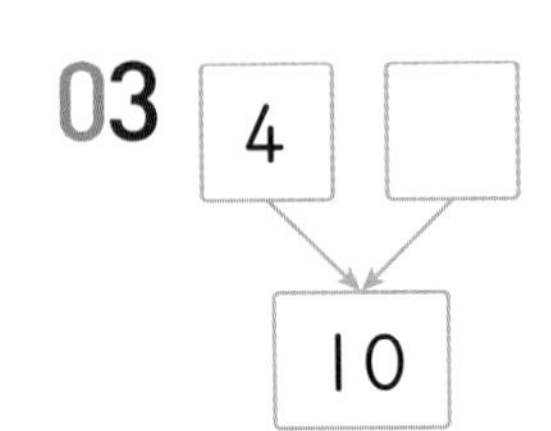

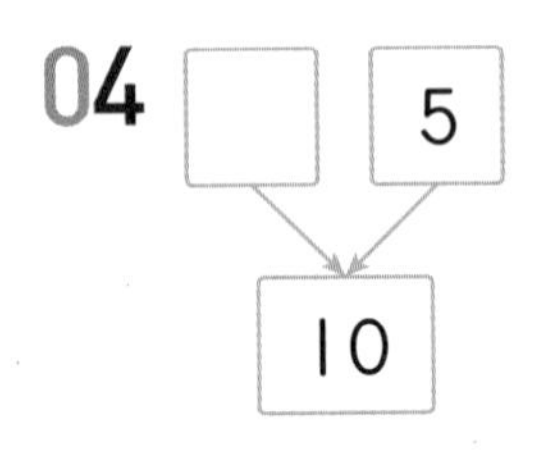

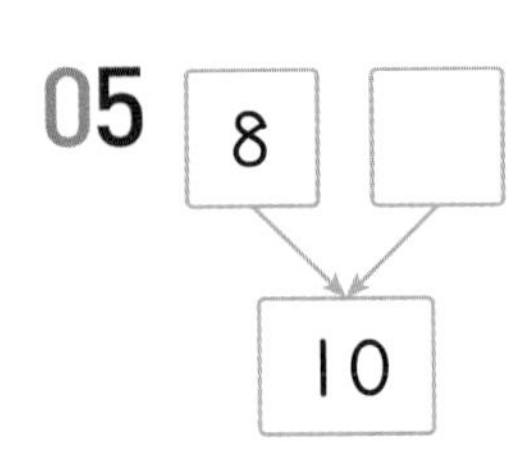

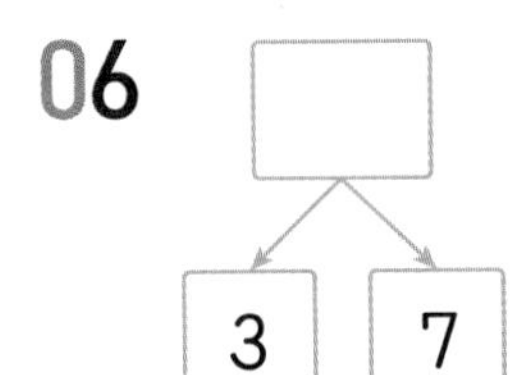

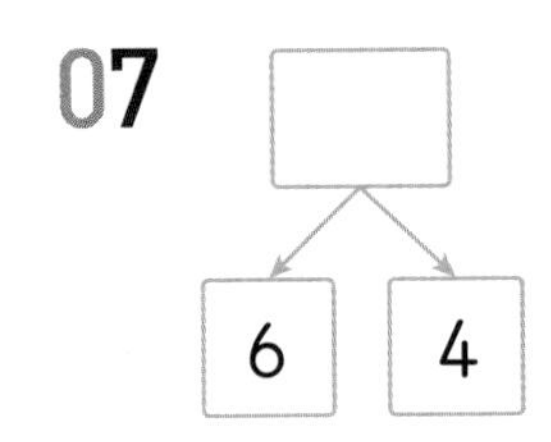

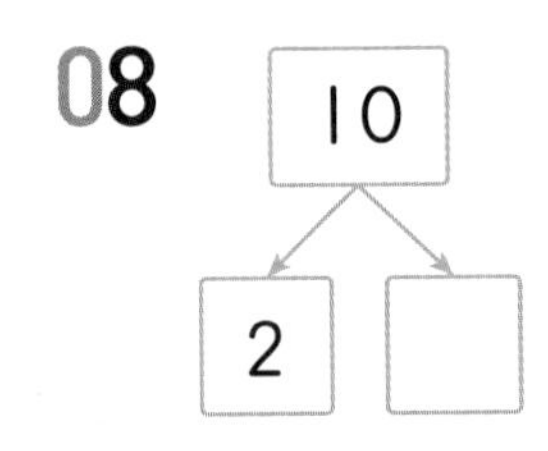

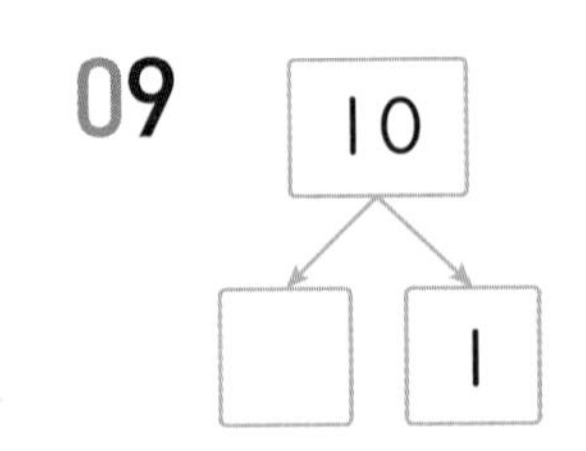

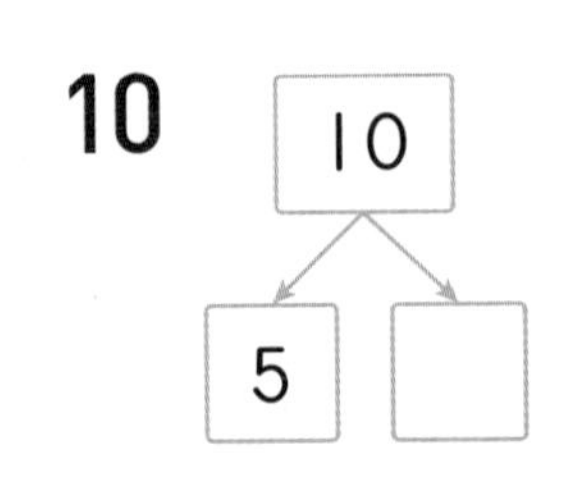

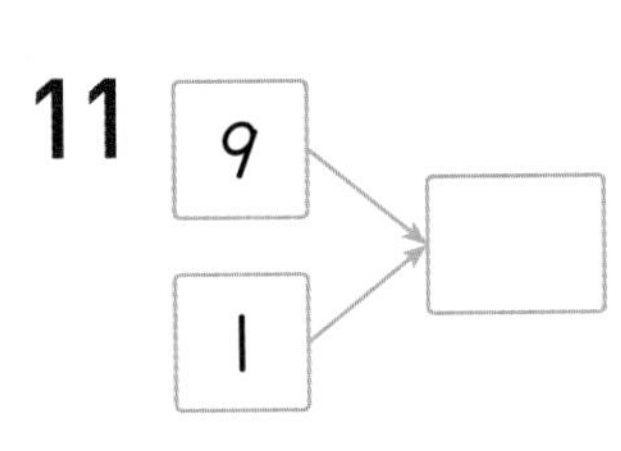

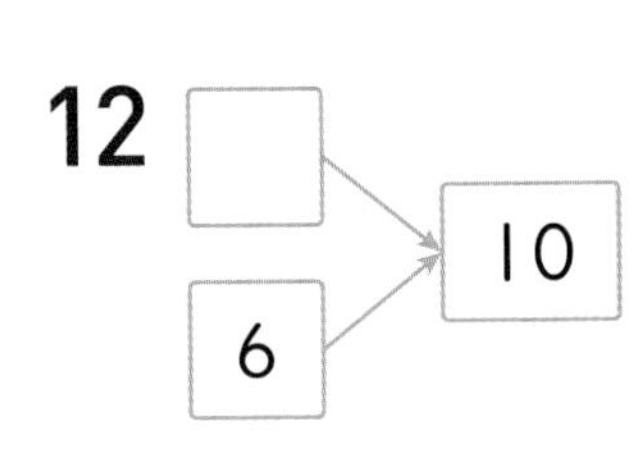

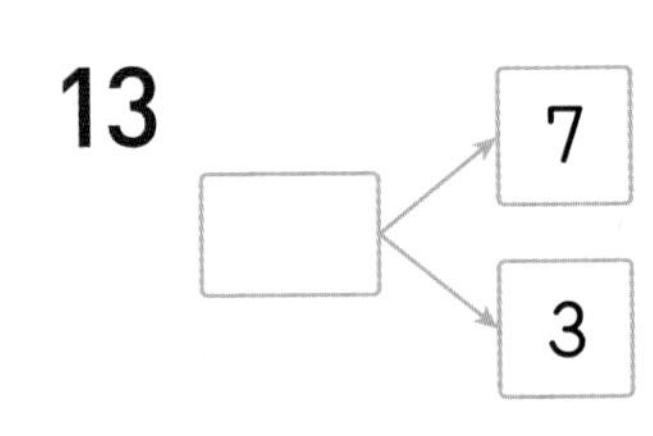

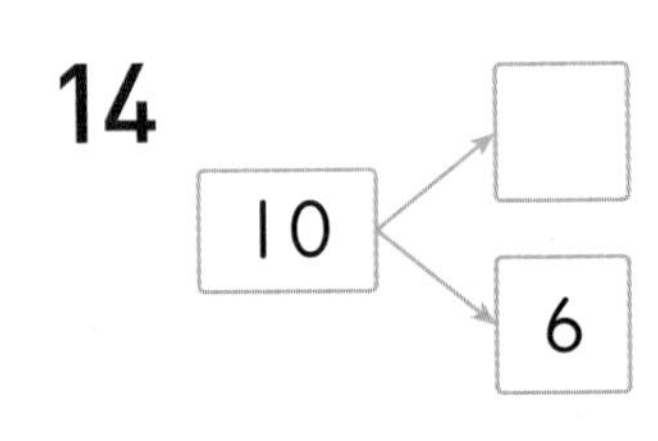

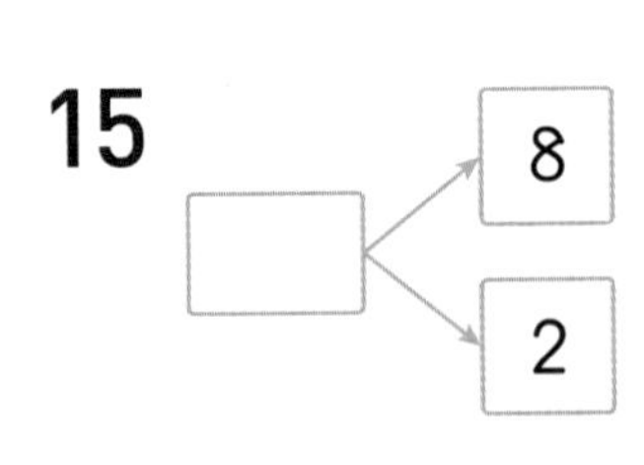

2. 십몇 알아보기

10개씩 묶음 1개와 낱개 1개를 [11] 이라고 합니다.

11은 [십일] 또는 [열하나] 라고 읽습니다.

10개씩 묶음 1개와 낱개 ㉠개를 1㉠이라고 합니다.

정답은 35쪽

[01~06] □ 안에 알맞은 수를 써넣으시오.

01 10개씩 묶음 1개와 낱개 2개를 □(이)라고 합니다.

02 10개씩 묶음 1개와 낱개 4개를 □(이)라고 합니다.

03 10개씩 묶음 1개와 낱개 6개를 □(이)라고 합니다.

04 10개씩 묶음 1개와 낱개 7개를 □(이)라고 합니다.

05 10개씩 묶음 1개와 낱개 8개를 □(이)라고 합니다.

06 10개씩 묶음 1개와 낱개 9개를 □(이)라고 합니다.

[07~11] 수를 두 가지 방법으로 읽어 보시오.

07 13

읽기 ________, ________

08 15

읽기 ________, ________

09 17

읽기 ________, ________

10 18

읽기 ________, ________

11 19

읽기 ________, ________

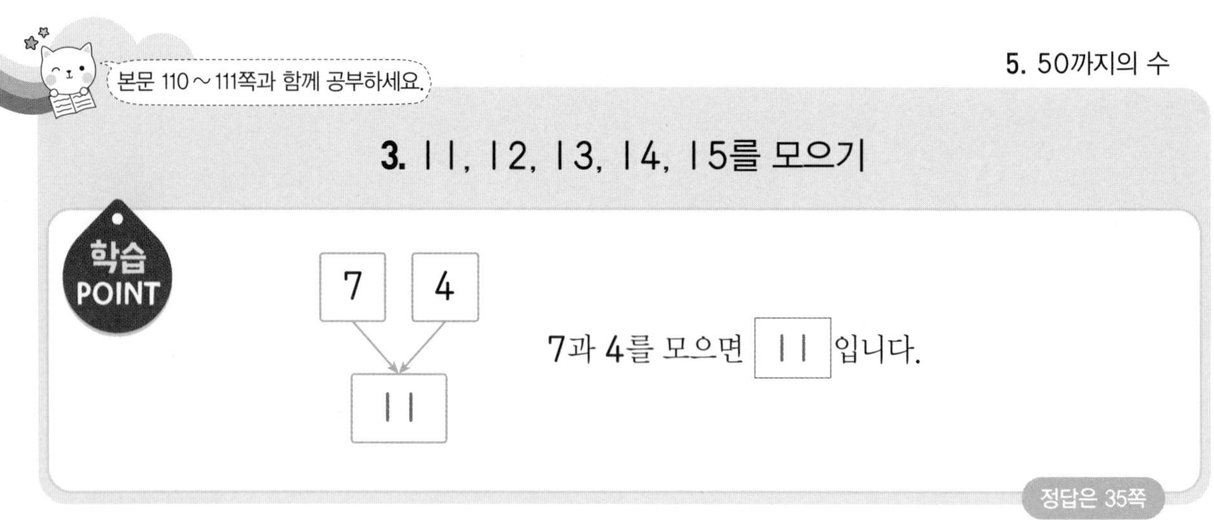

본문 110~111쪽과 함께 공부하세요.

3. 11, 12, 13, 14, 15를 모으기

학습 POINT

7과 4를 모으면 11 입니다.

정답은 35쪽

[01~13] 빈칸에 알맞은 수를 써넣으시오.

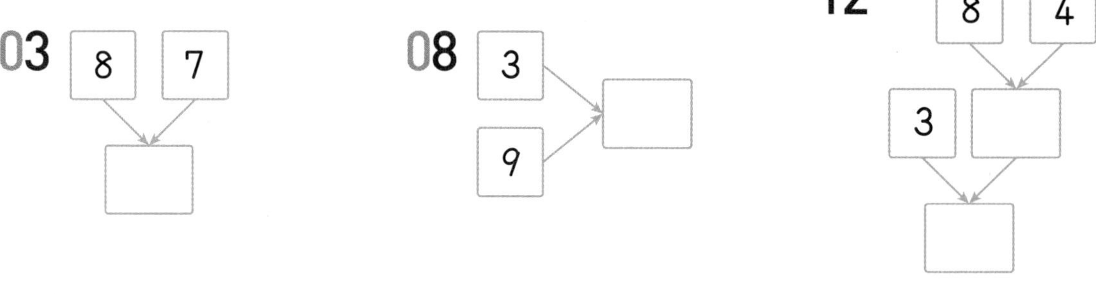

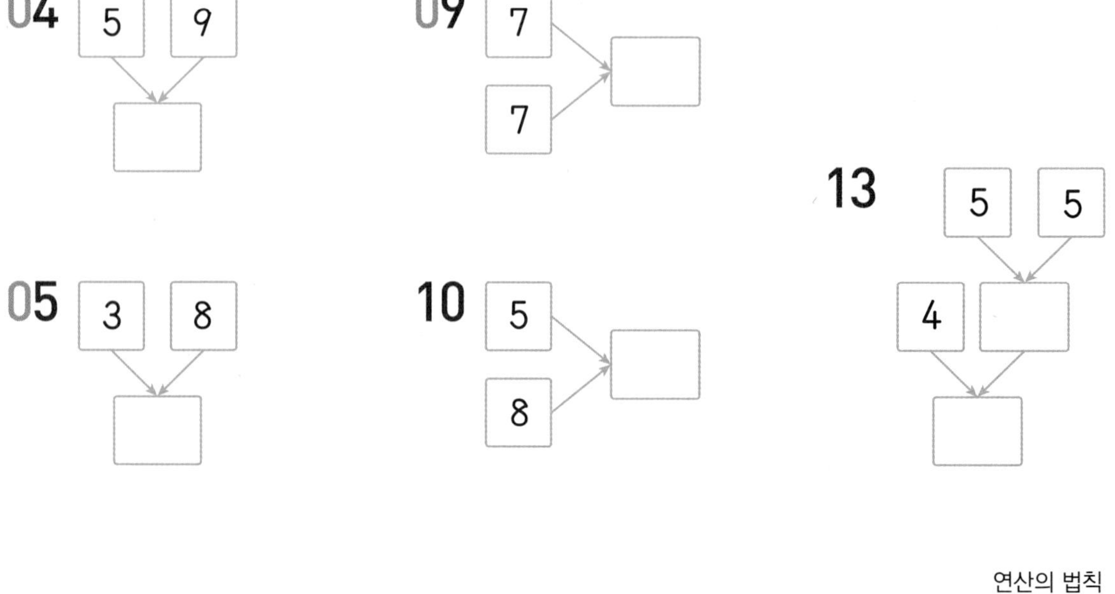

01 7, 5 → □

02 9, 4 → □

03 8, 7 → □

04 5, 9 → □

05 3, 8 → □

06 10, 5 → □

07 6, 5 → □

08 3, 9 → □

09 7, 7 → □

10 5, 8 → □

11 2, 9 → □; □, 2 → □

12 8, 4 → □; 3, □ → □

13 5, 5 → □; 4, □ → □

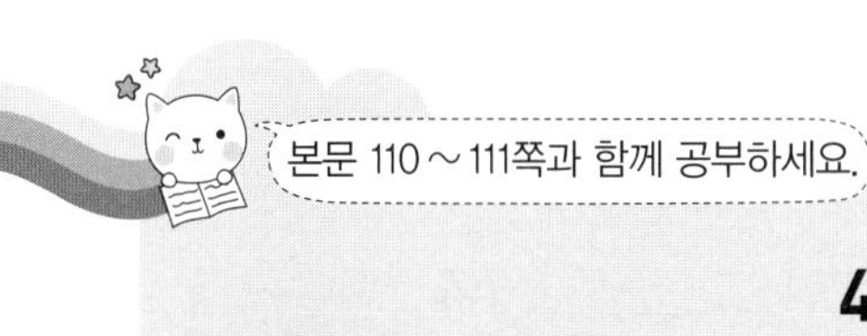

본문 110 ~ 111쪽과 함께 공부하세요.

4. 16, 17, 18, 19를 모으기

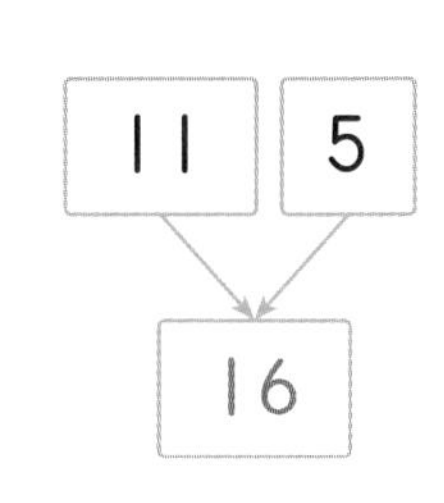

11과 5를 모으면 [16] 입니다.

정답은 35쪽

[01 ~ 13] 빈칸에 알맞은 수를 써넣으시오.

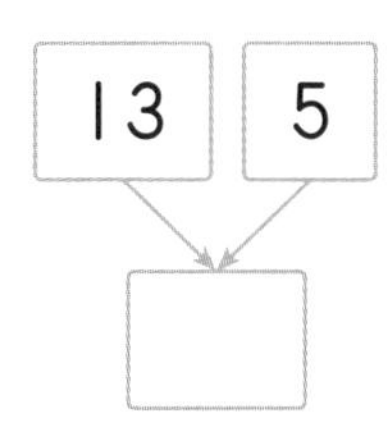

02

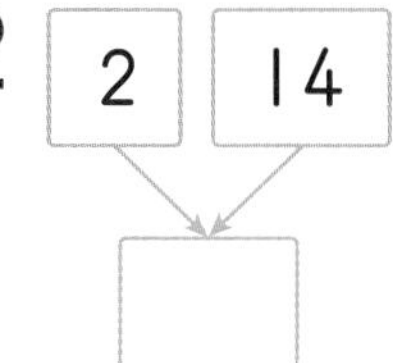

03

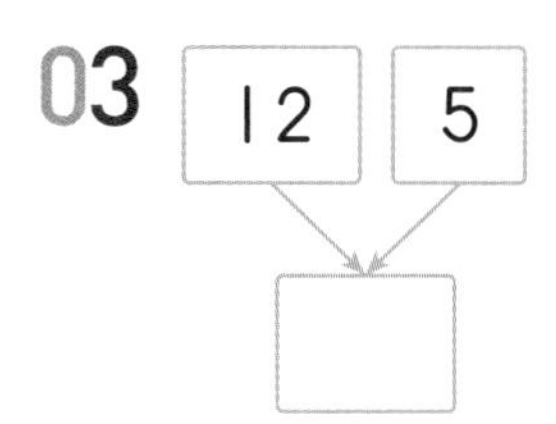

04

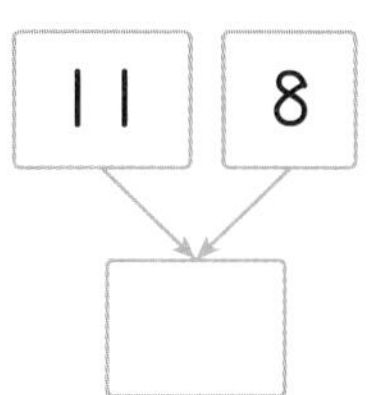

05

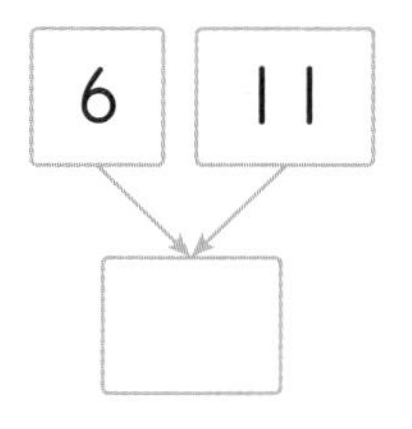

06

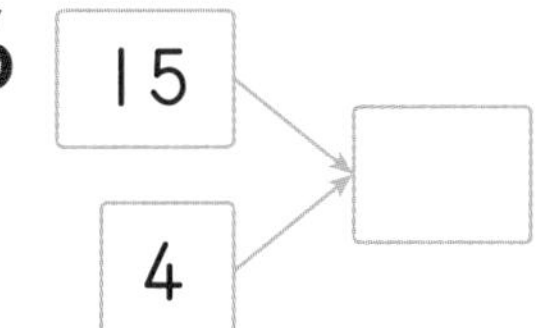

07

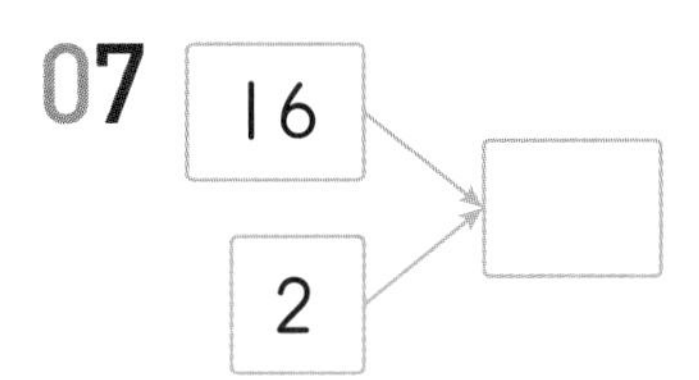

08

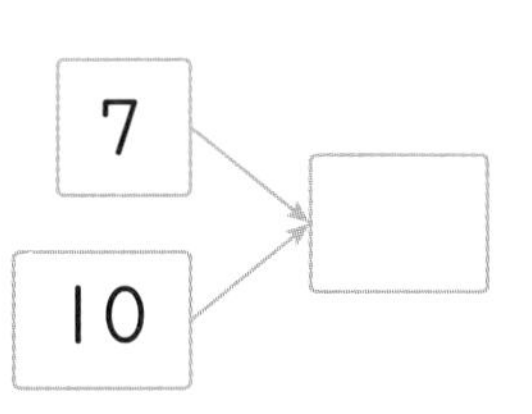

09

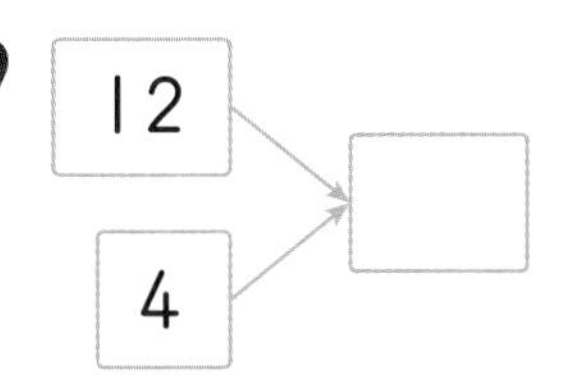

10

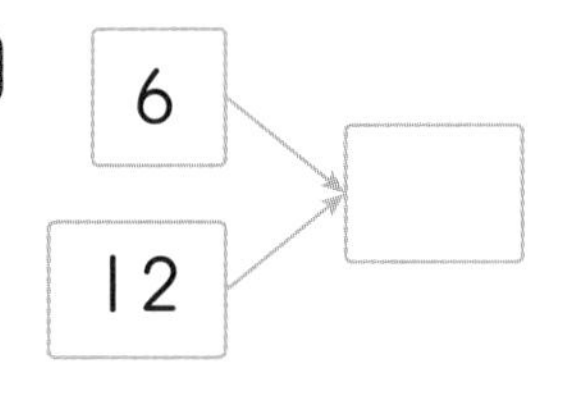

11

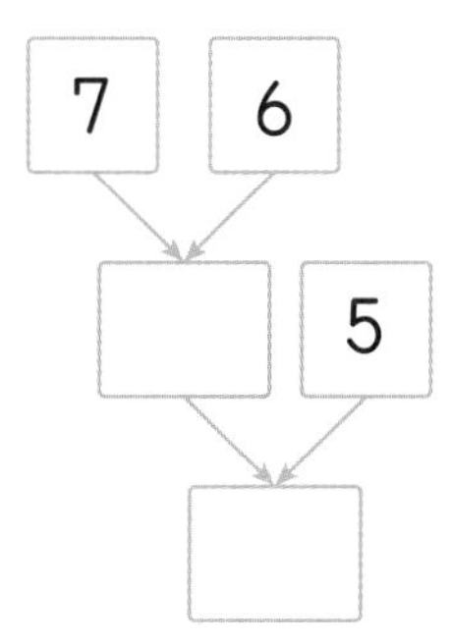

12

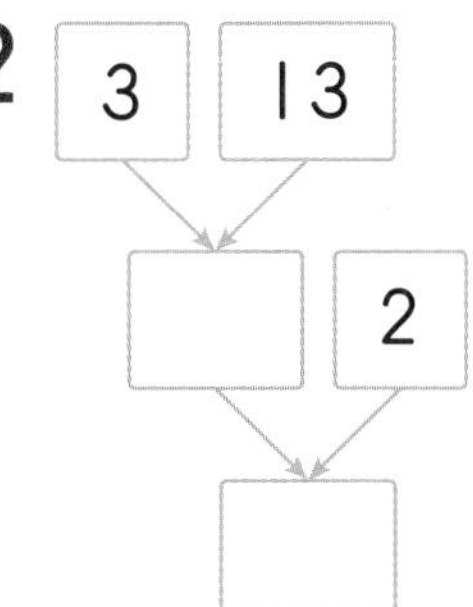

13

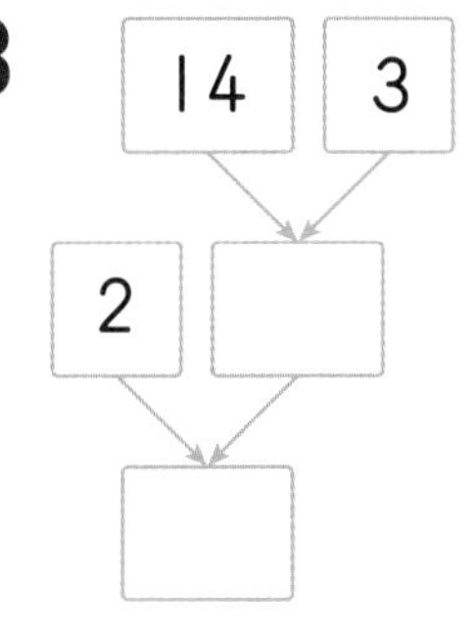

5. 11, 12, 13, 14, 15를 가르기

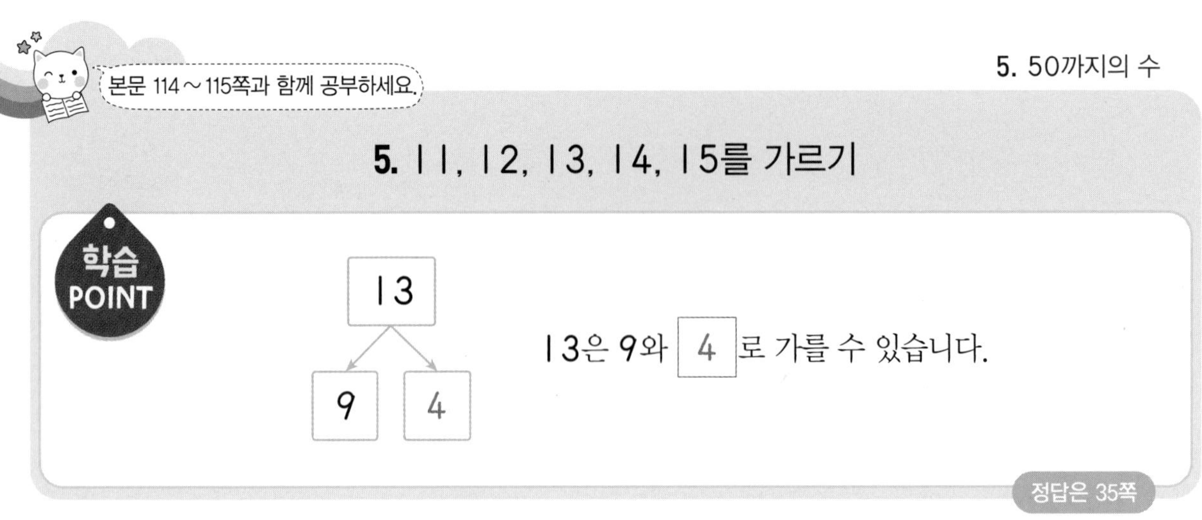

정답은 35쪽

[01~13] 빈칸에 알맞은 수를 써넣으시오.

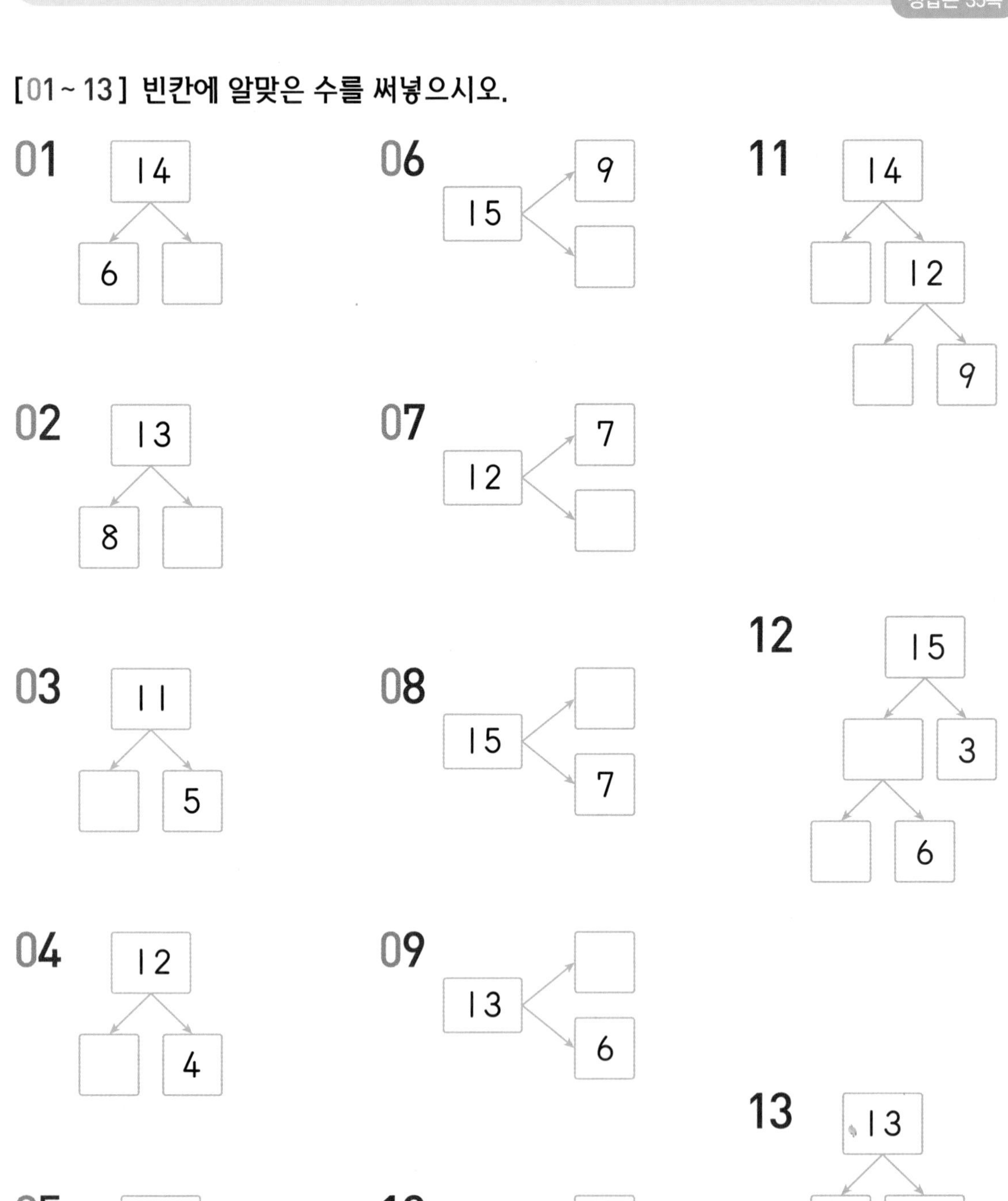

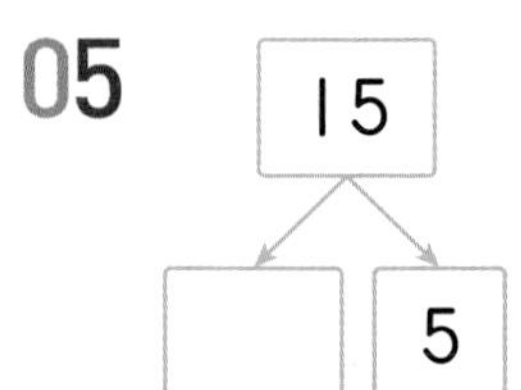

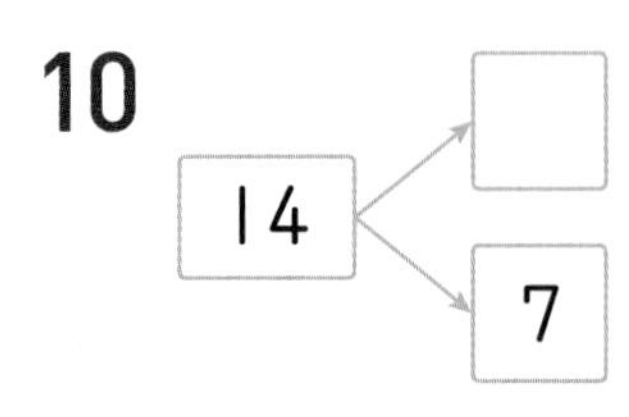

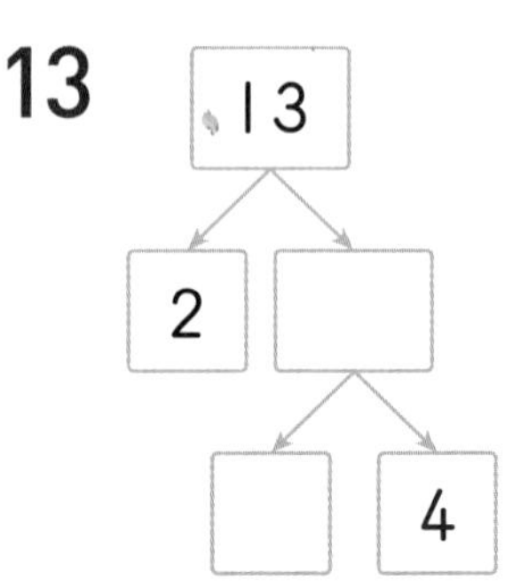

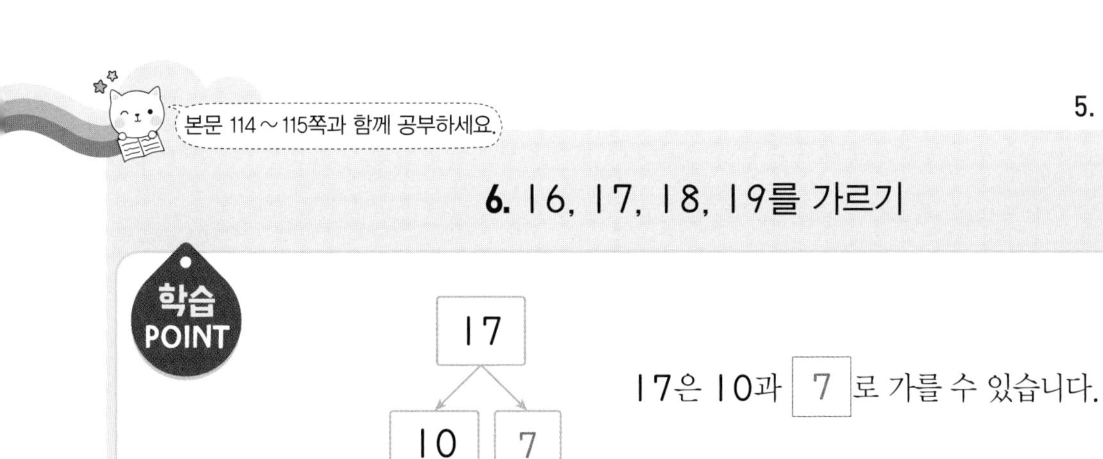

본문 114 ~ 115쪽과 함께 공부하세요.

6. 16, 17, 18, 19를 가르기

학습 POINT

17은 10과 [7] 로 가를 수 있습니다.

정답은 35쪽

[01 ~ 13] 빈칸에 알맞은 수를 써넣으시오.

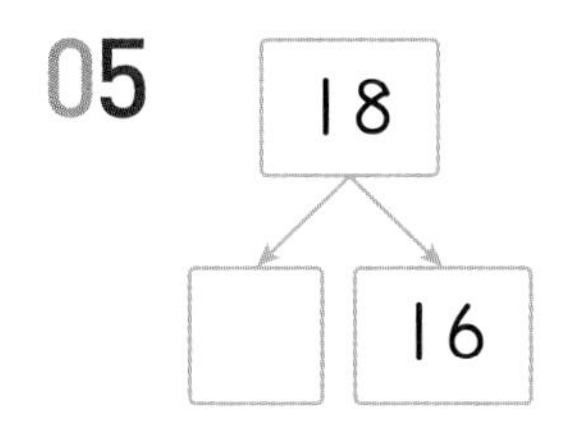

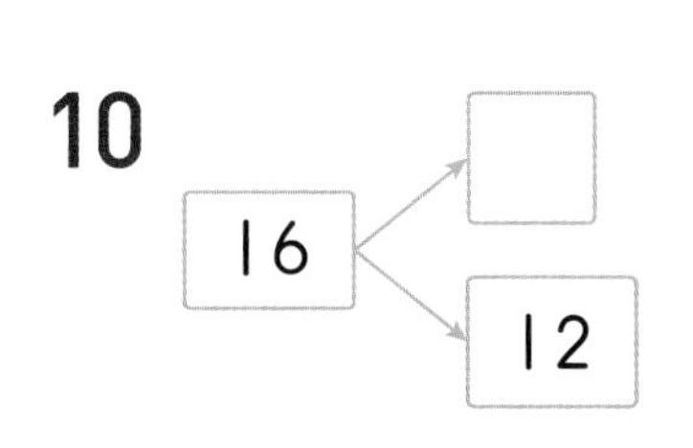

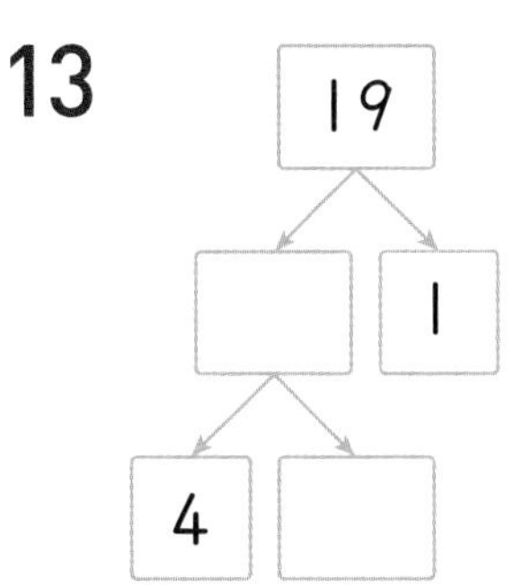

7. 몇십몇 알아보기

10개씩 묶음 2개와 낱개 3개를 23 이라고 합니다.

23은 이십삼 또는 스물셋 이라고 읽습니다.

10개씩 묶음 ㉠개와 낱개 ㉡개를 ㉠㉡이라고 합니다.

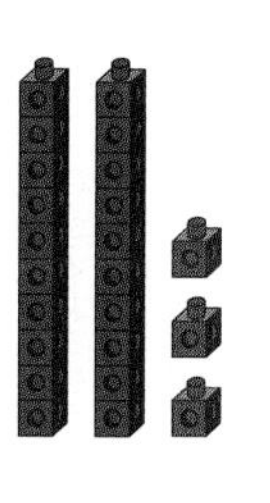

정답은 36쪽

[01~06] □ 안에 알맞은 수를 써넣으시오.

01 10개씩 묶음 2개와 낱개 2개를 □(이)라고 합니다.

02 10개씩 묶음 2개와 낱개 5개를 □(이)라고 합니다.

03 10개씩 묶음 3개와 낱개 4개를 □(이)라고 합니다.

04 10개씩 묶음 3개와 낱개 8개를 □(이)라고 합니다.

05 10개씩 묶음 4개와 낱개 6개를 □(이)라고 합니다.

06 10개씩 묶음 4개와 낱개 9개를 □(이)라고 합니다.

[07~11] 수를 두 가지 방법으로 읽어 보시오.

07 26

읽기 ______, ______

08 35

읽기 ______, ______

09 39

읽기 ______, ______

10 45

읽기 ______, ______

11 47

읽기 ______, ______

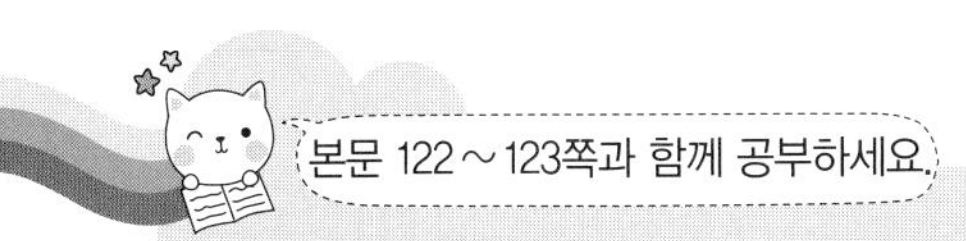

8. 50까지 수의 순서 알아보기

1	2	3	4	5	6	7	8	9	10
11	12	13	14	15	16	17	18	19	20
21	22	23	24	25	26	27	28	29	30
31	32	33	34	35	36	37	38	39	40
41	42	43	44	45	46	47	48	49	50

25 바로 뒤의 수 / 27 바로 앞의 수

25 — 26 — 27

25와 27 사이의 수

정답은 36쪽

[01 ~ 13] 빈칸에 알맞은 수를 써넣으시오.

01

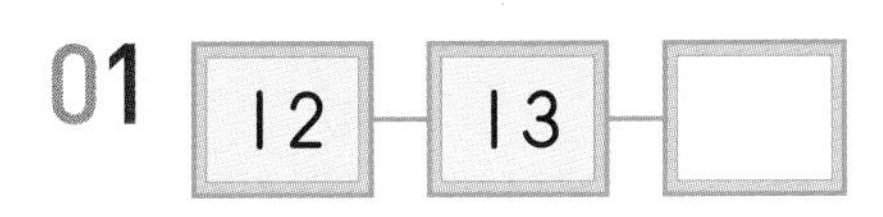

02 29 — 30 — □

03 □ — 43 — 44

04 □ — 22 — 23

05 18 — □ — 20

06 46 — □ — 48

07

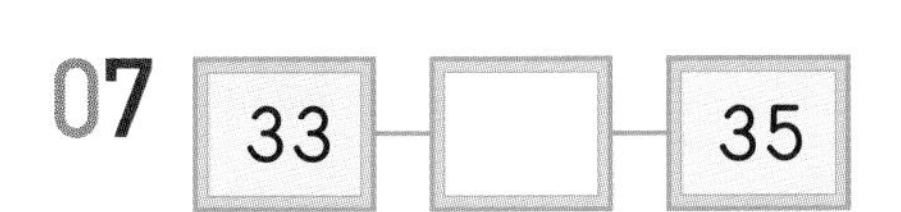

08

4	5		7	8
9		11	12	13
14		16	17	

09

	21	22		24
25	26		28	29
		32	33	34

10

	37		39	40
41		43		45
	47	48	49	

11

		20		
23		25		27
28	29		31	
33	34			37

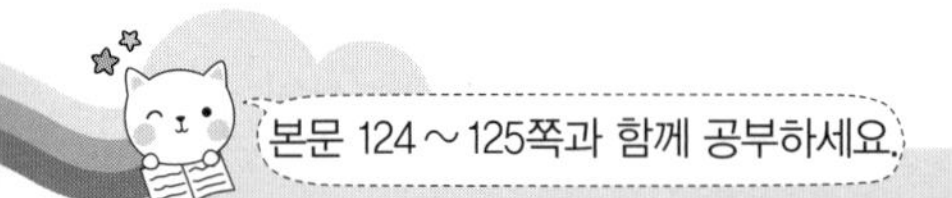

9. 10개씩 묶음의 수가 다른 두 수의 크기 비교하기

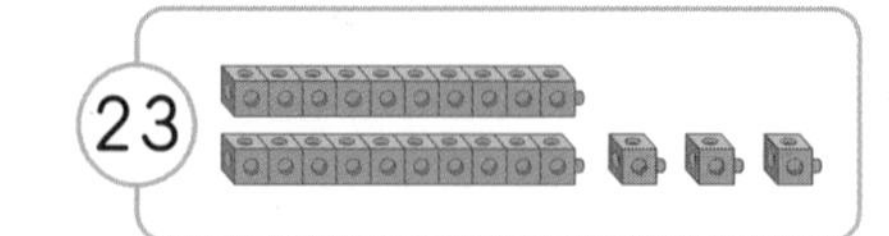

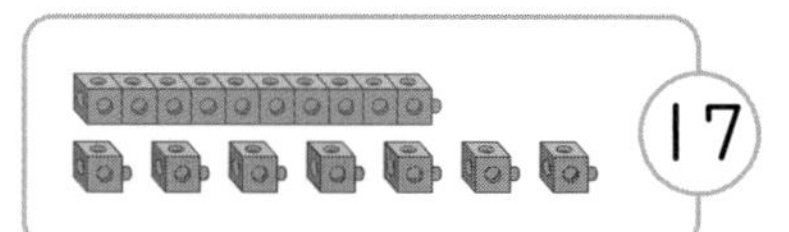

10개씩 묶음의 수를 비교합니다.

① 2는 1보다 크므로 23 은 17 보다 큽니다.

② 1은 2보다 작으므로 17 은 23 보다 작습니다.

정답은 36쪽

[01~07] 더 큰 수에 ○표 하시오.

01	34	18
02	25	19
03	29	35
04	47	50
05	24	16
06	38	45
07	40	27

[08~14] 더 작은 수에 △표 하시오.

08	15	35
09	28	32
10	27	43
11	37	17
12	46	38
13	13	21
14	50	32

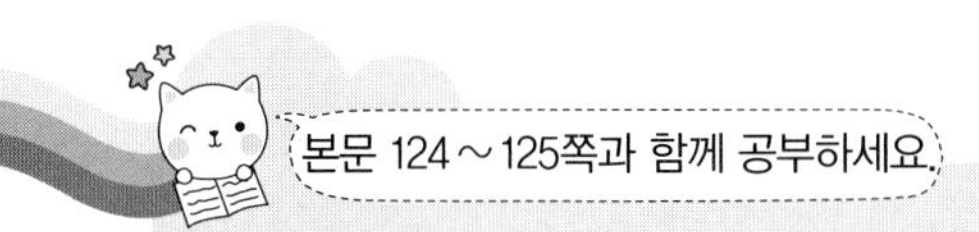

10. 10개씩 묶음의 수가 다른 세 수의 크기 비교하기

학습 POINT

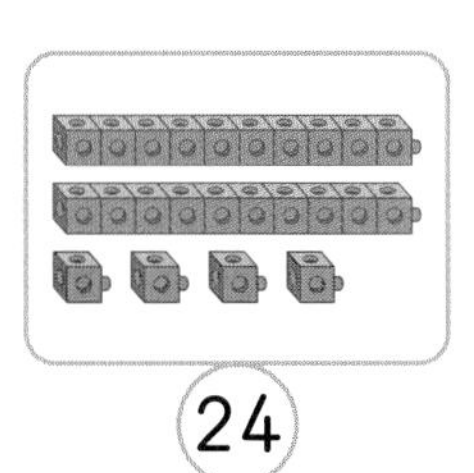
24

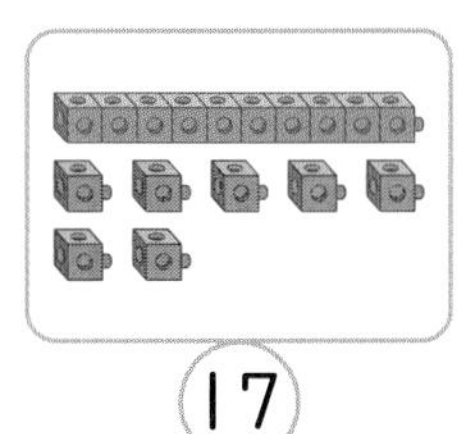
17

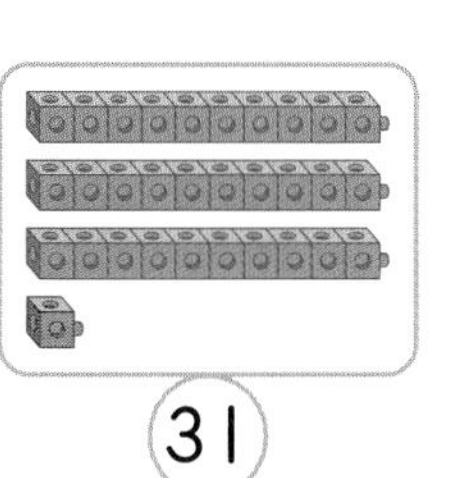
31

10개씩 묶음의 수가 2, 1, 3이므로 3이 가장 크고 1이 가장 작습니다.
따라서 31 이 가장 크고 17 이 가장 작습니다.

정답은 36쪽

[01~06] 가장 큰 수에 ○표 하시오.

01 12 36 24

02 47 19 35

03 16 27 38

04 39 45 29

05 28 17 39

06 40 26 35

[07~12] 가장 작은 수에 △표 하시오.

07 28 15 37

08 43 31 29

09 17 28 36

10 49 34 26

11 33 16 45

12 23 44 32

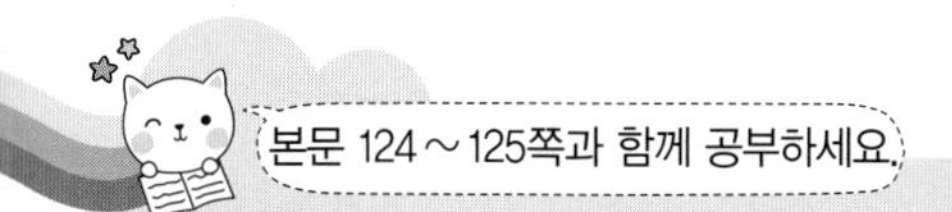

11. 10개씩 묶음의 수가 같은 두 수의 크기 비교하기

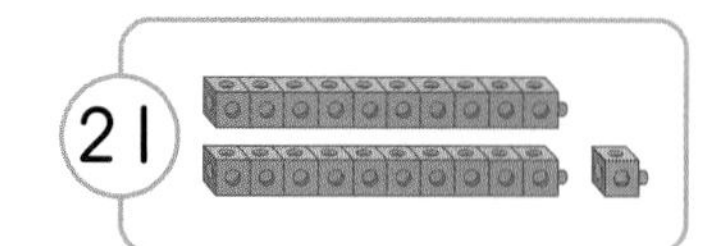

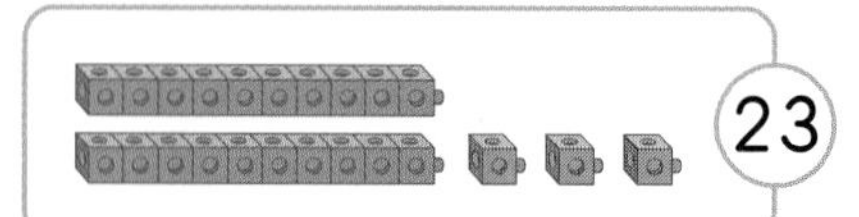

10개씩 묶음의 수가 2로 같으므로 낱개의 수를 비교합니다.

① 3은 1보다 크므로 23 은 21 보다 큽니다.

② 1은 3보다 작으므로 21 은 23 보다 작습니다.

정답은 36쪽

[01~07] 더 큰 수에 ○표 하시오.

01 | 32 | 35 |

02 | 44 | 45 |

03 | 31 | 34 |

04 | 16 | 11 |

05 | 24 | 20 |

06 | 18 | 15 |

07 | 46 | 49 |

[08~14] 더 작은 수에 △표 하시오.

08 | 15 | 17 |

09 | 28 | 23 |

10 | 47 | 43 |

11 | 37 | 30 |

12 | 36 | 38 |

13 | 47 | 42 |

14 | 22 | 26 |

12. 10개씩 묶음의 수가 같은 세 수의 크기 비교하기

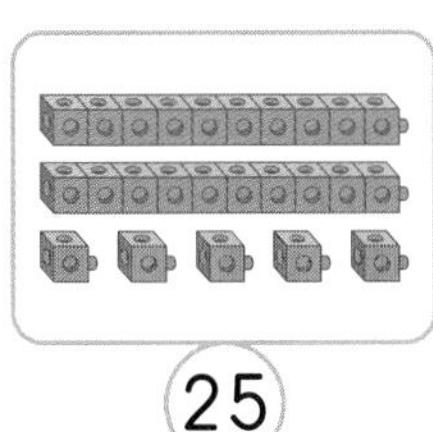

25　　21　　23

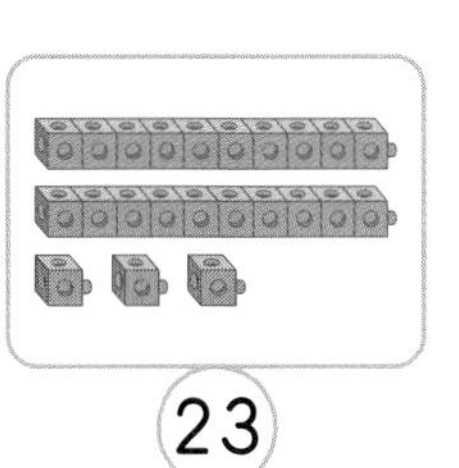

10개씩 묶음의 수가 2로 같고 낱개의 수는 5, 1, 3이므로 5가 가장 크고 1이 가장 작습니다.

따라서 [25]가 가장 크고 [21]이 가장 작습니다.

정답은 36쪽

[01 ~ 06] 가장 큰 수에 ○표 하시오.

01 32　36　39

02 27　21　25

03 16　17　14

04 48　45　42

05 28　22　29

06 37　38　35

[07 ~ 12] 가장 작은 수에 △표 하시오.

07 42　45　47

08 38　35　37

09 27　28　26

10 19　14　12

11 33　30　35

12 22　24　23

개념 해결의 법칙

연산의 법칙

*주의
책 모서리에 다칠 수 있으니 주의하시기 바랍니다.
부주의로 인한 사고의 경우 책임지지 않습니다.

우등생 전과목 시리즈

본책

국어/수학: 초 1~6학년(학기별)
사회/과학: 초 3~6학년(학기별)
가을·겨울: 초 1~2학년(학기별)

특별(세트)부록

1학년: 연산력 문제집 / 과목별 단원평가 문제집
2학년: 연산력 문제집 / 과목별 단원평가 문제집 / 헷갈리는 낱말 수첩
3~5학년: 검정교과서 단원평가 자료집 / 초등 창의노트
6학년: 반편성 배치고사 / 초등 창의노트

참 잘했어요

수학의 모든 개념 문제를 풀 정도로
실력이 성장한 것을 축하하며
이 상장을 드립니다.

이름 ______________________

날짜 ________ 년 ____ 월 ____ 일